高职高专消防专业精品教材

建筑防火设计原理

韩大伟　张俊芳　主　编
娄　悦　王淑萍　副主编

ZHEJIANG UNIVERSITY PRESS
浙江大学出版社
·杭州·

图书在版编目（CIP）数据

建筑防火设计原理／韩大伟，张俊芳主编．—杭州：浙江大学出版社，2018．3（2025．1重印）
ISBN 978-7-308-18039-9

Ⅰ．①建… Ⅱ．①韩… ②张… Ⅲ．①建筑设计—防火 Ⅳ．①TU892

中国版本图书馆CIP数据核字（2018）第046485号

建筑防火设计原理

韩大伟　张俊芳　主　编
娄　悦　王淑萍　副主编

责任编辑　王元新
责任校对　陈静毅　汪　潇
封面设计　周　灵
出版发行　浙江大学出版社
（杭州市天目山路148号　邮政编码310007）
（网址：http://www.zjupress.com）
排　　版　杭州好友排版工作室
印　　刷　广东虎彩云印刷有限公司绍兴分公司
开　　本　787mm×1092mm　1/16
印　　张　11．5
字　　数　288千
版 印 次　2018年3月第1版　2025年1月第7次印刷
书　　号　ISBN 978-7-308-18039-9
定　　价　39．00元

浙江大学出版社市场运营中心联系方式：（0571）88925591；http://zjdxcbs.tmall.com

前 言
PREFACE

近年来,随着消防技术的快速发展及新的消防技术标准的陆续颁布实施,教学中亟需符合最新国家消防技术标准的建筑防火教材,以培养符合社会需求的高素质消防专业技术人才。

本书的编写主要依据《建筑设计防火规范》(GB 50016—2014)、《汽车库、修车库、停车场设计防火规范》(GB 50067—2014)、《建筑防烟排烟系统技术标准》(GB 51251—2017)等最新颁布实施的国家消防技术标准,结构上注重建筑防火原理的系统性,将各标准条文内容按照理论体系融入书中,对比较难理解的知识点配以图示说明,较好地处理了教材与标准之间的关系。

本书系统地阐述了消防基础知识、生产和储存物品的火灾危险性分类、建筑分类与耐火等级、建筑总平面防火设计、建筑平面防火设计、安全疏散设计、建筑防烟排烟系统等内容,旨在加深读者对建筑防火设计的理解,提高其分析和解决建筑防火设计能力。

本书由韩大伟、张俊芳担任主编。全书共分七章,具体编写分工如下:第一、二章由张俊芳编写,第三章由韩大伟、娄悦编写,第四、五章由韩大伟、张俊芳编写,第六章由韩大伟编写,第七章由张俊芳、王淑萍编写。

本书在成书和出版过程中,得到了浙江警官职业学院、浙江大学出版社等单位的大力支持。本书还参阅了参考文献中所列的著作和文献,在此向上述单位及参考文献的原著者一并表示感谢!

由于编者水平所限,书中难免存在不足之处,恳请读者批评指正。

目 录
CONTENTS

第一章　消防基础知识

第一节　燃烧基础知识

燃烧是指可燃物与氧化剂作用发生的放热反应，通常伴有火焰、发光和(或)烟气的现象。燃烧过程中，燃烧区的温度较高，使其中白炽的固体粒子和某些不稳定(或易受激发)的中间物质分子内的电子发生能级跃迁，从而发出各种波长的光。发光的气相燃烧区就是火焰，它是燃烧过程中最明显的标志。由于燃烧不完全等原因，燃烧产物中会混有一些微小颗粒，这样就形成了烟。

燃烧可分为有焰燃烧和无焰燃烧。有焰燃烧是指气相燃烧，伴有发光现象；无焰燃烧是指物质处于固体状态而没有火焰的燃烧。

一、燃烧条件

燃烧的发生和发展，必须具备三个必要条件，即可燃物、助燃物(又称氧化剂)和引火源(温度)。当燃烧发生时，上述三个条件必须同时具备，如果有一个条件不具备，那么燃烧就不会发生或者停止发生。

大部分燃烧的发生和发展除了具备上述三个必要条件以外，其燃烧过程中还存在未受抑制的自由基作中间体。自由基是一种高度活泼的化学基团，能与其他自由基和分子起反应，从而使燃烧按链式反应的形式扩展，也称游离基。多数燃烧反应不是直接进行的，而是通过自由基团和原子这些中间产物瞬间进行的循环链式反应。自由基的链式反应是这些燃烧反应的实质，光和热是燃烧过程中的物理现象。因此，完整论述的话，大部分燃烧发生和发展需要四个必要条件，即可燃物、助燃物(氧化剂)、引火源(温度)和链式反应。

(一)可燃物

凡是能与空气中的氧或其他氧化剂起化学反应的物质，均称为可燃物，如木材、氢气、汽油、煤炭、纸张、硫等。可燃物按其化学组成，分为无机可燃物和有机可燃物两大类。按其所处的状态，又可分为可燃固体、可燃液体和可燃气体三大类。

(二)助燃物(氧化剂)

凡是与可燃物结合能导致和支持燃烧的物质，称为助燃物，如广泛存在于空气中的氧气。普通意义上，可燃物的燃烧均指在空气中进行的燃烧。在一定条件下，各种不同可燃物发生燃烧，均有本身固定的最低氧含量要求，氧含量过低，即使其他必要条件已经具备，燃烧仍不会发生。

（三）引火源（温度）

凡是能引起物质燃烧的点燃能源，统称为引火源。在一定条件下，各种不同可燃物发生燃烧，均有本身固定的最小点火能量要求，只有达到这个要求才能引起燃烧。常见的引火源有下列几种：

（1）明火。其指生产生活中的炉火、烛火、焊接火、吸烟火、撞击火花、摩擦打火、机动车辆排气管火星、飞火等。

（2）电弧、电火花。其指电气设备、电气线路、电气开关及漏电打火，电话、手机等通信工具火花，静电火花（物体静电放电、人体衣物静电打火、人体积聚静电对物体放电打火）等。

（3）雷击。雷击瞬间高压放电能引燃任何可燃物。

（4）高温。其指高温加热、烘烤、积热不散、机械设备故障发热、摩擦发热、聚焦发热等。

（5）自燃引火源。其指在既无明火又无外来热源的情况下，物质本身自行发热、燃烧起火，如白磷、烷基铝在空气中会自行起火；钾、钠等金属遇水着火；易燃、可燃物质与氧化剂、过氧化物接触起火等。

（四）链式反应

大部分燃烧都存在着链式反应，燃烧过程中产生活性很强的游离基。由于游离基是一种高度活泼的化学形态，能与其他的游离基及分子反应，而使燃烧持续下去，这就产生了燃烧的链式反应。

具备了燃烧的必要条件，并不意味着燃烧必然发生。发生燃烧还应有“量”方面的要求，这就是发生燃烧或持续燃烧的充分条件，即：

（1）一定的可燃物浓度。可燃气体或蒸气只有达到一定浓度，才会发生燃烧或爆炸。如甲醇在低于7℃时，液体表面的蒸汽量不能达到燃烧所需的浓度，这种条件下虽有足够的氧气和明火，仍不能发生燃烧。

（2）一定的氧气含量。各种不同的可燃物发生燃烧，均有本身固定的最低氧含量要求。低于这一浓度，虽然燃烧的其他条件已具备，燃烧仍然不能发生。可燃物质不同，燃烧所需要的含氧量也不同，如汽油燃烧的最低含氧量要求为14.4%，煤油为15%。

（3）一定的点火能量。不管何种形式的引火源，都必须达到一定的强度才能引起燃烧反应。所需引火源的强度，取决于可燃物质的最小点火能量即引燃温度，低于这一能量，燃烧便不会发生。不同可燃物质燃烧所需的引燃温度各不相同，如汽油的最小点火能量为0.2mJ，乙醚的最小点火能量为0.19mJ。

（4）不受抑制的链式反应。燃烧过程中存在未受抑制的游离基，形成链式反应，使燃烧能够持续下去，也是燃烧的充分条件之一。

二、燃烧类型

燃烧可从着火方式、持续燃烧形式、燃烧物形态、燃烧现象等不同角度做不同的分类。掌握燃烧类型的有关常识，对于了解物质燃烧机理、评定火灾危险性有着重要的意义。

（一）按燃烧发生瞬间的特点分类

按照燃烧形成的条件和发生瞬间的特点，燃烧可分为着火和爆炸。

1. 着火

可燃物在与空气共存的条件下，当达到某一温度时，与引火源接触即能引起燃烧，并在着火源离开后仍能持续燃烧，这种持续燃烧的现象叫着火。着火就是燃烧的开始，并且以出现火焰为特征。着火是日常生活中最常见的燃烧现象。可燃物的着火方式一般分为下列几类：

(1)点燃(或称强迫着火)。其是指从外部能源，诸如电热线圈、电火花、炽热质点、点火火焰等得到能量，使混气的局部范围受到强烈的加热而着火。这时就会在靠近引火源处引发火焰，然后依靠燃烧波传播到整个可燃混合物中，这种着火方式习惯上也称为引燃。

(2)自燃。可燃物质在没有外部火花、火焰等火源的作用下，因受热或自身发热并蓄热所产生的自然燃烧，称为自燃。即物质在无外界引火源条件下，由于其本身内部所发生的生物、物理或化学变化而产生热量并积蓄，使温度不断上升，自然燃烧起来的现象。

①化学自燃。例如金属钠在空气中自燃；煤因堆积过高而自燃等。这类着火现象通常不需要外界加热，而是在常温下依据自身的化学反应发生的，因此习惯上称为化学自燃。

②热自燃。如果将可燃物和氧化剂的混合物预先均匀加热，随着温度的升高，当混合物加热到某一温度时便会自动着火(这时着火发生在混合物的整个容积中)，这种着火方式习惯上称为热自燃。

2. 爆炸

爆炸是物质从一种状态迅速转变成另一状态，并在瞬间以机械功的形式释放出巨大的能量，或是气体、蒸气在瞬间发生剧烈膨胀等现象。爆炸最重要的一个特征是爆炸点周围发生剧烈的压力突变。这种压力突变就是爆炸产生破坏作用的原因。火灾过程中有时会发生爆炸，从而对火势的发展及人员安全产生重大影响，爆炸发生后往往又易引发大面积火灾。

爆炸有着不同的分类，按物质产生爆炸的原因和性质不同，通常分为物理爆炸、化学爆炸和核爆炸三种。物理爆炸和化学爆炸最为常见。

(1)物理爆炸。物质因状态导致压力发生突变而形成的爆炸叫物理爆炸。物理爆炸的特点是前后物质的化学成分均不改变。如蒸汽锅炉因水快速汽化，容器压力急剧增加，压力超过设备所能承受的强度而发生的爆炸；压缩气体或液化气钢瓶、油桶受热爆炸等。物理爆炸本身虽没有进行燃烧反应，但它产生的冲击力可直接或间接地引发火灾。

(2)化学爆炸。化学爆炸是指由于物质急剧氧化或分解导致温度、压力增加或两者同时增加而形成的爆炸现象。化学爆炸前后，物质的化学成分和性质均发生了根本性的变化。这种爆炸速度快，爆炸时产生大量热能和很大的气体压力，并发出巨大的声响。化学爆炸能直接造成火灾，具有很大的火灾危险性。各种炸药的爆炸和气体、液体蒸气及粉尘与空气混合后形成的爆炸都属于化学爆炸，特别是后一种爆炸几乎存在于工业、交通、生活等各个领域，危害性很大，应特别注意。

①炸药爆炸。炸药是为了完成可控制爆炸而特别设计制造的物质，其分子中含有不稳定的基团，绝大多数炸药本身含有氧，不需要外界提供氧就能爆炸，但炸药爆炸需要外界引火源引起。其爆炸一旦失去控制，将会造成巨大灾难。

②可燃气体爆炸。其是指物质以气体、蒸气状态所发生的爆炸。气体爆炸由于受体积能量密度的制约，造成大多数气态物质在爆炸时产生的爆炸压力分散在5～10倍于爆炸前的压力范围内，爆炸威力相对较小。按爆炸原理，气体爆炸包括混合气体爆炸、气体单分解爆炸两种。

③混合气体爆炸。其是指可燃气(或液体蒸气)和助燃性气体的混合物在引火源作用下

发生的爆炸,较为常见。可燃气与空气组成的混合气体遇火源能否发生爆炸,与混合气体中的可燃气浓度有关。

④气体单分解爆炸。其是指单一气体在一定压力作用下发生分解反应并产生大量反应热,使气态物膨胀而引起的爆炸。气体单分解爆炸的发生需要满足一定的压力和分解热的要求。能使单一气体发生爆炸的最低压力值称为临界压力。单分解爆炸气体物质压力高于临界压力且分解热足够大时,才能维持热与火焰的迅速传播而造成爆炸。

⑤可燃粉尘爆炸。粉尘是指分散的固体物质;粉尘爆炸是指悬浮于空气中的可燃粉尘触及明火或电火花等火源时发生的爆炸现象。粉尘本身是可燃的。可燃粉尘包括有机粉尘和无机粉尘两大类,但并非所有的可燃粉尘都能发生爆炸。可燃粉尘爆炸一般应具备三个条件:一是粉尘本身具有爆炸性;二是粉尘必须悬浮在空气中并与空气混合到爆炸浓度;三是有足以引起粉尘爆炸的引火源,一般来说,最小点火能量是10～100MJ,比可燃气体的最小点火能量大100～1000倍。

与可燃气体爆炸相比,粉尘爆炸压力上升和下降速度都较缓慢,较高压力持续时间长,释放的能量大,爆炸的破坏性和对周围可燃物的烧毁程度较严重。粉尘初始爆炸产生的气浪会使沉积粉尘扬起,在新的空间内形成爆炸性混合物,因而可能会发生二次爆炸。

(3)核爆炸。原子核裂变或聚变反应释放出核能所形成的爆炸,称为核爆炸。如原子弹、氢弹、中子弹的爆炸都属核爆炸。

(二)按燃烧物形态分类

可燃物质受热后,因其聚集状态的不同而发生不同的变化。绝大多数可燃物质的燃烧都是在蒸气或气体的状态下进行的,并出现火焰。而有的物质则不能成为气态,其燃烧发生在固相中,如焦炭燃烧时,呈灼热状态。由于可燃物质的性质、状态不同,所以燃烧的特点也不一样。

1. 气体燃烧

可燃气体的燃烧不需要像固体、液体那样经熔化、蒸发过程,其所需热量仅用于氧化或分解,或将气体加热到燃点,因此容易燃烧且燃烧速度快。根据燃烧前可燃气体与氧混合状况不同,其燃烧方式分为扩散燃烧和预混燃烧。

(1)扩散燃烧。其指可燃性气体和蒸气分子与气体氧化剂互相扩散,边混合边燃烧。在扩散燃烧中,可燃气体与空气或氧气的混合是靠气体的扩散作用来实现的,混合过程要比燃烧反应过程慢得多,燃烧过程处于扩散区域内,整个燃烧速度的快慢由物理混合速度决定。扩散燃烧的特点为:燃烧比较稳定,火焰温度相对较低,扩散火焰不运动,可燃气体与气体氧化剂的混合在可燃气体喷口进行,燃烧过程不发生回火现象(火焰缩入火孔内部的现象)。对稳定的扩散燃烧,只要控制得好,就不会造成火灾,一旦发生火灾也较易扑救。

(2)预混燃烧。其指可燃气体、蒸气预先同空气(或氧)混合,遇火源产生带有冲击力的燃烧。预混燃烧一般发生在封闭体系中或在混合气体向周围扩散的速度远小于燃烧速度的敞开体系中,燃烧放热造成产物体积迅速膨胀,压力升高,压强可达709.1～810.4kPa。火焰在预混气中传播,存在正常火焰传播和爆轰两种方式。按照混合程度不同,预混燃烧还可分为部分预混燃烧和完全预混燃烧。预混燃烧的特点为:燃烧反应快,温度高,火焰传播速度快,反应混合气体不扩散,在可燃混气中引入一火源即产生一个火焰中心,成为热量与化学活性粒子的集中源。

2．液体燃烧

易燃、可燃液体在燃烧过程中，并不是液体本身在燃烧，而是液体受热时蒸发出来的液体蒸气被分解、氧化达到燃点而燃烧，即蒸发燃烧。因此，液体能否发生燃烧、燃烧速率高低，与液体的蒸气压、闪点、沸点和蒸发速率等性质密切相关。可燃液体会产生闪燃的现象。

可燃液态烃类燃烧时，通常产生橘色火焰并散发浓密的黑色烟云。醇类燃烧时，通常产生透明的蓝色火焰，几乎不产生烟雾。某些醚类燃烧时，液体表面伴有明显的沸腾状，这类物质的火灾较难扑灭。在含有水分、黏度较大的重质石油产品，如原油、重油、沥青油等燃烧时，沸腾的水蒸气带着燃烧的油向空中飞溅，这种现象称为扬沸（沸溢和喷溅）。

（1）闪燃。闪燃是指可燃性液体挥发的蒸气与空气混合达到一定浓度或者可燃性固体加热到一定温度后，遇明火发生一闪即灭的燃烧。发生闪燃的原因是可燃性液体在闪燃温度下蒸发的速度比较慢，蒸发出来的蒸气仅能维持一刹那的燃烧，来不及补充新的蒸气维持稳定燃烧，因而一闪就灭了。但闪燃却是引起火灾事故的先兆之一。

（2）沸溢。以原油为例，其黏度比较大，并且都含有一定的水分，以乳化水和水垫两种形式存在。乳化水是原油在开采运输过程中，原油中的水由于强力搅拌成细小的水珠而悬浮于油中而成。放置久后，油水分离，水因密度大而沉降在底部形成水垫。

燃烧过程中，这些沸程较宽的重质油品产生热波，在热波向液体深层运动时，由于温度远高于水的沸点，因而热波会使油品中的乳化水气化，大量的蒸气就要穿过油层向液面上浮，在向上移动过程中形成油包气的气泡，即油的一部分形成了含有大量蒸气气泡的泡沫。这样，必然使液体体积膨胀，向外溢出，同时部分未形成泡沫的油品也被下面的蒸汽膨胀力抛出罐外，使液面猛烈沸腾起来，就像“跑锅”一样，这种现象叫沸溢。

由沸溢过程说明，沸溢形成必须具备以下三个条件：

① 油具有形成热波的特性，即沸程宽，密度相差较大。

② 油中含有乳化水，水遇热波变成蒸汽。

③ 原油黏度较大，使水蒸气不容易从下向上穿过油层。

（3）喷溅。在重质油品燃烧过程中，随着热波温度的逐渐升高，热波向下传播的距离也加大，当热波达到水垫时，水垫的水大量蒸发，蒸汽体积迅速膨胀，以至于把水垫上面的液体层抛向空中，向罐外喷射，这种现象叫喷溅。

一般情况下，发生沸溢要比发生喷溅的时间早得多。发生沸溢的时间与原油的种类、水分含量有关。根据实验，含有1%水分的石油，经45～60min燃烧就会发生沸溢。喷溅发生的时间与油层厚度、热波移动速度以及油的燃烧线速度有关。

油滴飞溅高度和散落面积与油层厚度、油池直径有关，一般散落面积的直径与油池直径之比均在10以上。由于喷溅带出的燃油从池火燃烧状态转变为液滴燃烧状态，改变了燃烧条件，燃烧强度和危险性随之增加，并且油滴在飞溅过程中和散落后将继续燃烧，极易造成火灾的迅速扩大，影响周边其他可燃物及人员、设备等，造成伤亡和损失，所以对油池而言，要避免喷溅现象的发生。

3．固体燃烧

根据各类可燃固体的燃烧方式和燃烧特性，固体燃烧的形式大致可分为五种，其燃烧各有特点。

（1）蒸发燃烧。硫、磷、钾、钠、蜡烛、松香、沥青等可燃固体，在受到火源加热时，先熔融蒸发，随后蒸气与氧气发生燃烧反应，这种形式的燃烧一般称为蒸发燃烧。樟脑、萘等易升华物质，在燃烧时不经过熔融过程，但其燃烧现象也可看作是一种蒸发燃烧。

(2)表面燃烧。可燃固体(如焦炭、木炭、铁、铜等)的燃烧反应是在其表面由氧和物质直接作用而发生的，称为表面燃烧。这是一种无火焰燃烧，有时称之为异相燃烧。

(3)分解燃烧。可燃固体，如煤、木材、合成塑料、钙塑材料等，在受到火源加热时，先发生热分解，随后分解出的可燃挥发成分与氧发生燃烧反应，这种形式的燃烧一般称为分解燃烧。

(4)熏烟燃烧(阴燃)。阴燃是指物质无可见光的缓慢燃烧，通常产生烟气和温度升高的现象。阴燃是固体材料特有的燃烧形式，但其能否发生，主要取决于固体材料自身的理化性质及其所处的外部环境。很多固体材料，如纸张、锯末、纤维织物、胶乳橡胶等，都能发生阴燃。这是因为这些材料受热分解后能产生刚性结构的多孔碳，从而具备多孔蓄热并使燃烧持续下去的条件。此外，阴燃的发生需要有一个供热强度适宜的热源，通常有自燃热源、阴燃本身的热源和有焰燃烧火焰熄灭后的阴燃等。

(5)动力燃烧(爆炸)。动力燃烧是指可燃固体或其分解析出的可燃挥发成分遇火源所发生的爆炸式燃烧，主要包括可燃粉尘爆炸、炸药爆炸、轰燃等几种情形。其中，轰燃是指某一空间内，所有可燃物的表面全部卷入燃烧的瞬变过程。建筑室内火灾发生过程中可能会产生轰燃。

上述各种燃烧形式的划分并非绝对，有些可燃固体的燃烧往往包含两种或两种以上的形式。例如，在适当的外界条件下，木材、棉、麻、纸张等的燃烧会明显地存在分解燃烧、阴燃、表面燃烧等形式。

三、闪点、燃点、自燃点、爆炸极限

不同形态物质的燃烧各有特点，通常根据不同燃烧类型，用不同的燃烧性能参数来分别衡量不同可燃物的燃烧特性。

(一)闪点

1. 闪点的定义

在规定的试验条件下，可燃性液体或固体表面产生的蒸气在试验火焰作用下发生闪燃的最低温度，称为闪点。

2. 闪点的意义

闪点是可燃性液体性质的主要标志之一，是衡量液体火灾危险性大小的重要参数。闪点越低，火灾危险性越大，反之则越小。闪点与可燃性液体的饱和蒸气压有关，饱和蒸气压越高，闪点越低。在一定条件下，当液体的温度高于其闪点时，液体随时有可能被火源引燃或发生自燃；若液体的温度低于闪点，则液体是不会发生闪燃的，更不会着火。常见的几种易燃或可燃液体的闪点如表 1-1 所示。

3. 闪点在消防上的应用

闪点是判断液体火灾危险性大小以及对可燃性液体进行分类的主要依据。可燃性液体的闪点越低，其火灾危险性也越大。例如，汽油的闪点为－50℃，煤油的闪点为 38～74℃，显然汽油的火灾危险性就比煤油大。根据闪点的高低，可以确定生产、加工、储存可燃性液体场所的火灾危险性类别：闪点＜28℃的为甲类；28℃≤闪点＜60℃的为乙类；闪点≥60℃的为丙类。

表 1-1 几种常见易燃或可燃液体的闪点

名称	闪点/℃	名称	闪点/℃
汽油	－50	二硫化碳	－30
煤油	38～74	甲醇	11
酒精	12	丙酮	－18
苯	－14	乙醛	－38
乙醚	－45	松节油	35

（二）燃点

1. 燃点的定义

在规定的试验条件下，物质在外部引火源作用下表面起火并持续燃烧一定时间所需的最低温度，称为燃点。

2. 常见可燃物的燃点

在一定条件下，物质的燃点越低，越易着火。常见可燃物的燃点如表 1-2 所示。

表 1-2 几种常见可燃物质的燃点

名称	燃点/℃	名称	燃点/℃
蜡烛	190	棉花	210～255
松香	216	布匹	200
橡胶	120	木材	250～300
纸张	130～230	豆油	220

3. 燃点与闪点的关系

易燃液体的燃点一般高出其闪点 1～5℃，并且闪点越低，这一差值越小，特别是在敞开的容器中很难将闪点和燃点区分开来。因此，在评定这类液体火灾危险性大小时，一般用闪点。固体的火灾危险性大小一般用燃点来衡量。

（三）自燃点

1. 自燃点的定义

自燃是指可燃物在没有外部火源的作用时，因受热或自身发热并蓄热所产生的燃烧。可燃物质产生自燃的最低温度称为自燃点。

2. 常见可燃物的自燃点

自燃点是衡量可燃物质受热升温导致自燃危险的依据。可燃物的自燃点越低，发生自燃的危险性就越大。某些常见可燃物在空气中的自燃点如表 1-3 所示。

表 1-3 某些常见可燃物在空气中的自燃点

物质名称	自燃点/℃	物质名称	自燃点/℃
氢气	400	丁烷	405
一氧化碳	610	乙醚	160
硫化氢	260	汽油	530～685
乙炔	305	乙醇	423

3. 影响自燃点变化的规律

不同的可燃物有不同的自燃点，同一种可燃物在不同的条件下自燃点也会发生变化。可燃物的自燃点越低，发生火灾的可能性就越大。

对于液体、气体可燃物，其自燃点受压力、氧浓度、催化、容器的材质和表面积与体积比等因素的影响。而固体可燃物的自燃点，则受受热熔融、挥发物的数量、固体的颗粒度、受热时间等因素的影响。

（四）爆炸极限

1. 爆炸极限的定义

爆炸极限一般认为是物质发生爆炸必须具备的浓度范围。对于可燃气体、液体蒸气和粉尘等不同形态的物质，通常以与空气混合后的体积分数或单位体积中的质量等来表示遇火源会发生爆炸的最高或最低浓度范围，称为爆炸浓度极限，简称爆炸极限。能引起爆炸的最高浓度称为爆炸上限，能引起爆炸的最低浓度称为爆炸下限，上限和下限之间的间隔称为爆炸范围。

2. 气体和液体的爆炸极限

气体和液体的爆炸极限通常用体积分数(%)表示。不同的物质由于其理化性质不同，其爆炸极限也不同。即使是同一种物质，在不同的外界条件下，其爆炸极限也不同。通常，在氧气中的爆炸极限要比在空气中的爆炸极限范围宽。部分可燃气体在空气和氧气中的爆炸极限如表 1-4 所示。

表 1-4　部分可燃气体在空气和氧气中的爆炸极限

物质名称	在空气中(体积分数/%)		在氧气中(体积分数/%)	
	下限	上限	下限	上限
氢气	4.0	75.0	4.7	94.0
乙炔	2.5	82.0	2.8	93.0
甲烷	5.0	15.0	5.4	60.0
乙烷	3.0	12.5	3.0	66.0
丙烷	2.1	9.5	2.3	55.0
乙烯	2.8	34.0	3.0	80.0
丙烯	2.0	11.0	2.1	53.0
氨	15.0	28.0	13.5	79.0
环丙烷	2.4	10.4	2.5	63.0
一氧化碳	12.5	74.0	15.5	94.0
乙醚	1.9	40.0	2.1	82.0
丁烷	1.5	8.5	1.8	49.0
二乙烯醚	1.7	27.0	1.9	85.5

除助燃物条件外，对于同种可燃气体，其爆炸极限还受以下几方面影响：

(1)火源能量的影响。引燃混合气体的火源能量越大，可燃混合气体的爆炸极限范围越宽，爆炸危险性越大。

(2)初始压力的影响。可燃混合气体初始压力增加，爆炸范围增大，爆炸危险性增加。值得注意的是，干燥的一氧化碳和空气的混合气体，若压力上升，其爆炸极限范围缩小。

(3)初温对爆炸极限的影响。混合气体初温越高，混合气体的爆炸极限范围越宽，爆炸危险性越大。

(4)惰性气体的影响。可燃混合气体中加入惰性气体，会使爆炸极限范围变窄，一般上限降低，下限变化比较复杂。当加入的惰性气体超过一定量以后，任何比例的混合气体均不能发生爆炸。

3. 可燃粉尘的爆炸极限

粉尘爆炸极限是粉尘和空气混合物，遇火源能发生爆炸的最低浓度(下限)和最高浓度(上限)，通常用单位体积中所含粉尘的质量(g/m^3)来表示。许多工业粉尘的爆炸下限为20～60g/m^3，爆炸上限为2000～6000g/m^3。由于粉尘沉降等原因，实际情况下很难达到爆炸上限值，因此，粉尘的爆炸上限一般没有实际价值，通常只应用粉尘的爆炸下限。爆炸下限越低的粉尘，发生爆炸的可能性就越大。此外，爆炸压力、悬浮状态下的粉尘自燃点等也是衡量粉尘爆炸危险性大小的重要参数。表1-5列出了部分粉尘的爆炸下限及其他特性参数。

表1-5　部分粉尘的爆炸特性

物质名称	爆炸下限/(g/m^3)	最大爆炸压力/($\times 10^5$ Pa)	自燃点/℃	最小点火能量/mJ
镁	20	5.0	520	80
铝	35～40	6.2	645	20
镁铝合金	50	4.3	535	80
钛	45	3.1	460	120
铁	120	2.5	316	100
锌	500	6.9	860	900
煤	35～45	3.2	610	40
硫	35	2.9	190	15
玉米	45	5.0	470	40
黄豆	35	4.6	560	100
花生壳	85	2.9	570	370
砂糖	19	3.9	410～525	30
小麦	9.7～60	4.1～6.6	380～470	50～160
木粉	12.6～25	7.7	225～430	20
软木	30～35	7.0	815	45
纸浆	60	4.2	480	80
酚苯树脂	25	7.4	500	10
脲醛树脂	90	4.2	470	80
环氧树脂	20	6.0	540	15
聚乙烯树脂	30	6.0	410	10
聚丙烯树脂	20	5.3	420	30
聚苯乙烯制品	15	5.4	560	40
聚乙酸乙烯树脂	40	4.8	550	160
硬脂酸铝	15	4.3	400	15

4. 爆炸极限在消防上的应用

物质的爆炸极限是正确评价生产、储存过程的火灾危险程度的主要参数，是建筑、电气和其他防火安全技术的重要依据。控制可燃性物质在空间的浓度低于爆炸下限或高于爆炸上限，是保证安全生产、储存、运输、使用的基本措施之一。具体应用有以下几方面：

(1)爆炸极限是评定可燃气体火灾危险性大小的依据，爆炸范围越大，下限越低，火灾危险性就越大。

(2)爆炸极限是评定气体生产、储存场所火险类别的依据，也是选择电气防爆形式的依据。生产、储存爆炸下限小于10%的可燃气体的工业场所，应选用隔爆型防爆电气设备；生产、储存爆炸下限大于或等于10%的可燃气体的工业场所，可选用任一防爆型电气设备。

(3)根据爆炸极限可以确定建筑物耐火等级、层数、面积、防火墙占地面积、安全疏散距离和灭火设施。

(4)根据爆炸极限确定安全操作规程。例如，采用可燃气体或蒸气氧化法生产时，应使可燃气体或蒸气与氧化剂的配比处于爆炸极限范围以外，若处于或接近爆炸极限范围进行生产时，应充惰性气体稀释和保护。

此时，由于爆炸性混合物在不同浓度时发生爆炸所产生的压力和放出的热量不同，因而具有的危险性也不同。在爆炸下限时，爆炸压力一般不会超过4×10^5 Pa，放出的热量不多，爆炸温度不高。随着爆炸性混合物中可燃气体或液体蒸气浓度的增加，爆炸产生的热量也增加，压力增大。当混合物中可燃物质的浓度增加到稍高于化学计量浓度时，可燃物质与空气中的氧发生充分反应，所以爆炸放出的热量最多，产生的压力最大。当混合物中可燃物质浓度超过化学计量浓度时，爆炸放出的热量和爆炸压力随可燃物质浓度的增加而降低。

(五)最小点火能量

最小点火能量是指在一定条件下，每一种爆炸混合物的起爆所需的最小能量，目前基本都采用毫焦(mJ)作为最小点火能量的单位。表1-6中列出了部分可燃气体和蒸气在一定条件下于空气中的最小点火能量。部分粉尘在一定条件下于空气中的最小点火能量如表1-5所示。

表1-6 部分可燃气体和蒸气在空气中的最小点火能量

物质名称	最小点火能量/mJ	物质名称	最小点火能量/mJ
乙烷	0.285	丁酮	0.68
丙烷	0.305	丙酮	1.15
甲烷	0.47	乙酸乙酯	1.42
庚烷	0.70	甲醚	0.33
乙炔	0.02	乙醚	0.49
乙烯	0.096	异丙醚	1.14
丙炔	0.152	三乙胺	0.75
丙烯	0.282	乙胺	2.4
丁二烯	0.175	呋喃	0.225
氯丙烷	1.08	苯	0.55
甲醇	0.215	环氧乙烷	0.087
异丙醇	0.65	二硫化碳	0.015
乙醛	0.325	氢	0.02

四、燃烧产物

燃烧产生的物质，其成分取决于可燃物的组成和燃烧条件。大部分可燃物属于有机化合物，它们主要由碳、氢、氧、氮、硫等元素组成。燃烧生成的气体一般有一氧化碳、二氧化碳、丙烯醛、氯化氢、二氧化硫等。

（一）燃烧产物的概念

由燃烧或热解作用产生的全部物质称为燃烧产物，其有完全燃烧产物和不完全燃烧产物之分。完全燃烧产物是指可燃物中的C被氧化生成CO_2（气）、H被氧化生成H_2O（液）、S被氧化生成SO_2（气）等；而CO、NH_3、醇类、醛类、醚类等是不完全燃烧产物。燃烧产物的数量、组成等随物质的化学组成及温度、空气的供给情况等的变化而不同。

燃烧产物中的烟主要是燃烧或热解作用所产生的悬浮于大气中能被人们看到的直径一般在10^{-7}至10^{-4}cm的极小的碳黑粒子；大直径的粒子容易由烟中落下来，称为烟尘或碳黑。碳粒子的形成过程比较复杂。例如碳氢可燃物在燃烧过程中，会因受热裂解产生一系列中间产物，中间产物还会进一步裂解成更小的碎片，这些小碎片会发生脱氢、聚合、环化等反应，最后形成石墨化碳粒子，构成了烟。

（二）燃烧产物的危害性

统计资料表明，火灾中大约75％的死亡人员是由于吸入毒性气体而致死的。燃烧产物中含有大量的有毒成分，如CO、HCN、SO_2、NO_2等。这些气体均对人体有不同程度的危害。常见的有害气体的来源、生理作用及致死浓度如表1-7所示。

表1-7　常见的有害气体的来源、生理作用及致死浓度

来　源	主要的生理作用	短期（10min）估计致死浓度/ppm
纺织品、聚丙烯腈尼龙、聚氨酯等物质燃烧时分解出的氰化氢（HCN）	一种迅速致死、窒息性的毒物	350
纺织物燃烧时产生二氧化氮（NO_2）和其他氮的氧化物	肺的强刺激剂，能引起即刻死亡及滞后性伤害	＞200
由木材、丝织品、尼龙燃烧产生的氨气（NH_3）	强刺激性，对眼、鼻有强烈刺激作用	＞1000
PVC电绝缘材料、其他含氯高分子材料及阻燃处理物热分解产生的氯化氢（HCl）	呼吸刺激剂，吸附于微粒上的HCl的潜在危险性较之等量的HCl气体要大	＞500，气体或微粒存在时
氟化树脂类及某些含溴阻燃材料热分解产生的含卤酸气体	呼吸刺激剂	约400（HF） 约100（COF_2） ＞500（HBr）
含硫化合物及含硫物质燃烧分解产生的二氧化硫（SO_2）	强刺激剂，在远低于致死浓度下也使人难以忍受	＞500
由聚烯烃和纤维素低温热解（400℃）产生的丙醛	潜在的呼吸刺激剂	30～100

注：根据GB 3102.8—1993百分浓度已不允许使用，但消防行业标准仍沿用浓度术语，考虑与行业标准一致，ppm不改为10^{-6}或10^{-4}。（后同）

二氧化碳和一氧化碳是燃烧产生的两种主要燃烧产物。其中，二氧化碳虽然无毒，但当达到一定的浓度时，会刺激人的呼吸中枢，导致呼吸急促、烟气吸入量增加，并且还会引起头痛、神志不清等症状。而一氧化碳是火灾中致死的主要燃烧产物之一，其毒性在于对血液中血红蛋白的高亲和性，其对血红蛋白的亲和力比氧气高出250倍，因而它会阻碍人体血液中氧气的输送，引起头痛、虚脱、神志不清等症状和肌肉调节障碍等。一氧化碳对人的影响如表1-8所示。

表1-8　一氧化碳对人的影响

影响情况	CO浓度/ppm	碳氧血红蛋白浓度/%
在其中工作8h的允许浓度	50	—
暴露1h不产生明显影响的浓度	400～500	—
1h暴露后有明显影响	600～700	—
1h暴露后引起不适，但无危险症状的浓度	1000～1200	—
暴露1h后有危险的浓度	1500～2000	35
在1h内即会致死的浓度	4000及以上	50

除毒性之外，燃烧产生的烟气还具有一定的减光性。通常可见光波长(λ)为0.4～0.7 μm，一般火灾烟气中的烟粒子粒径(d)为几到几十微米，由于$d>2\lambda$，故烟粒子对可见光是不透明的。烟气在火场上弥漫，会严重影响人们的视线，使人们难以辨别火势发展方向和寻找安全疏散路线。同时，烟气中有些气体对人的肉眼有极大的刺激性，也会降低能见度。

第二节　火灾基础知识

火灾是灾害的一种。导致火灾发生的原因既有自然因素，又有许多人为因素。

一、火灾的定义、分类与危害

(一)火灾的定义

火灾是指在时间或空间上失去控制的燃烧。

(二)火灾的分类

根据不同的需要，火灾可以按不同的方式进行分类。

1. 按照燃烧对象的性质分类

按照国家标准《火灾分类》(GB/T 4968—2008)的规定，火灾分为A、B、C、D、E、F六类。

A类火灾：固体物质火灾。这种物质通常具有有机物性质，一般在燃烧时能产生灼热的余烬。如木材、棉、毛、麻、纸张等火灾。

B类火灾：液体或可熔化固体物质火灾。如汽油、煤油、原油、甲醇、乙醇、沥青、石蜡等火灾。

C类火灾：气体火灾。如煤气、天然气、甲烷、乙烷、氢气、乙炔等火灾。

D类火灾：金属火灾。如钾、钠、镁、钛、锆、锂等火灾。

E 类火灾:带电火灾。物体带电燃烧的火灾。如变压器等设备的电气火灾等。

F 类火灾:烹饪器具内的烹饪物(如动物油脂或植物油脂)火灾。

2. 按照火灾事故所造成的灾害损失程度分类

依据《生产安全事故报告和调查处理条例》中规定的生产安全事故等级标准,将火灾相应地分为特别重大火灾、重大火灾、较大火灾和一般火灾四个等级。

特别重大火灾是指造成 30 人以上(“以上”包括本数,下同)死亡,或者 100 人以上重伤,或者 1 亿元以上直接财产损失的火灾。

重大火灾是指造成 10 人以上 30 人以下(“以下”不包括本数,下同)死亡,或者 50 人以上 100 人以下重伤,或者 5000 万元以上 1 亿元以下直接财产损失的火灾。

较大火灾是指造成 3 人以上 10 人以下死亡,或者 10 人以上 50 人以下重伤,或者 1000 万元以上 5000 万元以下直接财产损失的火灾。

一般火灾是指造成 3 人以下死亡,或者 10 人以下重伤,或者 1000 万元以下直接财产损失的火灾。

(三)火灾的危害

1. 危害生命安全

建筑物火灾会对人的生命安全构成严重威胁。一场大火,有时会吞噬几十人甚至几百人的生命。2000 年 12 月 25 日,河南省洛阳东都商厦火灾,致 309 人死亡。2013 年 6 月 3 日,吉林省德惠市宝源丰禽业有限公司厂房火灾,造成 121 人遇难、76 人受伤。建筑物火灾对生命的威胁主要来自以下几方面:首先,建筑物采用的许多可燃性材料,在起火燃烧时产生高温高热,对人的肌体造成严重伤害,甚至致人休克、死亡。据统计,因燃烧热造成的人员死亡的人数约占整个火灾死亡人数的 1/4。其次,建筑内可燃材料燃烧过程中释放出的一氧化碳等有毒烟气,人吸入后会产生呼吸困难、头痛、恶心、神经系统紊乱等症状,威胁生命安全。在所有火灾遇难人中,约有 3/4 的人是吸入有毒有害烟气后直接导致死亡的。最后,建筑物经燃烧,达到甚至超过了承重构件的耐火极限,导致建筑整体或部分构件坍塌,造成人员伤亡。2003 年 11 月 3 日,湖南省衡阳市衡州大厦火灾,由于燃烧时间长,建筑构件本身存在问题,最终导致建筑物坍塌,造成 20 名消防员牺牲。

2. 造成经济损失

火灾造成的经济损失主要以建筑火灾为主。其体现在以下几个方面:第一,火灾烧毁建筑物内的财物,破坏设施设备,甚至会因火势蔓延使整幢建筑物化为灰烬。2004 年 12 月 21 日,湖南省常德市鼎城区桥南市场因一门面内电视机内部故障引发特大火灾,大火蔓延,烧毁 3220 个门面、3029 个摊位、30 个仓库,过火建筑面积 83276m^2,直接财产损失 1.876 亿元,受灾 5200 余户,整个市场烧毁殆尽。另外,一些精密仪器、棉纺织物等还会因受火灾烟气的侵蚀造成永久性破坏。第二,建筑物火灾产生的高温高热,将造成建筑结构的破坏,甚至引起建筑物整体倒塌。2001 年 9 月 11 日美国纽约世贸大厦,因飞机撞击后酿成大火,建筑因长时间受火势威胁,内部构件失去稳定性而最终导致垮塌。第三,扑救建筑火灾所用的水、干粉、泡沫等灭火剂,不仅本身是一种资源损耗,而且将使建筑内的财物遭受水渍、污染等损失。第四,建筑火灾发生后,因建筑修复重建、人员善后安置、生产经营停业等,也会造成巨大的间接经济损失。

3. 破坏文明成果

一些历史保护建筑、文化遗址一旦发生火灾，除了会造成人员伤亡和财产损失外，大量文物、典籍、古建筑等稀世瑰宝面临烧毁的威胁，这将对人类文明成果造成无法挽回的损失。1923年6月27日，原北京紫禁城(现为故宫博物院)内发生火灾，将建福宫一带清宫贮藏珍宝最多的殿宇楼馆烧毁，据史料记载，共烧毁金佛2665尊、字画1157件、古玩435件、古书11万册，损失难以估量。1997年6月7日，印度南部泰米尔纳德邦坦贾武尔一座神庙发生火灾，使这座建于公元11世纪的人类历史遗产付之一炬。1994年11月15日，吉林省吉林市银都夜总会发生火灾，火势蔓延到相邻的博物馆，使7000万年前的恐龙化石以及其他大批珍贵文物毁于一旦。

4. 影响社会稳定

当重要的公共建筑、重要的单位发生火灾时，会在很大范围内引起关注，并造成一定程度的负面效应，影响社会稳定。2009年2月9日，正值元宵节，在建的中央电视台电视文化中心(又称央视新址北配楼)发生特大火灾，大火持续燃烧了数小时，全国甚至世界范围内的主流媒体第一时间都进行了报道，火灾事故的认定及责任追究也受到了广泛关注，造成了很大的社会反响。从许多火灾案例来看，当学校、医院、宾馆、办公楼等公共场所发生群死群伤恶性火灾，或涉及粮食、能源、资源等国计民生的重要工业建筑发生大火时，还会在民众中造成心理恐慌。家庭是社会细胞，普通家庭生活遭受火灾的危害，也将在一定范围内造成负面影响，损害群众的安全感，影响社会的稳定。

5. 破坏生态环境

火灾的危害不仅表现为毁坏财物、残害人类生命，而且还表现为破坏生态环境。2006年11月13日，中石油吉林石化公司双苯厂发生了火灾爆炸事故，由于生产装置及部分循环水系统遭到严重破坏，致使苯、苯胺和硝基苯等98吨残余物料通过清净废水排水系统流入松花江，引发特大水污染事件。事发后，松花江下游沿岸的哈尔滨、佳木斯，以及俄罗斯哈巴罗夫斯克等城市面临严重生态危机，哈尔滨停止供水4天。再如，森林火灾的发生，会导致生态平衡被破坏，使大量的动物和植物灭绝，环境恶化，气候异常，干旱少雨，风暴增多，水土流失，引发饥荒和疾病的流行，严重威胁人类的生存和发展。

二、火灾发生的常见原因

事故都有起因，火灾也是如此。分析起火原因，了解火灾发生的特点，是为了更有针对性地运用技术措施，有效控火，防止和减少火灾危害。

(一)电气

资料显示，近年来我国发生的电气火灾数量一直居高不下，每年都在10万起以上，占全年火灾总数的30%左右，导致伤亡人员1000多人，直接财产损失超过18亿元，在各类火灾原因当中居首位。电气火灾原因复杂，既涉及电气设备的设计、制造及安装，也与产品投入使用后的维护管理、安全防范相关。电气设备故障、电器设备设置使用不妥、电气线路敷设不当及老化等所造成的设备过负荷、线路接头接触不良、线路短路等是引起电气火灾的直接原因。

(二)吸烟

烟蒂和点燃后未熄灭的火柴梗温度可达800℃，能引起许多可燃物质的燃烧，在起火原因中占有相当的比重。例如，将没有熄灭的烟头和火柴梗扔在可燃物中引起火灾；躺在床上，特别是醉酒后躺在床上吸烟，烟头掉在被褥上引起火灾；在禁止火种的火灾高危场所，违章吸烟引起火灾事故。

（三）生活用火不慎

生活用火不慎是指城乡居民家庭在生活中用火不慎。例如，炊事用火中炊事器具设置不当，安装不符合要求，在炉灶的使用中违反安全技术要求等引起火灾；家中烧香祭祀过程中无人看管，造成香灰散落引发火灾等。

（四）生产作业不慎

生产作业不慎主要是指违反生产安全制度引起火灾。例如，在易燃易爆的车间内动用明火，引起爆炸起火；将性质相抵触的物品混存在一起，引起燃烧爆炸；在用气焊焊接和切割时，飞迸出大量火星和熔渣，因未采取有效的防火措施，引燃周围可燃物；在机器运转过程中，不按时加油润滑，或者没有清除附在机器轴承上面的杂质、废物，使机器该部位摩擦发热，引起附着物起火；化工生产设备失修，出现可燃气体，以及易燃、可燃液体跑、冒、滴、漏，遇到明火燃烧或爆炸等。

（五）玩火

未成年人缺乏看管，玩火取乐，也是造成火灾常见的原因之一。此外，燃放烟花爆竹也属于“玩火”的范畴。被点燃的烟花爆竹本身即火源，稍有不慎，就易引发火灾，还会造成人员伤亡。

（七）放火

放火主要指采用人为放火的方式引起的火灾。一般是当事人以放火为手段达到某种目的。这类火灾为当事人故意为之，通常经过一定的策划准备，因而往往缺乏初期救助，火灾发展迅速，后果严重。

（七）雷击

雷电导致火灾的原因大体上有三种：一是雷电直接击在建筑物上发生热效应、机械效应作用等；二是雷电产生静电感应作用和电磁感应作用；三是高电位雷电波沿着电气线路或金属管道系统侵入建筑物内部。在雷击较多的地区，建筑物上如果没有设置可靠的防雷保护设施，便有可能发生雷击起火。

三、建筑火灾蔓延的机理与途径

通常情况下，火灾都有一个由小到大、由发展到熄灭的过程，其发生、发展直至熄灭的过程在不同的环境下会呈现不同的特点。

（一）建筑火灾蔓延的传热基础

热传递有三种基本方式，即热传导、热对流和热辐射。建筑物火灾中，燃烧物质所放出的热通量常是以上述三种方式来传播的，并会影响火势蔓延和扩大。热传播的形式与起火点、建筑材料、物质的燃烧性能和可燃物的数量等因素有关。

1. 热传导

热传导又称导热，属于接触传热，是连续介质就地传递热量而又没有各部分之间相对的宏观位移的一种传热方式。不同物质的导热能力各异，通常用热导率，即用单位温度梯度时的热通量来表示物质的导热能力。同种物质的热导率也会因材料的结构、密度、湿度等因素的变化而变化。

对于起火的场所，热导率大的物体，由于既能受到高温作用迅速加热，又会很快地把热能传导出去，所以在这种情况下，就可能引起没有直接受到火焰作用的可燃物质发生燃烧，导致火势传播和蔓延。

2. 热对流

热对流又称对流，是指流体各部分之间发生相对位移，冷热流体相互掺混引起热量传递的方式。热对流中热量的传递与流体流动有密切的关系。由于流体中存在温差，所以也必然存在导热现象，但导热在整个传热中处于次要地位。工程上，常把具有相对位移的流体与所接触的固体表面之间的热传递过程称为对流换热。

建筑在发生火灾过程中，一般来说，通风孔洞面积越大，热对流的速度越快；通风孔洞所处位置越高，对流速度越快。热对流对初期火灾的发展起着重要作用。

3. 热辐射

辐射是物体通过电磁波来传递能量的方式。热辐射是因热而发出辐射能的现象。辐射换热是物体间以辐射的方式进行热量传递。与导热和对流不同的是，热辐射在传递能量时不需要互相接触即可进行，所以它是一种非接触传递能量的方式。

火场上的火焰、烟雾都能辐射热能，辐射热能的强弱取决于燃烧物质的热值和火焰温度。物质热值越大，火焰温度越高，热辐射也越强。辐射热能作用于附近的物体上，能否引起可燃物质着火，要看热源的温度、距离和角度。

（二）建筑火灾的烟气蔓延

建筑发生火灾时，烟气流动的方向通常是火势蔓延的一个主要方向。一般，500℃以上热烟所到之处，遇到的可燃物都有可能被引燃起火。

1. 烟气的扩散路线

建筑火灾中产生的高温烟气，其密度比冷空气小，由于浮力作用向上升起，遇到水平楼板或顶棚时，改为水平方向继续流动，这就形成了烟气的水平扩散。这时，如果高温烟气的温度不降低，那么上层将是高温烟气，而下层是常温空气，形成明显分离的两个层流流动。实际上，烟气在流动扩散过程中，一方面总有冷空气掺混，另一方面受到楼板、顶棚等建筑围护结构的冷却，温度逐渐下降。沿水平方向流动扩散的烟气碰到四周围护结构时，进一步被冷却并向下流动。逐渐冷却的烟气和冷空气流向燃烧区，形成了室内的自然对流，火越烧越旺。

烟气扩散流动速度与烟气温度和流动方向有关。烟气在水平方向的扩散流动速度较小，在火灾初期为 0.1～0.3m/s，在火灾中期为 0.5～0.8m/s。烟气在垂直方向的扩散流动速度较大，通常为 1～5m/s。在楼梯间或管道竖井中，由于烟囱效应产生的抽力，烟气上升流动速度很大，可达 6～8m/s，甚至更大。

2. 烟气流动的驱动力

烟气流动的驱动力包括室内外温差引起的烟囱效应、外界风的作用、通风空调系统的影响等。

当建筑物内外的温度不同时，室内外空气的密度随之出现差别，这将引发浮力驱动的流动。如果室内空气温度高于室外，则室内空气将发生向上运动，建筑物越高，这种流动越强。竖井是发生这种现象的主要场合，在竖井中，由于浮力作用产生的气体运动十分显著，通常称这种现象为烟囱效应。在火灾过程中，烟囱效应是造成烟气向上蔓延的主要因素。

火风压是建筑物内发生火灾时，在起火房间内，由于温度上升，气体迅速膨胀，对楼板和四壁形成的压力。火风压的影响主要在起火房间，如果火风压大于进风口的压力，则大量的烟火将通过外墙窗口，由室外向上蔓延；若火风压等于或小于进风口的压力，则烟火便全部在内部蔓延，当它进入楼梯间、电梯井、管道井、电缆井等竖向孔道以后，会大大加强烟囱效应。

烟囱效应和火风压不同，它能影响全楼。多数情况下，建筑物内的温度大于室外温度，所以室内气流总的方向是自下而上的，即正烟囱效应。起火层的位置越低，影响的层数越多。在正烟囱效应下，若火灾发生在中性面（室内压力等于室外压力的一个理论分界面）以下的楼层，火灾产生的烟气进入竖井后会沿竖井上升，一旦升到中性面以上，烟气不单可由竖井上部的开口流出来，也可进入建筑物上部与竖井相连的楼层；若中性面以上的楼层起火，当火势较弱时，由烟囱效应产生的空气流动可限制烟气流进竖井，如果着火层的燃烧强烈，则热烟气的浮力足以克服竖井内的烟囱效应，则仍可进入竖井而继续向上蔓延。因此，高层建筑中的楼梯间、电梯井、管道井、天井、电缆井、排气道、中庭等竖向孔道，如果防火处理不当，就形同一座高耸的烟囱，强大的抽拔力将使火沿着竖向孔道迅速蔓延。

风的存在可在建筑物的周围产生压力分布，而这种压力分布能够影响建筑物内的烟气流动。建筑物外部的压力分布受到多种因素的影响，其中包括风速、风向、建筑物的高度和几何形状及邻近建筑物等。风的影响往往可以超过其他驱动烟气运动的力（自然和人工）。一般来说，风朝建筑物吹过来会在建筑物的迎风侧产生较高滞止压力，这可增强建筑物内的烟气向下风方向流动。

3. 烟气蔓延的途径

火灾时，建筑内烟气呈水平流动和垂直流动。蔓延的途径主要有：内墙门、洞口，外墙门、窗口，房间隔墙，空心结构，闷顶，楼梯间，各种竖井管道，楼板上的孔洞及穿越楼板、墙壁的管线和缝隙等。对主体为耐火结构的建筑来说，造成蔓延的主要原因有：未设有效的防火分区，火灾在未受限制的条件下蔓延；洞口处的分隔处理不完善，火灾穿越防火分隔区域蔓延；防火隔墙和房间隔墙未砌至顶板，火灾在吊顶内部空间蔓延；采用可燃构件与装饰物，火灾通过可燃的隔墙、吊顶、地毯等蔓延。

（1）孔洞开口蔓延。在建筑物内部，火灾可以通过一些开口来实现水平蔓延。如可燃的木质户门、无水幕保护的普通卷帘、未用不燃材料封堵的管道穿孔处等。此外，发生火灾时，一些防火设施未能正常启动，如防火卷帘因卷帘箱开口、导轨等受热变形，或者因卷帘下方堆放物品，或者因无人操作手动启动装置等导致无法正常放下，同样造成火灾蔓延。

（2）穿越墙壁的管线和缝隙蔓延。室内发生火灾时，室内上半部处于较高压力状态下，该部位穿越墙壁的管线和缝隙很容易把火焰、高温烟气传播出去，造成蔓延。此外，穿过房间的金属管线在高温作用下，往往会通过热传导方式将热量传到相邻房间或区域一侧，使与管线接触的可燃物起火。

（3）闷顶内蔓延。由于烟火是向上升腾的，因此顶棚上的入孔、通风口等都是烟火进入的通道。闷顶内往往没有防火分隔墙，空间大，很容易造成火灾水平蔓延，并通过内部孔洞再向四周的房间蔓延。

（4）外墙面蔓延。在外墙面，高温热烟气流会促使火焰蹿出窗口向上层蔓延。一方面，由于火焰与外墙面之间的空气受热逃逸形成负压,周围冷空气的压力致使烟火贴墙面而上,使火蔓延到上一层;另一方面,由于火焰贴附外墙面向上蔓延,致使热量透过墙体引燃起火层上面一层房间内的可燃物。建筑物外墙窗口的形状、大小对火势蔓延有很大影响。

四、建筑火灾发展的几个阶段

对于建筑火灾而言,最初发生在室内的某个房间或某个部位,然后蔓延到相邻的房间或区域,以及整个楼层,最后蔓延到整个建筑物。其发展过程大致可分为初期增长阶段、充分发展阶段和衰减阶段。如图 1-1 所示为建筑室内火灾温度-时间曲线。

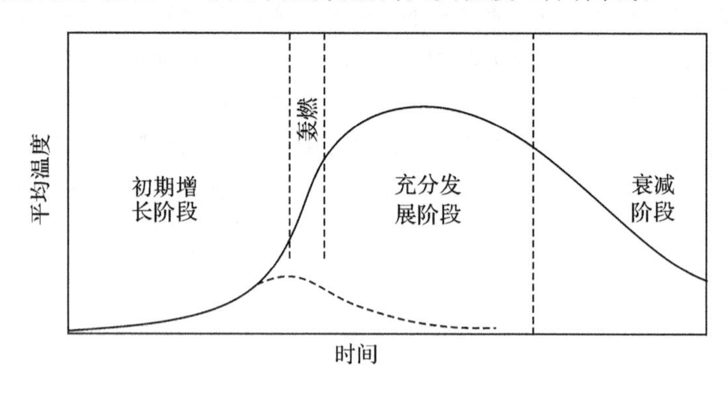

图 1-1　建筑室内火灾温度—时间曲线

(一)初期增长阶段

初期增长阶段从出现明火算起,此阶段燃烧的面积较小,只局限于着火点处的可燃物燃烧,局部温度较高,室内各点的温度不平衡,其燃烧状况与敞开环境中的燃烧状况差不多。由于可燃物性能、分布、通风和散热等条件的影响,燃烧的发展大多比较缓慢,有可能形成火灾,也有可能中途自行熄灭(见图 1-3 中虚线),燃烧发展不稳定。火灾初期增长阶段持续时间的长短不定。

(二)充分发展阶段

在建筑室内火灾持续燃烧一定时间后,燃烧范围不断扩大,温度升高,室内的可燃物在高温的作用下,不断分解释放出可燃气体,当房间内温度达到 400～600℃时,室内绝大部分可燃物起火燃烧。这种在限定空间内可燃物的表面全部卷入燃烧的瞬变状态,即轰燃。轰燃的出现是燃烧释放的热量在室内逐渐累积与对外散热共同作用、燃烧速率急剧增大的结果。影响轰燃发生最重要的两个因素是辐射和对流情况。通常,轰燃的发生标志着室内火灾进入充分发展阶段。

轰燃发生后,室内可燃物出现全面燃烧,可燃物热释放速率很大,室温急剧上升,并出现持续高温,温度可达 800～1000℃。之后,火焰和高温烟气在火风压的作用下,会从房间的门窗、孔洞等处大量涌出,沿走廊、吊顶迅速向水平方向蔓延扩散。同时,由于烟囱效应的作用,火势会通过竖向管井、共享空间等向上蔓延。轰燃的发生标志着房间火势的失控,同时产生的高温会对建筑物的衬里材料及结构造成严重影响。但不是每个火场都会出现轰燃,大空间建筑、比较潮湿的场所就不易发生。

（三）衰减阶段

在火灾全面发展阶段的后期，随着室内可燃物数量的减少，火灾燃烧速度减慢，燃烧强度减弱，温度逐渐下降，一般认为火灾衰减阶段是从室内平均温度降到其峰值的80%时算起。随后房间内温度下降显著，直到室内外温度达到平衡为止，火灾完全熄灭。

上述后两个阶段是通风良好情况下室内火灾的自然发展过程。实际上，一旦室内发生火灾，常常伴有人为的灭火行动和自动灭火设施的启动，因此会改变火灾的发展过程。不少火灾尚未发展就被扑灭，这样室内就不会出现破坏性的高温。如果灭火过程中，可燃材料中的挥发成分未完全析出，可燃物周围的温度在短时间内仍然很高，易造成可燃挥发再度析出，一旦条件合适，可能会出现死灰复燃的情况，这种情况不容忽视。

五、灭火的基本原理与方法

为防止火势失去控制，继续扩大燃烧而造成灾害，需要采取以下的方法将火扑灭。这些方法的根本原理是破坏燃烧条件。

（一）冷却

可燃物一旦达到着火点，即会燃烧或持续燃烧。在一定条件下，将可燃物的温度降到着火点以下，燃烧即会停止。对于可燃固体，将其冷却在燃点以下；对于可燃液体，将其冷却在闪点以下，燃烧反应就会中止。用水扑灭一般固体物质的火灾，主要是通过冷却作用来实现的。水具有较大的比热容和很高的汽化热，冷却性能很好。在用水灭火的过程中，水大量地吸收热量，使燃烧物的温度迅速降低，使火焰熄灭，火势得到控制，火灾终止。水喷雾灭火系统的水雾，其水滴直径细小，表面积大，和空气接触范围大，极易吸收热气流的热量，也能很快地降低温度，效果更为明显。

（二）隔离

在燃烧三要素中，可燃物是燃烧的主要因素。将可燃物与氧气、火焰隔离，就可以中止燃烧、扑灭火灾。例如，自动喷水泡沫联用系统在喷水的同时喷出泡沫，泡沫覆盖于燃烧液体或固体的表面，在发挥冷却作用的同时，将可燃物与空气隔开，从而可以灭火。再例如，可燃液体或可燃气体火灾，在灭火时，迅速关闭输送可燃液体和可燃气体的管道的阀门，切断流向着火区的可燃液体和可燃气体的输送，同时打开可燃液体或可燃气体通向安全区域的阀门，使已经燃烧或即将燃烧或受到火势威胁的容器中的可燃液体、可燃气体转移。

（三）窒息

可燃物的燃烧是氧化作用，需要在最低氧浓度以上才能进行，低于最低氧浓度，燃烧不能进行，火灾即被扑灭。一般氧浓度低于15%时，就不能维持燃烧。在着火场所内，可以通过灌注不燃气体，如二氧化碳、氮气、水蒸气等，来降低空间的氧浓度，从而达到窒息灭火。此外，水喷雾灭火系统工作时，喷出的水滴吸收热气流热量而转化成水蒸气，当空气中水蒸气浓度达到35%时，燃烧即停止，这也是窒息灭火的应用。

（四）化学抑制

由于有焰燃烧是通过链式反应进行的，所以能有效地抑制自由基的产生或降低火焰中的自由基浓度，即可使燃烧中止。化学抑制灭火的灭火剂常见的有干粉和七氟丙烷。化学抑制法灭火，灭火速度快，使用得当可有效地扑灭初期火灾，减少人员和财产的损失。但抑制法灭火对于有焰燃烧火灾效果好，对深位火灾，由于渗透性较差，效果不理想。在条件许可情况下，采用抑制法灭火的灭火剂与水、泡沫等灭火剂联用，会明显改善效果。

第三节　易燃易爆危险品基础知识

危险品是指有爆炸、易燃、毒害、腐蚀、放射性等性质，在运输、装卸和储存保管过程中，易造成人身伤亡和财产损毁而需要特别防护的物品。目前常见的、用途较广的危险物品有2020余种。

容易燃烧爆炸的危险品即易燃易爆危险品，具体指国家标准《危险货物分类和品名编号》(GB 6944—2012)和《危险货物品名表》(GB 12268—2012)中的爆炸品、易燃气体、易燃液体、易燃固体、易于自燃的物质和遇水放出易燃气体的物质、氧化性物质和有机过氧化物。这些物品不论是作为原料还是作为产品，一般都要经过加工、储存、运输等过程，才能供给使用。从最初生产者到最终使用者的整个过程中，物品受到摩擦、震动、挤压、温度与湿度变化、混触等诸多因素影响最大，因而造成燃烧、爆炸和伤亡等事故的隐患也较多。为了加强对危险物品的安全管理，确保生命、财产安全，对危险物品进行科学的分类，特别是研究各类易燃易爆危险物品的危险特性是十分重要的。

一、爆炸品

爆炸品是在外界作用下(如受热、撞击等)，能发生剧烈的化学反应，瞬时产生大量气体和热量，导致周围压力急剧上升，发生爆炸，从而对周围环境造成破坏的物品。

(一)爆炸品的分类

爆炸品实际上是火药、炸药和爆炸性药品及其制品的总称。爆炸品按其爆炸危险性的大小分为以下六项：

(1)有整体爆炸危险的物质和物品(整体爆炸是指瞬间影响到几乎全部装入量的爆炸)。例如，爆破用的电雷管、非电雷管、弹药用雷管、叠氮铅、雷汞等起爆药、三硝基甲苯(TNT)、硝铵炸药、浆状炸药、无烟火药、硝化棉、硝化淀粉、硝化甘油、黑火药及其制品等均属此项。

(2)有迸射危险，但无整体爆炸危险的物质和物品。例如，带有炸药或抛射药的火箭、火箭弹头，装有炸药的炸弹、弹丸、穿甲弹，非水活化的不含有白磷或磷化物、含有磷或磁化物、带有或不带有爆炸管、抛射药或发射药的燃烧弹、照明弹、烟幕弹、催泪弹，以及摄影闪光弹、闪光粉，地面或空中照明弹，不带雷管的民用炸药装药、民用火箭等均属此项。

(3)有燃烧危险并有局部爆炸危险或局部迸射危险或这两种危险都有，但无整体爆炸危险的物质和物品。例如，速燃导火索、点火管、点火引信、二硝基苯、苦味酸钠、苦味酸铵、乙醇含量大于或等于25%或者增塑剂大于或等于18%的硝化纤维素、油井药包、礼花弹等均属此项。

(4)不呈现重大危险的爆炸物质和物品。该项爆炸品的危险性较小，万一被点燃或引爆，其危险作用大部分局限在包装件内部，而对包装件外部无重大危险。例如，导火索、手持信号弹、响墩、信号火炬、烟花爆竹等均属此项。

(5)有整体爆炸危险的非常不敏感的物质。该项爆炸品性质比较稳定，在燃烧实验中不会爆炸。例如，铵油炸药、铵沥蜡炸药等。

(6)无整体爆炸危险的极端不敏感的物品。

(二)爆炸品的特性及参数

爆炸品的特性主要表现为其受到摩擦、撞击、震动、高热或其他能量激发后,就能产生剧烈的化学反应,并在极短时间内释放大量热量和气体而发生爆炸性燃烧。其主要危险特性包括爆炸性和敏感性。

1. 爆炸性

爆炸物品都具有化学不稳定性,在一定的作用下,能以极快的速度发生猛烈的化学反应,产生的大量气体和热量在短时间内无法逸散开去,致使周围的温度迅速上升和产生巨大的压力而引起爆炸。

2. 敏感度

任何一种爆炸品的爆炸都需要外界供给它一定的能量——起爆能。不同的炸药所需的起爆能也不同。某一炸药所需的最小起爆能,为该炸药的敏感度。不同形式的炸药对不同形式的外界作用的敏感度是不同的。影响爆炸品敏感度的因素很多,而爆炸品的化学组成和结构是决定敏感度的内在因素。另外,影响炸药敏感度的外来因素还有温度、杂质、结晶、密度等。

二、易燃气体

易燃气体是指温度在20℃、标准大气压101.3kPa时,爆炸下限小于或等于13%的气体,或者不论其爆炸下限如何,其爆炸极限(燃烧范围)大于或等于12%的气体。如氢气、乙炔气、一氧化碳、甲烷等碳五以下的烷烃、烯烃,无水的一甲胺、二甲胺、三甲胺,环丙烷、环丁烷、环氧乙烷,四氢化硅、液化石油气等。

(一)易燃气体的分级

易燃气体分为两级:

Ⅰ级:爆炸下限<10%;或不论爆炸下限如何,爆炸极限范围≥12%;

Ⅱ级:10%≤爆炸下限<13%,且爆炸极限范围<12%。

实际应用中,通常还将爆炸下限小于10%的气体归为甲类火险物质,爆炸下限大于或等于10%的气体归为乙类火险物质。

(二)易燃气体的火灾危险性

1. 易燃易爆性

易燃气体的主要危险性是易燃易爆性,所有处于燃烧浓度范围之内的易燃气体,遇火源都可能着火或爆炸,有的易燃气体遇到极微小能量引火源的作用即可引爆。易燃气体着火或爆炸的难易程度,除受引火源能量大小的影响外,主要取决于其化学组成,而其化学组成又决定着气体燃烧浓度范围的大小、自燃点的高低、燃烧速度的快慢和发热量的多少。综合易燃气体的燃烧现象,可见其易燃易爆性具有以下三个特点:

(1)通常比液体、固体易燃,并且燃速快。

(2)一般来说,由简单成分组成的气体,如氢气(H_2)、甲烷(CH_4)、一氧化碳(CO)等,比复杂成分组成的气体易燃,燃速快,火焰温度高,着火爆炸危险性大。简单成分气体和复杂成分气体的火灾危险性比较如表1-9所示。

(3)价键不饱和的易燃气体比对应的价键饱和的易燃气体的火灾危险性大。这是因为不饱和气体的分子结构中有双键或三键存在，化学活性强，在通常条件下，就能与氯、氧等氯化性和氧化性气体起反应而着火或爆炸，所以火灾危险性大。

表 1-9 简单成分气体和复杂成分气体火灾危险性比较

气体名称	化学式	最大直线燃烧速度/(cm/s)	最高火焰温度/℃	爆炸浓度范围(体积/%)
氢气	H_2	210	2130	4～75
一氧化碳	CO	39	1680	12.5～74
甲烷	CH_4	33.8	1800	5～15

2. 扩散性

处于气体状态的任何物质都没有固定的形状和体积，并且能自发地充满任何容器。由于气体的分子间距大，相互作用力小，所以非常容易扩散。气体的扩散特点主要体现在以下几方面：

(1)比空气轻的气体逸散在空气中可以无限制地扩散，与空气形成爆炸性混合物，并能够顺风飘散，迅速蔓延和扩展。

(2)比空气重的气体泄漏出来时，往往飘浮于地表、沟渠、隧道、厂房死角等处，长时间聚集不散，易与空气在局部范围内形成爆炸性混合气体，遇引火源发生着火或爆炸；同时，密度大的易燃气体一般都有较大的发热量，在火灾时，易使火势扩大。掌握气体的相对密度及其扩散性，不仅对评价其火灾危险性的大小有实际意义，而且对选择通风门的位置、确定防火间距以及采取防止火势蔓延的措施都具有实际意义。常见可燃气体的相对密度与扩散系数的关系如表 1-10 所示。

表 1-10 常见可燃气体的相对密度与扩散系数的关系

气体名称	扩散系数/(cm^2/s)	相对密度	气体名称	扩散系数/(cm^2/s)	相对密度
氢	0.634	0.07	乙烯	0.130	0.97
乙炔	0.194	0.91	甲醚	0.118	1.58
甲烷	0.196	0.55	液化石油气	0.121	1.56
氨	0.198	0.60			

3. 可缩性和膨胀性

任何物体都有热胀冷缩的性质，气体也不例外，其体积也会因温度的升降而胀缩，且胀缩的幅度比液体要大得多。气体的可缩性和膨胀性特点如下：

(1)当压力不变时，气体的温度与体积成正比，即温度越高，体积越大。通常，气体的相对密度随温度的升高而减小，体积却随温度的升高而增大。

(2)当温度不变时，气体的体积与压力成反比，即压力越大，体积越小。例如，对 100L、质量一定的气体加压至 1013.25kPa 时，其体积可以缩小到 10L。这一特性说明，气体在一定压力下可以压缩，甚至可以压缩成液态。所以，气体通常都是经压缩后存于钢瓶中的。

(3)在体积不变时，气体的温度与压力成正比，即温度越高，压力越大。这就是说，当储存在固定容积的容器内的气体被加热时，温度越高，其膨胀后形成的压力就越大。如果盛装压缩或液化气体的容器(钢瓶)在储运过程中受到高温、暴晒等热源作用，容器、钢瓶内的气体就会急剧膨胀，产生比原来更大的压力。当压力超过了容器的耐压强度时，就会引起容器的膨胀，甚至爆裂，造成伤亡事故。因此，在储存、运输和使用压缩气体和液化气体的过程中，一定要注意采取防火、防晒、泄压、隔热等措施；在向容器、气瓶内充装时，要注意极限温度和压力，严格控制充装量，防止超装、超温、超压。

4. 带电性

从静电产生的原理可知，任何物体的摩擦都会产生静电，氢气、乙烯、乙炔、天然气、液化石油气等从管口或破损处高速喷出时也同样能产生静电。其主要原因是气体本身剧烈运动造成分子间的相互摩擦，气体中含有的固体颗粒或液体杂质在压力下高速喷出时与喷嘴产生的摩擦等。影响气体静电荷产生的主要因素有：

(1)杂质。气体中所含的液体或固体杂质越多，多数情况下产生的静电荷也越多。

(2)流速。气体的流速越快，产生的静电荷也越多。

液化石油气喷出时，产生的静电电压可达 9000V，其放电火花足以引起燃烧。因此，压力容器内的可燃气体，在容器、管道破损时或放空速度过快时，都易因静电引起火灾或爆炸事故。带电性是评定可燃气体火灾危险性的参数之一，掌握了可燃气体的带电性，可采取设备接地、控制流速等相应的防范措施。

5. 腐蚀性、毒害性

这里所说的腐蚀性主要是指一些含氢、硫元素的气体具有腐蚀性。例如，硫化氢、硫氧化碳、氨等都能腐蚀设备，削弱设备的耐压强度，严重时可导致设备系统裂隙、漏气，引起火灾等。目前，危险性最大的是氢，氢在高压下能渗透到碳素中去，使金属容器发生“氢脆”。因此，对盛装这类气体的容器，要采取一定的防腐措施。如用高压合金钢并含铬、钼等一定量的稀有金属制造材料，定期检验其耐压强度等。

一氧化碳、硫化氢、二甲胺、氨、溴甲烷、二硼烷、二氯硅烷、锗烷、三氟氯乙烯等气体，除具有易燃易爆性外，还有相当的毒害性。因此，在处理或扑救此类有毒气体火灾时，应特别注意防止中毒。

三、易燃液体

易燃液体是指易燃的液体或液体混合物，或是有未溶固体的溶液或悬浮液，其闭杯试验闪点不高于 60℃，或开杯试验闪点不高于 65.6℃。易燃液体还包括满足下列条件之一的气体：

(1)在温度等于或高于其闪点的条件下提交运输的液体；

(2)以液态在高温条件下运输或提交运输，并在温度等于或低于最高运输温度下放出易燃蒸气的物资。

闭杯闪点是指在标准规定的试验条件下，在闭杯中试样的蒸气与空气的混合气接触火焰时，能产生闪燃的最低温度。

(一)易燃液体的分级

易燃液体分为以下三级：

(1)Ⅰ级。初沸点≤35℃，如汽油、正戊烷、环戊烷、环戊烯、乙醛、丙酮、乙醚、甲胺水溶液、二硫化碳等。

(2)Ⅱ级。闪点＜23℃，初沸点＞35℃，如石油醚、石油原油、石脑油、正庚烷及其异构体、辛烷及其异辛烷、苯、粗苯、甲醇、乙醇、噻吩、吡啶、香蕉水、显影液、镜头水、封口胶等。

(3)Ⅲ级。23℃≤闪点≤60℃，初沸点>35℃，如煤油、磺化煤油，浸在煤油中的金属镧，铷，铈，壬烷及其异构体，癸烷，樟脑油，乳香油，松节油，松香水，癣药水，刹车油，影印油墨，照相用清除液，涂底液，医用碘酒等。

实际应用中，通常将闪点小于28℃的液体归为甲类火险物质，将闪点不小于28℃且小于60℃的液体归为乙类火险物质，将闪点不小于60℃的液体归为丙类火险物质。

(二)易燃液体的火灾危险性

1. 易燃性

液体的燃烧是通过其挥发出的蒸气与空气形成的可燃性混合物，在一定的比例范围内遇明火点燃而实现的，因而实质上是液体蒸气的氧化还原反应。易燃液体燃烧的难易程度，即火灾危险的大小，主要取决于它们的分子结构和分子量的大小。

2. 爆炸性

由于任何液体在任意温度下都能蒸发，所以易燃液体也具有这种性质，当挥发出的易燃蒸气与空气混合，达到爆炸浓度范围时，遇明火就发生爆炸。易燃液体的挥发性越强，这种爆炸危险性就越大。不同液体的蒸发速度随其所处状态的不同而变化。影响其蒸发速度的因素有温度、沸点、密度、压力、流速等。

3. 受热膨胀性

易燃液体也有受热膨胀性。储存于密闭容器中的易燃液体受热后，本身体积膨胀的同时蒸气压力增加。若超过了容器所能承受的压力限度，就会造成容器膨胀，甚至爆裂。夏季盛装易燃液体的桶，常出现鼓桶现象及玻璃容器发生爆裂现象，就是受热膨胀所致。

4. 流动性

流动性是液体的通性，易燃液体的流动性增加了火灾危险性。例如，易燃液体渗漏会很快向四周扩散，能扩大其表面积，加快挥发速度，提高空气中的蒸气浓度，易于起火蔓延。再例如，火场中储罐(容器)一旦爆裂，液体会四处流散，造成火势蔓延，扩大着火面积，给施救工作带来一定困难。所以，为了防止液体泄漏、流散，在储存时应备事故槽(罐)、构筑防火堤、设水封井等。液体着火时，应设法堵截流散的液体，防止其蔓延扩散。

5. 带电性

多数易燃液体在灌注、输送、喷流过程中能够产生静电，当静电荷聚集到一定程度，则放电发火，有着火或爆炸的危险。

6. 毒害性

易燃液体大多本身或其蒸气具有毒害性，有的还有刺激性和腐蚀性。易燃液体蒸发出的气体，通过人体的呼吸道、消化道、皮肤三个途径进入人体内，造成人身中毒。中毒的程度与蒸气浓度、作用时间的长短有关。浓度低、时间短则中毒程度轻，反之则重。

四、易燃固体、易于自燃的物质、遇水放出易燃气体的物质

在易燃易爆危险品这一类物质中包含易燃固体、易于自燃的物质、遇水放出易燃气体的物质三项。其中易燃固体主要指易被各类火源点燃的固态状物质；易于自燃的物质主要是指与空气接触容易自行燃烧的物质；遇水放出易燃气体的物质主要是指当遇水时会放出易燃气体和热量的物品。

（一）易燃固体

易燃固体是指燃点低，对热、撞击、摩擦敏感，易被外部火源点燃，燃烧迅速，并可能散发出有毒烟雾或有毒气体的固体。但不包括已列入爆炸品的物质。

1. 易燃固体的分级与分类

根据燃点的高低，燃烧物质可分为易燃固体和可燃固体，燃点高于300℃的称为可燃固体，如农副产品及其制品（也称易燃货物）。燃点低于300℃的为易燃固体，如大部分化工原料及其制品，但合成橡胶、合成树脂、合成纤维属可燃固体。根据不同的需要，易燃固体按其燃点的高低、燃烧速度的快慢、放出气体的毒害性大小通常还分成两级，如表1-11所示。

表1-11 易燃固体的分级分类

<table>
<tr><th>级别</th><th colspan="2">分类</th><th>举例</th></tr>
<tr><td rowspan="3">一级
（甲）</td><td rowspan="3">燃点低、易燃烧、燃烧迅速和猛烈，并放出有毒气体</td><td>赤磷及含磷化合物</td><td>赤磷、三硫基萘、硝化棉等</td></tr>
<tr><td>硝基化合物</td><td>二硝基甲苯、二硝基萘、硝化棉等</td></tr>
<tr><td>其他</td><td>闪光粉、氨基化钠、重氮氨基苯等</td></tr>
<tr><td rowspan="6">二级
（乙）</td><td rowspan="6">燃点较高、燃烧较慢、燃烧产物毒性也较小</td><td>硝基化合物</td><td>硝基芳烃、二硝基丙烷等</td></tr>
<tr><td>易燃金属粉</td><td>铝粉、镁粉、锰粉等</td></tr>
<tr><td>萘及其衍生物</td><td>萘、甲基萘等</td></tr>
<tr><td>碱金属氨基化合物</td><td>氨基化钠、氨基化钙</td></tr>
<tr><td>硝化棉制品</td><td>硝化纤维漆布、赛璐珞板等</td></tr>
<tr><td>其他</td><td>硫黄、生松香、聚甲醛等</td></tr>
</table>

注：燃点在300℃以下的天然纤维（如棉、麻纸张、谷草等）列属丙类易燃固体。

2. 固态退敏爆炸品

固态退敏爆炸品是指为抑制爆炸性物质的爆炸性能，用水或酒精润湿爆炸性物质，或用其他物质稀释爆炸性物质后，而形成的均匀固态混合物，有时也称湿爆炸品。如含水至少10%（质量分数）的苦味酸铵、二硝基苯酚盐、硝化淀粉等均属此类。

3. 自反应物质

自反应物质是指即使没有氧气（空气）存在，也容易发生激烈放热分解的热不稳定物质。在无火焰分解情况下，某些可能散发毒性蒸气或其他气体。这些物质主要包括脂肪族偶氮化合物、芳香族硫代酰肼化合物、亚硝基类化合物和重氮盐类化合物等固体物质。

4. 易燃固体的火灾危险性

（1）燃点低、易点燃。易燃固体的着火点一般都在300℃以下，在常温下只要有能量很小的引火源与之作用即能引起燃烧。例如，镁粉、铝粉只要有20mJ的点火能即可点燃；硫黄、生松香则只需15mJ的点火能即可点燃；有些易燃固体受到摩擦、撞击等外力作用时也可能引发燃烧。

（2）遇酸、氧化剂易燃易爆。绝大多数易燃固体与酸、氧化剂（尤其是强氧化剂）接触，能够立即着火或爆炸。例如，发孔剂与酸性物质接触能立即起火；萘与发烟硫酸接触反应非常剧烈，甚至引起爆炸；红磷与氯酸钾相遇，硫黄与过氧化钠或氯酸钾相遇，都会立即着火或爆炸。

（3）本身或燃烧产物有毒。很多易燃固体本身具有毒害性，或者燃烧后能产生有毒的物质。如硫黄、三硫化四磷等，不仅与皮肤接触(特别夏季有汗的情况下)会引起中毒，而且粉尘吸入后也会引起中毒。又如，硝基化合物、硝基棉及其制品、重氮氨基苯等易燃固体，由于本身含有硝基(—NO_2)、亚硝基(—NO)、重氮基(—N＝N—)等不稳定的基团，所以在燃烧的条件下都有可能转为爆炸，燃烧时还会产生大量的一氧化碳、氰化氢等有毒气体。

(二)易于自燃的物质

1. 分类

易于自燃的物质包括发火物质和自热物质两类。

(1)发火物质。其指即使只有少量物品与空气接触，在不到 5min 内便会燃烧的物质，包括混合物和溶液(液体和固体)。如黄磷、三氯化钛等。

(2)自热物质。其指发火物质以外的与空气接触便能自己发热的物质。如赛璐珞碎屑、油纸、潮湿的棉花等。

2. 火灾危险性

(1)遇空气自燃性。易于自燃的物质大部分非常活泼，具有极强的还原性，接触空气后能迅速与空气中的氧化合，并产生大量的热，达到其自燃点而着火，接触氧化剂和其他氧化性物质反应更加强烈，甚至爆炸，如白磷遇空气即自燃起火，生成有毒的五氧化二磷，故须存放于水中。

(2)遇湿易燃性。硼、锌、锑、铝的烷基化合物类属易自燃物品，化学性质非常活泼，具有极强的还原性，遇氧化剂、酸类反应剧烈，除在空气中能自燃外，遇水或受潮还能分解自燃或爆炸，故起火时不可用水或泡沫扑救。

(3)积热自燃性。硝化纤维胶片、废影片、X 光片等，在常温下就能缓慢分解，产生热量，自动升温，达到其自燃点而引起自燃。

(三)遇水放出易燃气体的物质

遇水放出易燃气体的物质是指遇水放出易燃气体，且该气体与空气混合能够形成爆炸性混合物的物质。

这类物质都具有遇水分解，产生可燃气体和热量，从而引起火灾的危险性或爆炸性。着火有两种情况：一种是遇水发生剧烈的化学反应，释放出的热量能把反应产生的可燃气体加热到自燃点，不经点火也会着火燃烧，如金属钠、碳化钙等；另一种是遇水能发生化学反应，但释放出的热量较少，不足以把反应产生的可燃气体加热至自燃点，但可燃气体一旦接触火源就会立即着火燃烧，如氢化钙、连二亚硫酸钠(保险粉)等。遇水放出易燃气体的物质类别多，生成的可燃气体不同，因此其危险性也有所不同。其主要归结为以下几方面：

(1)遇水或遇酸燃烧性。这是此类物质的共同危险性。着火时，不能用水及泡沫灭火剂扑救，应用干沙或干粉灭火剂、二氧化碳灭火剂等进行扑救。其中的一些物质与酸或氧化剂反应时，比遇水反应更剧烈，着火爆炸危险性更大。

(2)自燃性。有些遇水放出易燃气体的物质，如金属碳化物、硼氢化合物，放置于空气中即具有自燃性，有的(如氰化钾)遇水能生成可燃气体放出热量而具有自燃性。因此，这类物质的储存必须与水及潮气隔离。

(3)爆炸性。一些遇水放出易燃气体的物质，如碳化钙(电石)等，与水作用生成可燃气体，并与空气形成爆炸性混合物。

(4)其他。有些物质遇水作用后的生成物(如磷化物)除易燃性外，还有毒性；有的虽然与水接触，反应不是很激烈，放出的热量也不足以使产生的可燃气体着火，但是遇外来火源还是有着火爆炸的危险性的。

五、氧化性物质和有机过氧化物

氧化性物质和有机过氧化物具有强烈的氧化性，在不同条件下，遇酸和碱、受热和受潮、接触有机物或还原剂即能分解放出氧，发生氧化还原反应，引起燃烧。有机过氧化物更具有易燃甚至爆炸的危险性，储运时需加适量抑制剂或稳定剂，有的在环境温度下会自行加速分解，因而必须控温储运。有些氧化性物质还具有毒性或腐蚀性。

（一）氧化性物质

氧化性物质是指本身未必燃烧，但通常因放出氧可能引起或促使其他物质燃烧的物质。有些氧化性物质对热、震动或摩擦较敏感，与易燃物、有机物、还原剂，如松软的粉末等接触，即能分解引起燃烧和爆炸。少数氧化性物质容易发生自动分解（不稳定性），从而其本身就具有发生着火和爆炸所需的所有成分。大多数氧化性物质和强酸液体发生剧烈反应，放出毒性气体。某些物质在卷入火中时，亦可放出毒性气体。

1. 氧化性物质的分类

氧化性物质按物质形态，可分为固体氧化性物质和液体氧化性物质。根据氧化性能强弱，无机氧化性物质分为两级：一级主要是碱金属或碱土金属的过氧化物和盐类，如过氧化钠、高氯酸钠、硝酸钾、高锰酸钾等。一些氧化性物质的分子中含有过氧基（—O—O—）或高价态元素（N^{5+}、Mn^{7+}等），极不稳定，容易分解，氧化性很强，是强氧化剂，能引起燃烧或爆炸。二级氧化性物质虽然也容易分解，但较一级稳定，是较强氧化剂，能引起燃烧。除一级外的所有无机氧化剂均为二级氧化性物质，如亚硝酸钠、亚氯酸钠、连二硫酸钠、重铬酸钠、氧化银等。

2. 氧化性物质的火灾危险性

多数氧化性物质的特点是氧化价态高，金属活泼性强，易分解，有极强的氧化性，本身不燃烧，但与可燃物作用能发生着火和爆炸。

（1）受热、被撞分解性。在现行列入氧化性物资管理的危险品中，除有机硝酸盐类外，都是不燃物质，但当受热、被撞击或摩擦时易分解出氧，若接触易燃物、有机物，特别是与木炭粉、硫黄粉，淀粉等混合时，能引起着火和爆炸。

（2）可燃性。氧化性物质绝大多数是不燃的，但也有少数具有可燃性，主要是有机硝酸盐类，如硝酸胍、硝酸脲等；另外，还有过氧化氢尿素、高氯酸醋酐溶液、二氯异氰尿酸或三氯异氰尿酸、四硝基甲烷等。这些物质不需要外界的可燃物参与即可燃烧。

（3）与可燃液体作用的自燃性。有些氧化性物质与可燃液体接触能引起燃烧，如高锰酸钾与甘油或乙二醇接触，过氧化钠与甲醇或醋酸接触，铬酸丙酮与香蕉水接触等，都能起火。

（4）与酸作用的分解性。氧化性物质遇酸后，大多数能发生反应，而且反应常常是剧烈的，甚至引起爆炸。如高锰酸钾与硫酸、氯酸钾与硝酸接触都十分危险。这些氧化剂着火时，也不能用泡沫灭火剂扑救。

（5）与水作用的分解性。有些氧化性物质，特别是活泼金属的过氧化物，遇水或吸收空气中的水蒸气和二氧化碳能分解放出氧原子，致使可燃物质爆燃。漂白粉（主要成分是次氯酸钙）吸水后，不仅能放出氧，还能放出大量的氯。高锰酸钾吸水后形成的液体，接触纸张、棉布等有机物，能立即引起燃烧，着火时禁用水扑救。

(6)强氧化性物质与弱氧化性物质作用的分解性。强氧化剂与弱氧化剂相互之间接触能发生复分解反应，产生高热而引起着火或爆炸。如漂白粉、亚硝酸盐、亚氯酸盐、次氯酸盐等弱氧化剂，当遇到氯酸盐、硝酸盐等强氧化剂时，会发生剧烈反应，引起着火或爆炸。

(7)腐蚀毒害性。不少氧化性物质还具有一定的腐蚀毒害性，能毒害人体，烧伤皮肤，如二氧化铬(铬酸)既有毒性，也有腐蚀性，这类物品着火时，应注意安全防护。

(二)有机过氧化物

有机过氧化物是一种含有过氧基(—O—O—)结构的有机物质，也可能是过氧化氢的衍生物。如过甲酸(HCOOOH)、过乙酸(CH_3COOOH)等。有机过氧化物是热稳定性较差的物质，并可发生放热的加速分解过程。其火灾危险特性可归纳为以下两点：

(1)分解爆炸性。由于有机过氧化物都含有极不稳定的过氧基(—O—O—)，对热、震动、冲击和摩擦都极为敏感，所以当受到轻微的外力作用时即分解。如过氧化二乙酰纯品制成后存放 24 小时就可能发生强烈的爆炸。过氧化二苯甲酰含水在 1%以下时，稍有摩擦即能引起爆炸。过氧化二碳酸二异丙酯在 10℃以上时不稳定，达到 17.22℃时即分解爆炸。过乙酸(过氧乙酸)纯品极不稳定，在零下 20℃时也会爆炸；溶液浓度大于 45%时，存放过程中仍可分解出氧气，加热至 110℃时即爆炸。这就不难看出，有机过氧化物对温度和外力作用是十分敏感的，其危险性和危害性比其他氧化剂更大。

(2)易燃性。有机过氧化物不仅极易分解爆炸，而且极易燃。如过氧化叔丁醇的闪点为 26.67℃，所以扑救有机过氧化物火灾时应特别要注意避免引起爆炸。

此外，有机过氧化物一般容易伤害眼睛，如过氧化环乙酮、过氧化叔丁醇、过氧化二乙酰等，都对眼睛有伤害作用。因此，应避免眼睛接触有机过氧化物。

综上所述，有机过氧化物的火灾危险性主要取决于物质本身的过氧基含量和分解温度。有机过氧化物的过氧基含量越多，其热分解温度越低，则火灾危险性就越大。

思考题

1. 如何理解燃烧条件？
2. 固体、气体、液体燃烧各自有哪些类型和特点？
3. 火灾按燃烧对象是如何分类的？
4. 火灾发生的常见原因有哪些？
5. 建筑火灾的蔓延途径有哪些？
6. 灭火的基本方法有哪些？
7. 易燃易爆危险品主要包括哪几类？

第二章　生产和储存物品的火灾危险性分类

工业建筑发生火灾时造成的生命、财产损失与建筑内物质的火灾危险性、工艺及操作的火灾危险性和采取的相应措施等直接相关。在进行防火设计时，必须首先判断其火灾危险程度的高低，进而制定行之有效的防火防爆对策。

可燃物的种类很多，各种气体、液体与固体不同的性质形成了不同的危险性，而且同样的物品采用不同的工艺和操作，产生的危险性也不相同，因此在实际应用中，确定一个厂房或仓库确切的火灾危险程度有时比较复杂。现行有关国家标准对不同生产和储存场所的火灾危险性进行了分类，这些分类标准是经过大量的调查研究，并经过多年的实践总结出来的，是工业企业防火设计中的技术依据和准则。实际设计中，确定了具体建设项目的生产和储存物品的火灾危险性类别后，才能按照所属的火灾危险性类别采取对应的防火与防爆措施，如确定建筑物的耐火等级、层数、面积，设置所必要的防火分隔物、安全疏散设施、防爆泄压设施、消防给水和灭火设备、防排烟和火灾报警设备以及与周围建筑之间的防火间距等。对生产和储存物品的火灾危险性进行分类，对保护人身安全、维护工业企业正常的生产秩序、保护财产具有非常重要的意义。

第一节　生产的火灾危险性分类

生产的火灾危险性是指生产过程中发生火灾、爆炸事故的各种因素，以及火灾扩大蔓延条件的总和。它取决于物料及产品的性质、生产设备的缺陷、生产作业行为、工艺参数的控制和生产环境等诸多因素的相互作用。评定生产过程的火灾危险性，就是在掌握生产中所使用物质的物理、化学性质和火灾、爆炸特性的基础上，分析物质在加工处理过程中同作业行为、工艺控制条件、生产设备、生产环境等要素的联系与作用，评价生产过程发生火灾和爆炸事故的可能性。厂房的火灾危险性类别是以生产过程中使用和产出物质的火灾危险性类别确定的，评定物质的火灾危险性是确定生产的火灾危险性类别的基础。

一、评定物质火灾危险性的主要指标

物质火灾危险性的评定，主要是依据其理化性质。物料状态不同，评定的标志也不同，因此评定气体、液体和固体火灾爆炸危险性的指标是有区别的。

（一）评定气体火灾危险性的主要指标

爆炸极限和自燃点是评定气体火灾危险性的主要指标。可燃气体的爆炸浓度极限范围越大，爆炸下限越低，越容易与空气或其他助燃气体形成爆炸性气体混合物，其火灾爆炸危险性越大。可燃气体的自燃点越低，遇热源引燃的可能性越大，火灾爆炸的危险性越大。

另外，气体的比重和扩散性、化学性质活泼与否、带电性以及受热膨胀性等也都从不同角度揭示了其火灾危险性。气体化学活泼性越强，发生火灾爆炸的危险性越大；气体在空气中的扩散速度越快，火灾蔓延扩展的危险性越大；相对密度大的气体易聚集不散，遇明火容易造成火灾爆炸事故；易压缩液化的气体遇热后体积膨胀，容易发生火灾爆炸事故。可燃气体的火灾危险性还在于气体极易引燃，而且一旦燃烧，速度极快，多发生爆炸式燃烧，甚至还会出现爆轰，危害大，难以控制和扑救。

(二)评定液体火灾危险性的主要指标

闪点是评定液体火灾危险性的主要指标(评定可燃液体火灾危险性最直接的指标是蒸气压，蒸气压越高，越易挥发，闪点也越低，但由于蒸气压很难测量，所以世界各地都是根据液体的闪点来确定其危险性的)。闪点越低的液体，越易挥发而形成爆炸性气体混合物，引燃也越容易。对于可燃液体，通常还用自燃点作为评定火灾危险性的标志，自燃点越低的液体，越易发生自燃。

此外，液体的爆炸温度极限、受热蒸发性、流动扩散性和带电性也是衡量液体火灾危险性的标志。爆炸温度极限范围越大，危险性越大；受热膨胀系数越大的液体，受热后蒸气压力上升速度快(汽化量增大)，容易造成设备升压发生爆炸；沸点越低的液体，蒸发性越强，且蒸气压随温度的升高显著增大；液体流动扩散快，泄漏后易流淌蒸发，会加快其蒸发速度，易于起火并蔓延；有些液体(如酮、醚、石油及其产品)有很强的带电能力，其在生产、储运过程中，极易造成静电荷积聚而产生静电放电火花，酿成火灾。

(三)评定固体火灾危险性的主要指标

对于绝大多数可燃固体来说，熔点和燃点是评定其火灾危险性的主要标志参数。熔点低的固体易蒸发或汽化，燃点也较低，燃烧速度也较快。许多熔点低的易燃固体还有闪燃现象。固体物料由于组成和性质存在的差异较大，所以各有其不同的燃烧特点和复杂的燃烧现象，增加了评定火灾危险性的难度。而且，火灾危险性评定的标志不一。例如，评定粉状可燃固体是以爆炸浓度下限作为标志的，评定遇水燃烧固体是以与水反应速度快慢和放热量的大小为标志的，评定自燃性固体物料是以其自燃点作为标志的，评定受热分解可燃固体是以其分解温度作为标志的。

此外，在评定时，还应从其反应危险性、燃烧危险性、毒害性、腐蚀性和放射性等方面进行分析。例如，有些物料在储运过程中发生自聚反应，引起泄漏或火灾爆炸事故；有的物料具有腐蚀性，会破坏设备，从而导致火灾爆炸或中毒烧伤等事故。这些需要对物料在各种环境条件下的特性进行试验后再准确地评定。

二、生产火灾危险性分类方法

目前，国际上对生产厂房和储存物品仓库的火灾危险性尚无统一的分类方法。国内主要依据现行国家标准《建筑设计防火规范》(GB 50016—2014)，根据生产中使用或产生的物质性质及其数量等因素划分，把生产的火灾危险性分为五类，其分类及举例如表 2-1 所示。

同一座厂房或厂房的任一防火分区内有不同火灾危险性生产时，厂房或防火分区内的生产火灾危险性类别应按火灾危险性较大的部分确定，如图 2-1 所示。当生产过程中使用或产生易燃、可燃物的量较少，不足以构成爆炸或火灾危险时，可按实际情况确定；当符合下述条件之一时，可按火灾危险性较小的部分确定：

表 2-1 生产的火灾危险性分类及举例

生产的火灾危险性类别	使用或产生下列物质生产的火灾危险性特征	火灾危险性分类举例
甲	1. 闪点小于 28℃的液体	闪点<28℃的油品和有机溶剂的提炼、回收或洗涤部位及其泵房，橡胶制品的涂胶和胶浆部位，二硫化碳的粗馏、精馏工段及其应用部位，青霉素提炼部位，原料药厂的非纳西汀车间的烃化、回收及电感精馏部位，皂素车间的抽提、结晶及过滤部位，冰片精制部位，农药厂乐果厂房，敌敌畏的合成厂房、磺化法糖精厂房，氯乙醇厂房，环氧乙烷、环氧丙烷工段，苯酚厂房的硫化、蒸馏部位，焦化厂吡啶工段，胶片厂片基车间，汽油加铅室，甲醇、乙醇、丙酮、丁酮异丙醇、醋酸乙酯、苯等的合成或精制厂房，集成电路工厂的化学清洗间(使用闪点<28℃的液体)，植物油加工厂的浸出车间；白酒液态法酿酒车间、酒精蒸馏塔，酒精度为38°以上的勾兑车间、灌装车间、酒泵房；白兰地蒸馏车间、勾兑车间、灌装车间、酒泵房
	2. 爆炸下限小于 10%的气体	乙炔站，氢气站，石油气体分馏(或分离)厂房，氯乙烯厂房，乙烯聚合厂房，天然气、石油伴生气、矿井气、水煤气或焦炉煤气的净化(如脱硫)厂房压缩机室及鼓风机室，液化石油气罐瓶间，丁二烯及其聚合厂房，醋酸乙烯厂房，电解水或电解食盐厂房，环己酮厂房，乙基苯和苯乙烯厂房，化肥厂的氢氮气压缩厂房，半导体材料厂使用氢气的拉晶间，硅烷热分解室
	3. 常温下能自行分解或在空气中氧化即能导致迅速自燃或爆炸的物质	硝化棉厂房及其应用部位，赛璐珞厂房，黄磷制备厂房及其应用部位三乙基铝厂房，染化厂某些能自行分解的重氮化合物生产，甲胺厂房，丙烯腈厂房
	4. 常温下受到水或空气中水蒸气的作用，能产生可燃气体并引起燃烧或爆炸的物质	金属钠、钾加工房及其应用部位，聚乙烯厂房的一氯二乙基铝部位、三氯化磷厂房，多晶硅车间三氯氢硅部位，五氧化二磷厂房
	5. 遇酸、受热、撞击、摩擦、催化以及遇有机物或硫黄等易燃的无机物，极易引起燃烧或爆炸的强氧化剂	氯酸钠、氯酸钾厂房及其应用部位，过氧化氢厂房，过氧化钠、过氧化钾厂房，次氯酸钙厂房
	6. 受撞击、摩擦或与氧化剂、有机物接触时能引起燃烧或爆炸的物质	赤磷制备厂房及其应用部位，五硫化二磷厂房及其应用部位
	7. 在密闭设备内操作温度不小于物质本身自燃点的生产	洗涤剂厂房石蜡裂解部位，冰醋酸裂解厂房

续表

生产的火灾危险性类别	使用或产生下列物质生产的火灾危险性特征	火灾危险性分类举例
乙	1.闪点不小于28℃，但小于60℃的液体	28℃≤闪点＜60℃的油品和有机溶剂的提炼、回收、洗涤部位及其泵房，松节油或松香蒸馏厂房及其应用部位，醋酸酐精馏厂房，己内酰胺厂房，甲酚厂房，氯丙醇厂房，樟脑油提取部位，环氧氯丙烷厂房，松针油精制部位，煤油灌桶间
	2.爆炸下限不小于10%的气体	一氧化碳压缩机室及净化部位，发生炉煤气或鼓风炉煤气净化部位，氨压缩机房
	3.不属于甲类的氧化剂	发烟硫酸或发烟硝酸浓缩部位，高锰酸钾厂房，重铬酸钠(红钒钠)厂房
	4.不属于甲类的易燃固体	樟脑或松香提炼厂房，硫黄回收厂房，焦化厂精萘厂房
	5.助燃气体	氧气站，空分厂房
	6.能与空气形成爆炸性混合物的浮游状态的粉尘、纤维、闪点不小于60℃的液体雾滴	铝粉或镁粉厂房，金属制品抛光部位，煤粉厂房，面粉厂的碾磨部位，活性炭制造及再生厂房，谷物筒仓的工作塔，亚麻厂的除尘器和过滤器室
丙	1.闪点不小于60℃的液体	闪点≥60℃的油品和有机液体的提炼、回收工段及其抽送泵房，香料厂的松油醇部位和乙酸松油脂部位，苯甲酸厂房，苯乙酮厂房，焦化厂焦油厂房，甘油、桐油的制备厂房，油浸变压器室，机器油或变压油罐桶间，润滑油再生部位，配电室(每台装油量＞60kg的设备)，沥青加工厂房，植物油加工厂的精炼部位
	2.可燃固体	煤、焦炭、油母页岩的筛分、转运工段和栈桥或储仓，木工厂房，竹、藤加工厂房，橡胶制品的压延、成型和硫化厂房，针织品厂房，纺织、印染、化纤生产的干燥部位，服装加工厂房，棉花加工和打包厂房，造纸厂备料、干燥车间，印染厂成品厂房，麻纺厂粗加工车间，谷物加工房，卷烟厂的切丝、卷制、包装车间，印刷厂的印刷车间，毛涤厂选毛车间，电视机、收音机装配厂房，显像管厂装配工段烧枪间，磁带装配厂房，集成电路工厂的氧化扩散间、光刻间，泡沫塑料厂的发泡、成型、印片压花部位，饲料加工厂房，畜(禽)屠宰、分割及加工车间，鱼加工车间

续表

生产的火灾危险性类别	使用或产生下列物质生产的火灾危险性特征	火灾危险性分类举例
丁	1.对不燃烧物质进行加工,并在高温或熔化状态下经常产生强辐射热、火花或火焰的生产	金属冶炼、锻造、铆焊、热轧、铸造、热处理厂房
	2.以气体、液体、固体作为燃料或将气体、液体进行燃烧作其他用的各种生产	锅炉房,玻璃原料熔化厂房,灯丝烧拉部位,保温瓶胆厂房,陶瓷制品的烘干、烧成厂房,蒸汽机车库,石灰焙烧厂房,电石炉部位,耐火材料烧成部位,转炉厂房,硫酸车间焙烧部位,电极煅烧工段,配电室(每台装油量≤60kg 的设备)
	3.常温下使用或加工难燃烧物质的生产	难燃铝塑料材料的加工厂房,酚醛泡沫塑料的加工厂房,印染厂的漂炼部位,化纤厂后加工润湿部位
戊	常温下使用或加工不燃烧物质的生产	制砖车间,石棉加工车间,卷扬机室,不燃液体的泵房和阀门室,不燃液体的净化处理工段,除镁合金外的金属冷加工车间,电动车库,钙镁磷肥车间(焙烧炉除外),造纸厂或化学纤维厂的浆粕蒸煮工段,仪表、器械或车辆装配车间,氟利昂厂房,水泥厂的轮窑厂房,加气混凝土厂的材料准备、构件制作厂房

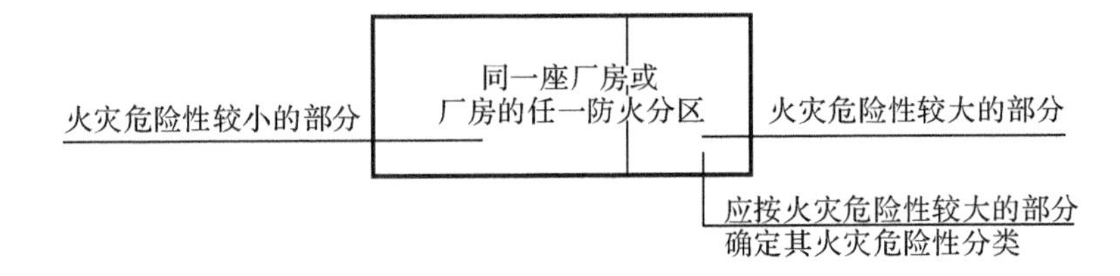

图 2-1　厂房火灾危险性平面一

(1)火灾危险性较大的生产部分占本层或本防火分区建筑面积的比例小于 5%或丁、戊类厂房内的油漆工段小于 10%,且发生火灾事故时不足以蔓延至其他部位或火灾危险性较大的生产部分采取了有效的防火措施,如图 2-2 所示。

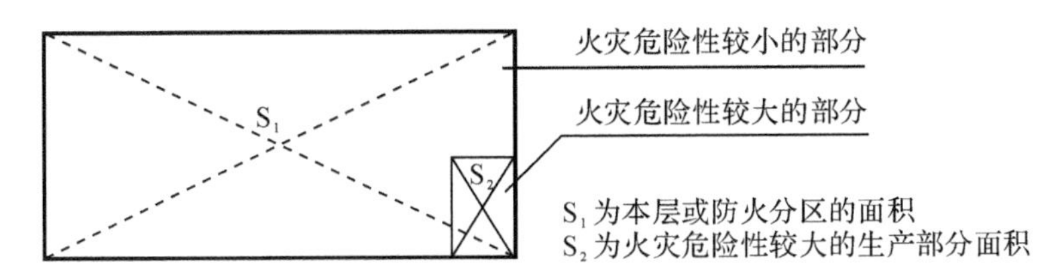

图 2-2　厂房火灾危险性平面二

(2)丁、戊类厂房内的油漆工段,当采用封闭喷漆工艺,封闭喷漆空间内保持负压、油漆工段设置可燃气体探测报警系统或自动抑爆系统,且油漆工段占所在防火分区建筑面积的比例不大于20%,如图2-3所示。

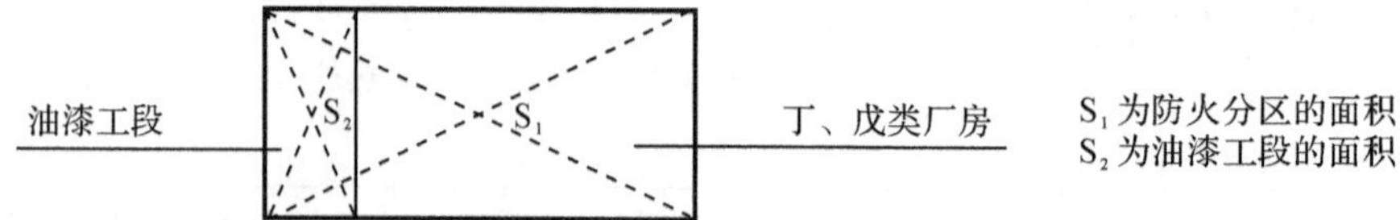

丁、戊类厂房内的油漆工段同时满足下列要求时,可按火灾危险性较小的部分确定生产火灾危险性分类:
(1) 采用封闭喷漆工艺
(2) 封闭喷漆空间内保持负压
(3) 设置可燃气体探测报警系统或自动抑爆系统
(4) $S_2 \leqslant 20\% S_1$

图2-3 厂房火灾危险性平面三

上述分类中,甲、乙、丙类液体分类,以闪点为基准。凡是在常温环境下遇火源会引起闪燃的液体均属于易燃液体,可列入甲类火灾危险性范围。我国南方城市的最热月平均气温在28℃左右,而厂房的设计温度在冬季一般采用12℃～25℃。根据上述情况,将甲类火灾危险性的液体闪点标准定为小于28℃,乙类定为大于28℃(包括)并小于60℃,丙类定为大于60℃(包括)。这样划分甲、乙、丙类是以汽油、煤油、柴油等常见易燃液体的闪点为基准的,有利于消防安全和资源节约。在实际工作中,应根据不同液体的闪点采取相应的防火安全措施,并根据液体闪点选用灭火剂和确定泡沫供给强度等。

对于(可燃)气体,则以爆炸下限作为分类的基准。由于绝大多数可燃气体的爆炸下限均<10%,一旦设备泄漏,在空气中就很容易达到爆炸浓度而造成危险,所以将爆炸下限<10%的气体划为甲类,包括氢气、甲烷、乙烯、乙炔、环氧乙烷、氯乙烯、硫化氢、水煤气和天然气等绝大多数可燃气体。少数气体的爆炸下限大于10%(包括),在空气中较难达到爆炸浓度,所以将爆炸下限≥10%的气体划为乙类,例如,氨气、一氧化碳和发生炉煤气等少数可燃气体。任何一种可燃气体的火灾危险性不仅与其爆炸下限有关,还与其爆炸极限范围值、点火能量、混合气体的相对湿度等有关。

一般来说,生产的火灾危险性分类要看整个生产过程中的每个环节是否有引起火灾的可能性,并按其中最危险的物质评定,主要考虑以下几个方面:生产中使用的全部原材料的性质,生产中操作条件的变化是否会改变物质的性质,生产中产生的全部中间产物的性质,生产中最终产品及副产物的性质,生产过程中的自然通风、气温、湿度等环境条件等。许多产品可能有若干种生产工艺,过程中使用的原材料也各不相同,所以火灾危险性也各不相同。

第二节 储存物品的火灾危险性分类

生产和贮存物品的火灾危险性有相同之处,也有不同之处。有些生产的原料、成品都不危险,但生产中的条件变了或经化学反应后产生了中间产物,也就增加了火灾危险性。例如，可燃粉尘静止时火灾危险性较小，但生产时，粉尘悬浮在空中与空气形成爆炸性混合物，遇火源则能爆炸起火，而储存这类物品就不存在这种情况。与此相反，桐油织物及其制品在储存中火灾危险性较大，因为这类物品堆放在通风不良地点，受到一定温度作用时，能缓慢氧化，若积热不散便会导致自燃起火，而在生产过程中不存在此种情况。所以，要分别对生产物品和储存物品的火灾危险性进行分类。

一、储存物品的火灾危险性分类方法

储存物品的分类方法，主要是根据物品本身的火灾危险性，以及吸收仓库储存管理经验，并参考《危险货物运输规则》相关内容而划分的。按《建筑设计防火规范》(GB 50016—2014)，储存物品的火灾危险性分为五类，如表 2-2 所示。

表 2-2　储存物品的火灾危险性分类及举例

储存物品的火灾危险性类别	储存物品的火灾危险性特征	储存物品的火灾危险性举例
甲	1. 闪点小于 28℃的液体	己烷、戊烷，环戊烷，石脑油，二硫化碳，苯，甲苯，甲醇，乙醇，乙醚，蚁酸甲酯、醋酸甲酯、硝酸乙酯，汽油，丙酮，丙烯，酒精度为 38°及以上的白酒
	2. 爆炸下限小于 10%的气体，受到水或空气中水蒸气的作用能产生爆炸下限小于 10%的气体的固体物质	乙炔，氢，甲烷，环氧乙烷，水煤气，液化石油气，乙烯，丙烯，丁二烯，硫化氢，氯乙烯，电石，碳化铝
	3. 常温下能自行分解或在空气中氧化能导致迅速自燃或爆炸的物质	硝化棉，硝化纤维胶片，喷漆棉，火胶棉，赛璐珞棉，黄磷
	4. 常温下受到水或空气中水蒸气的作用，能产生可燃气体并引起燃烧或爆炸的物质	金属钾、钠、锂、钙、锶，氢化锂，氢化钠，四氢化锂铝
	5. 遇酸、受热、撞击、摩擦以及遇有机物或硫黄等易燃的无机物，极易引起燃烧或爆炸的强氧化剂	氯酸钾，氯酸钠，过氧化钾，过氧化钠，硝酸铵
	6. 受撞击、摩擦或与氧化剂、有机物接触时能引起燃烧或爆炸的物质	赤磷，五硫化二磷，三硫化二磷

续表

储存物品的火灾危险性类别	储存物品的火灾危险性特征	储存物品的火灾危险性举例
乙	1.闪点不小于28℃，但小于60℃的液体	煤油，松节油，丁烯醇，异戊醇，丁醚，醋酸丁酯，硝酸戊酯，乙酰丙酮，环己胺，溶剂油，冰醋酸，樟脑油，蚁酸
	2.爆炸下限不小于10%的气体	氨气，一氧化碳
	3.不属于甲类的氧化剂	硝酸铜，铬酸，亚硝酸钾，重铬酸钠，铬酸钾，硝酸，硝酸汞，硝酸钴，发烟硫酸，漂白粉
	4.不属于甲类的易燃固体	硫黄，镁粉，铝粉，赛璐珞板（片），樟脑，萘，生松香，硝化纤维漆布，硝化纤维色片
	5.助燃气体	氧气，氟气，液氯
	6.常温下与空气接触能缓慢氧化，若积热不散引起自燃的物品	漆布及其制品，油布及其制品，油纸及其制品，油绸及其制品
丙	1.闪点不小于60℃的液体	动物油，植物油，沥青，蜡，润滑油，机油，重油，闪点≥60℃的柴油，糖醛，白兰地成品库
	2.可燃固体	化学、人造纤维及其织物，纸张，棉、毛、丝、麻及其织物，谷物，面粉，粒径大于等于2mm的工业成型硫黄，天然橡胶及其制品，竹、木及其制品，中药材，电视机、收录机等电子产品，计算机房已录数据的磁盘储存间，冷库中的鱼、肉间
丁	难燃烧物品	自熄性塑料及其制品，酚醛泡沫塑料及其制品，水泥刨花板
戊	不燃烧物品	钢材，铝材，玻璃及其制品，搪瓷制品，陶瓷制品，不燃气体，玻璃棉，岩棉，陶瓷棉，硅酸铝纤维，矿棉，石膏及其无纸制品，水泥，石，膨胀珍珠岩

同一座仓库或仓库的任一防火分区内储存不同火灾危险性物品时，仓库或防火分区的火灾危险性应按火灾危险性最大的物品确定，如图2-4所示。

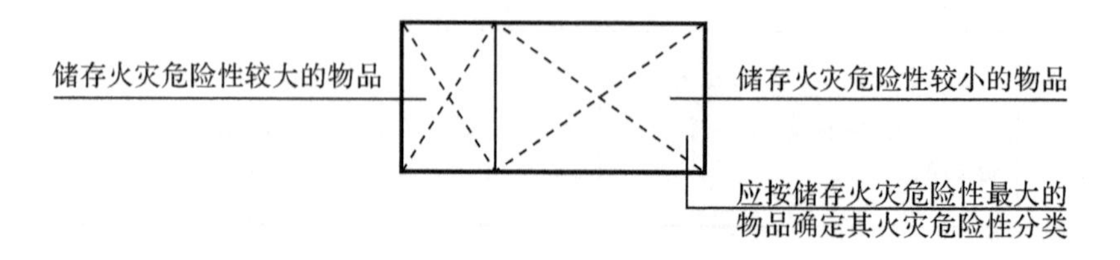

图2-4　仓库火灾危险性平面

丁、戊类储存物品仓库的火灾危险性，当可燃包装重量大于物品本身重量 1/4 或可燃包装体积大于物品本身体积的 1/2 时，应按丙类确定，如图 2-5 所示。

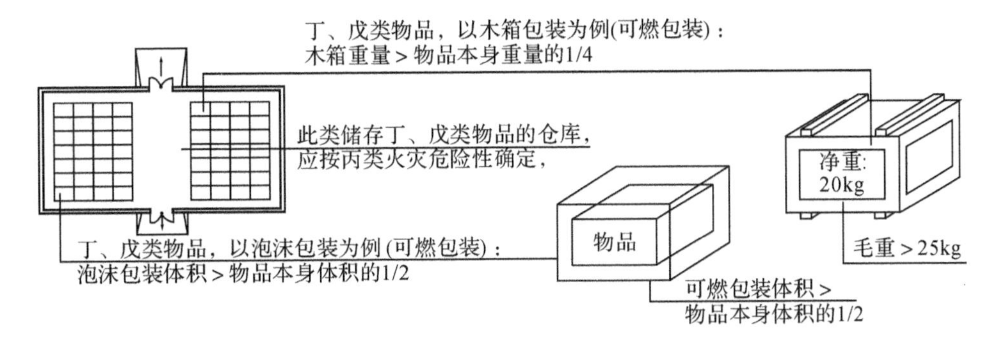

图 2-5　丁、戊类仓库平面

二、储存物品的火灾危险性特征

（一）甲类储存物品的火灾危险性特征

甲类储存物品的分类主要依据《危险货物运输规则》中Ⅰ级易燃固体、Ⅰ级易燃液体、Ⅰ级氧化剂、Ⅰ级自燃物品、Ⅰ级遇水燃烧物品和可燃气体的特性。这类物品易燃、易爆，燃烧时还放出大量有害气体。有的遇水发生剧烈反应，产生氢气或其他可燃气体，遇火燃烧爆炸。有的具有强烈的氧化性能，遇有机物或无机物极易燃烧爆炸。有的因受热、撞击、催化或气体膨胀可能发生爆炸，或与空气混合容易达到爆炸浓度，遇火而发生爆炸。

（二）乙类储存物品的火灾危险性特征

乙类储存物品的分类主要是根据《危险货物运输规则》中Ⅱ级易燃固体、Ⅱ级易燃液体、Ⅱ级氧化剂、助燃气体、Ⅱ级自燃物品的特性，这类物品的火灾危险性仅次于甲类。

（三）丙类、丁类、戊类储存物品的火灾危险性特征

丙类、丁类、戊类储存物品的分类主要是根据有关仓库调查和储存管理情况。

（1）丙类。其包括闪点在 60℃或 60℃以上的可燃液体和可燃固体物质。这类物品的特性是液体闪点较高、不易挥发，火灾危险性比甲类、乙类液体要小些。可燃固体在空气中受到火焰和高温作用时能发生燃烧，即使火源移走，也仍能继续燃烧。

（2）丁类。其指难燃烧物品。这类物品的特性是在空气中受到火焰或高温作用时，难起火、难燃或微燃，将火源移走，燃烧即可停止。

（3）戊类。其指不燃物品。这类物品的特性是在空气中受到火焰或高温作用时，不起火、不微燃、不炭化。

（4）丁类、戊类物品的包装材料。丁类、戊类物品本身虽然是难燃或不燃的，但其包装材料很多是可燃的，如木箱、纸盒等，因此其火灾危险性属于丙类。据调查，一些单位，每平方米库房面积的可燃包装材料多者在 100～300kg，少者在 30～50kg。因此，这两类物品仓库，除考虑物品本身的燃烧性能外，还要考虑可燃包装材料的数量，在防火要求上应较其他丁类、戊类仓库更为严格。

思考题

1. 评定物质火灾危险性的主要指标有哪些？
2. 生产的火灾危险性是如何分类的？
3. 储存的火灾危险性是如何分类的？

第三章　建筑分类与耐火等级

据统计，全世界火灾造成的经济损失约占社会总产值的0.2%，而其中建筑火灾约占总数的75%，经济损失更是占总数的86%，可见建筑火灾是我们防范的重点。了解和掌握建筑常识及相关建筑防火、灭火内容，是做好建筑消防安全工作的前提。

第一节　建筑分类

“建筑”既表示建筑工程的建筑活动，又表示这种活动的成果——建筑物。建筑也是一个通称，通常我们将供人们生活、学习、工作以及从事生产和各种文化、社会活动的房屋称为建筑物，如住宅、学校、影剧院等；而人们不在其中生产、生活的建筑，则叫做“构筑物”，如水塔、烟囱、堤坝等。建筑物可以有多种分类，按其使用性质可分为民用建筑、工业建筑和农业建筑；按其结构形式可分为木结构、砖木结构、钢结构、钢筋混凝土结构等。

一、建筑高度和建筑层数的计算方法

（一）建筑高度的计算方法

（1）建筑屋面为坡屋面时，建筑高度应为建筑室外设计地面至其檐口与屋脊的平均高度，即建筑高度 $H=H_1+(1/2)H_2$，坡屋面坡度应大于3%，如图3-1所示。

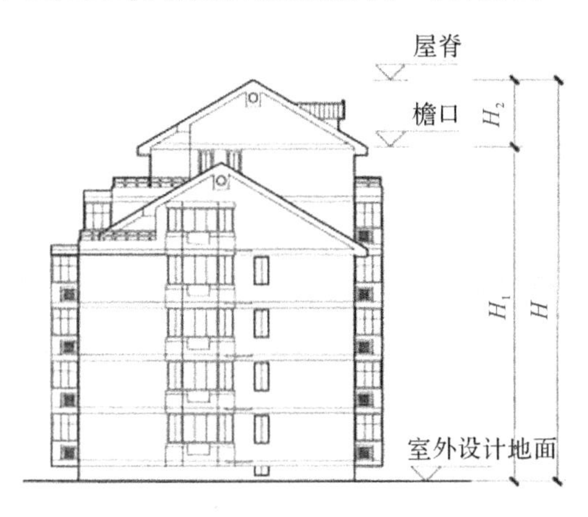

图3-1　坡屋面建筑剖面

（2）建筑屋面为平屋面（包括有女儿墙的平屋面）时，建筑高度应为建筑室外设计地面至其屋面面层的高度，如图3-2所示。

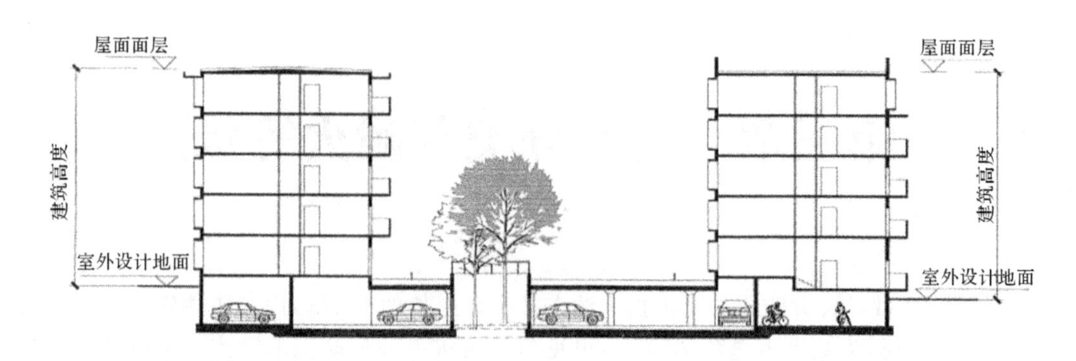

图 3-2　平屋面建筑剖面

(3)同一座建筑有多种形式的屋面时，建筑高度应按上述方法分别计算后，取其中最大值，即建筑高度取 H_1 和 H_2 的最大值，如图 3-3 所示。

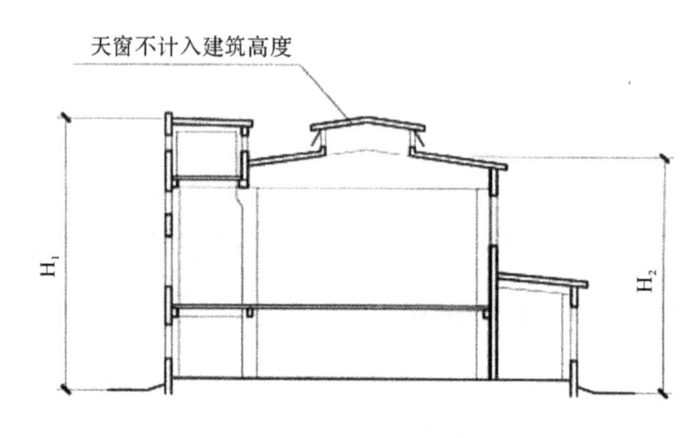

图 3-3　多种形式屋面建筑剖面

(4)对于台阶式地坪，当位于不同高程地坪上的同一座建筑之间有防火墙分隔，各自有符合规范规定的安全出口，且可沿建筑的两个长边设置贯通式或尽头式消防车道时，可分别计算各自的建筑高度，如图 3-4 所示，按 H_1、H_2 分别计算建筑高度。否则，应按其中建筑高度最大者确定该建筑的高度，如图 3-4 所示，按 H_3 计算建筑高度。

(5)局部突出屋顶的瞭望塔、冷却塔、水箱间、微波天线间或设施、电梯机房、排风和排烟机房以及楼梯出口小间等辅助用房占屋面面积不大于 1/4 者，可不计入建筑高度，如图 3-5 所示。

(6)对于住宅建筑，设置在底部且室内高度不大于 2.2m 的自行车库、储藏室、敞开空间，室内外高差或建筑的地下或半地下室的顶板面高出室外设计地面的高度不大于 1.5m 的部分，可不计入建筑高度，如图 3-6 所示。

地下室(basement)，房间地面低于室外设计地面的平均高度大于该房间平均净高 1/2 者，如图 3-7 所示。

半地下室(semi-basement)，房间地面低于室外设计地面的平均高度大于该房间平均净高 1/3，且不大于 1/2 者，如图 3-8 所示。

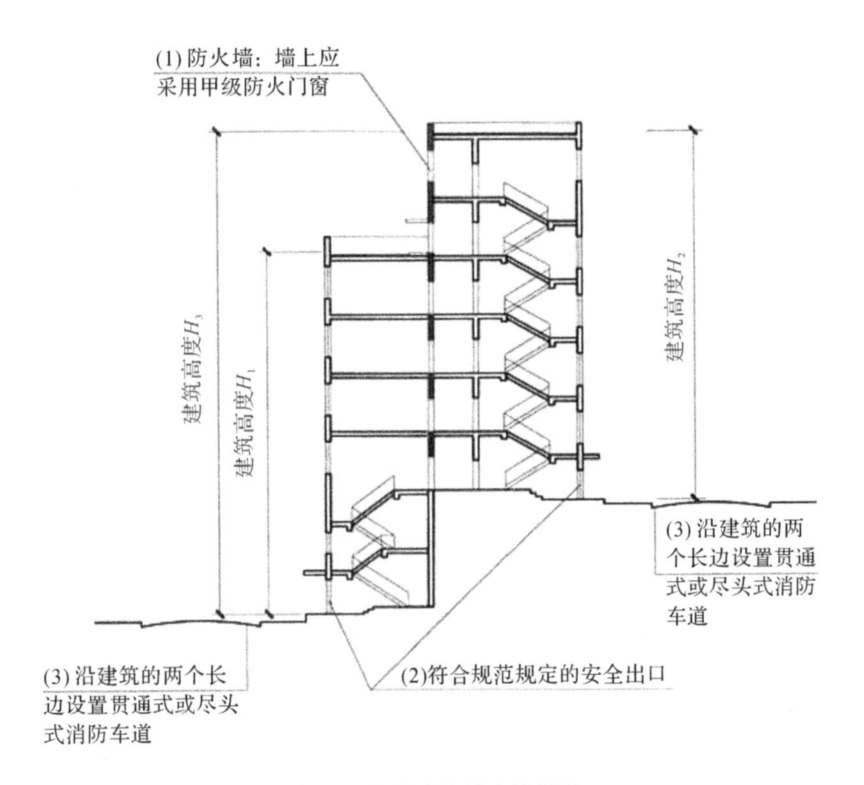

图 3-4　台阶式地坪建筑剖面

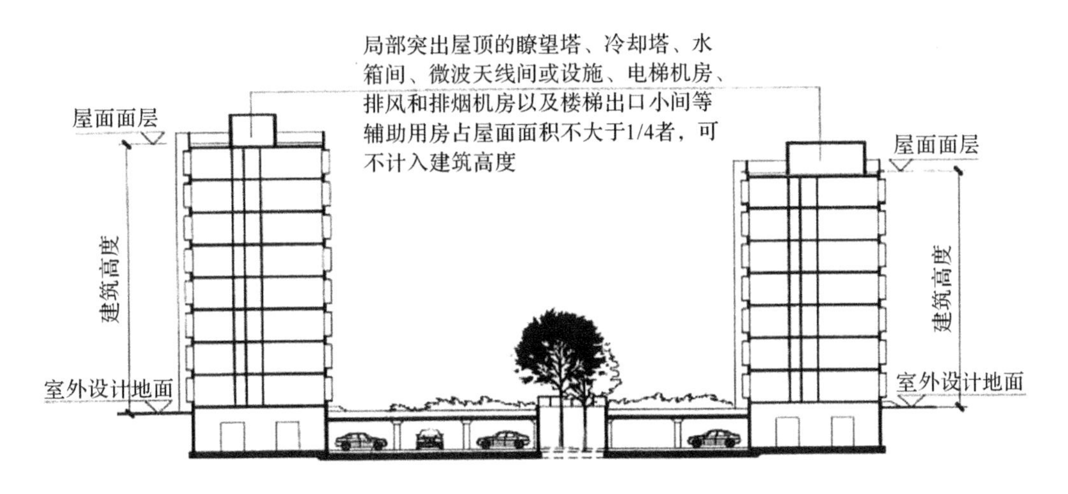

图 3-5　局部突出屋顶的建筑剖面

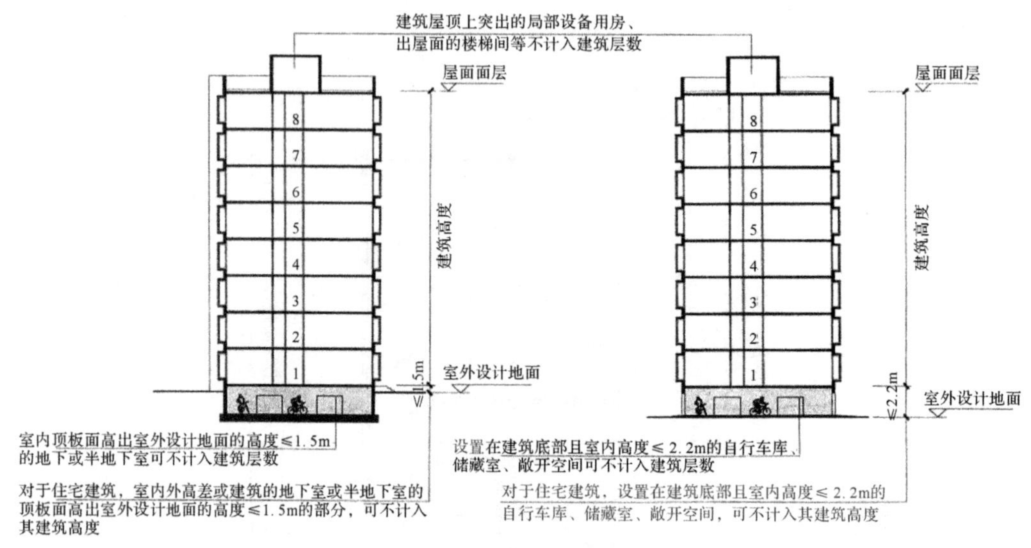

图 3-6　地下、半地下及建筑层数

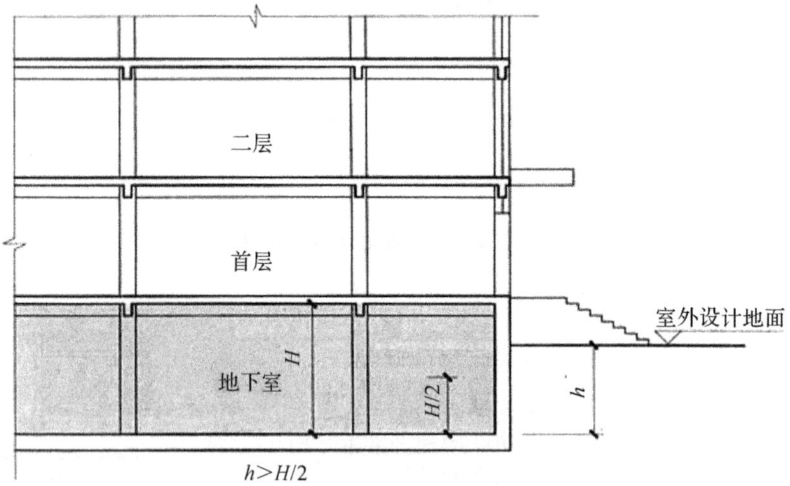

二层
首层
地下室
室外设计地面
H
$H/2$
h

$h>H/2$

图 3-7　地下室剖面

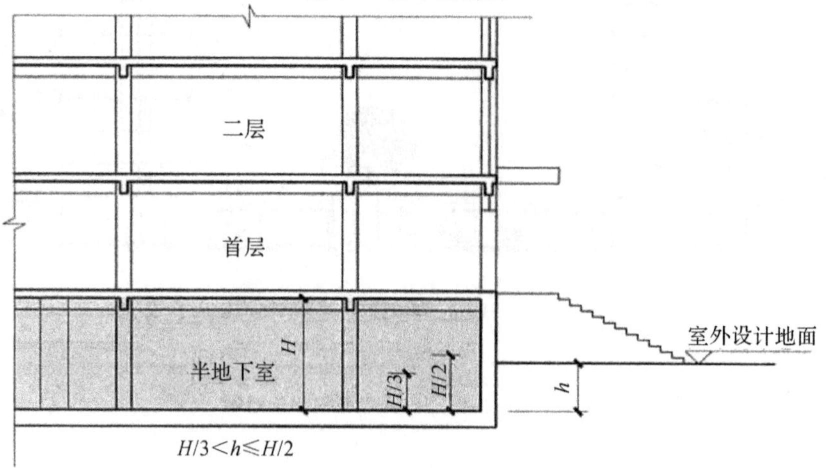

二层
首层
半地下室
室外设计地面
H
$H/3$
$H/2$
h

$H/3<h\leqslant H/2$

图 3-8　半地下室剖面

（二）建筑层数的计算方法

建筑层数应按建筑的自然层数计算，下列空间可不计入建筑层数（见图 3-6）：

(1)室内顶板面高出室外设计地面的高度不大于 1.5m 的地下或半地下室；

(2)设置在建筑底部且室内高度不大于 2.2m 的自行车库、储藏室、敞开空间；

(3)建筑屋顶上突出的局部设备用房、出屋面的楼梯间等。

二、按建筑高度分类

按建筑高度可分为单层建筑、多层建筑和高层建筑两类。

(1)单层、多层建筑。其指 27m 以下的住宅建筑、建筑高度不超过 24m（或已超过 24m 但为单层）的公共建筑和工业建筑，如图 3-9 所示。

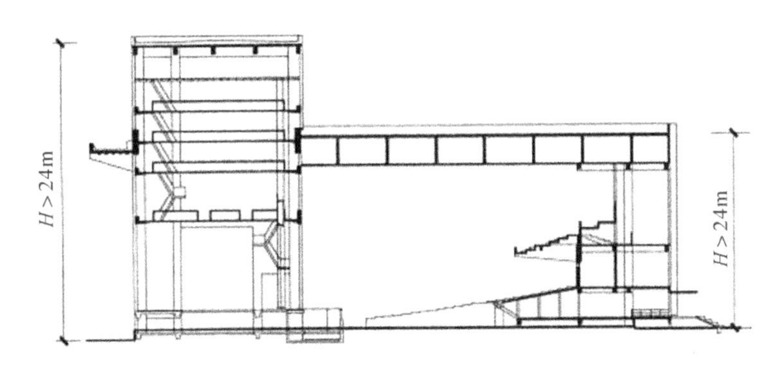

图 3-9 建筑高度＞24m 的单层公共建筑剖面

(2)高层建筑。其指建筑高度大于 27m 的住宅建筑和建筑高度大于 24m 的非单层厂房、仓库和其他民用建筑。我国称建筑高度超过 100m 的高层建筑为超高层建筑。

三、按使用性质分类

(1)民用建筑。其指按照《建筑设计防火规范》（GB 50016—2014），民用建筑根据其建筑高度和层数可分为单、多层民用建筑和高层民用建筑。高层民用建筑根据其建筑高度、使用功能和楼层的建筑面积可分为一类和二类。民用建筑的分类应符合表 3-1 的规定。

表 3-1 中，住宅建筑是指供单身或家庭成员短期或长期居住使用的建筑。公共建筑是指供人们进行各种公共活动的建筑，包括教育、办公、科研、文化、商业、服务、体育、医疗、交通、纪念、园林、综合类建筑等。重要公共建筑（Important Public Building）是指发生火灾可能造成重大人员伤亡、财产损失和严重社会影响的公共建筑。

表 3-1　民用建筑的分类

名称	高层民用建筑		单、多层民用建筑
	一类	二类	
住宅建筑	建筑高度大于 54m 的住宅建筑(包括设置商业服务网点的住宅建筑)	建筑高度大于 27m,但不大于 54m 的住宅建筑(包括设置商业服务网点的住宅建筑)	建筑高度不大于 27m 的住宅建筑(包括设置商业服务网点的住宅建筑)
公共建筑	1. 建筑高度大于 50m 的公共建筑 2. 建筑高度 24m 以上部分任一楼层建筑面积大于 1000m² 的商店、展览、电信、邮政、财贸金融建筑和其他多种功能组合的建筑 3. 医疗建筑、重要公共建筑,独立建造的老年人照料设施 4. 省级及以上的广播电视和防灾指挥调度建筑、网局级和省级电力调度建筑 5. 藏书超过 100 万册的图书馆、书库	除一类高层公共建筑外的其他高层公共建筑	1. 建筑高度大于 24m 的单层公共建筑 2. 建筑高度不大于 24m 的其他公共建筑

注:1. 表中未列入的建筑,其类别应根据本表类比确定。

2. 除另有规定外,宿舍、公寓等非住宅类居住建筑的防火要求,应符合有关公共建筑的规定。

3. 除另有规定外,裙房的防火要求应符合有关高层民用建筑的规定。

商业服务网点(Commercial Facilities)是指设置在住宅建筑的首层或首层及二层,每个分隔单元建筑面积不大于 300m² 的商店、邮政所、储蓄所、理发店等小型营业性用房,如图 3-10所示。

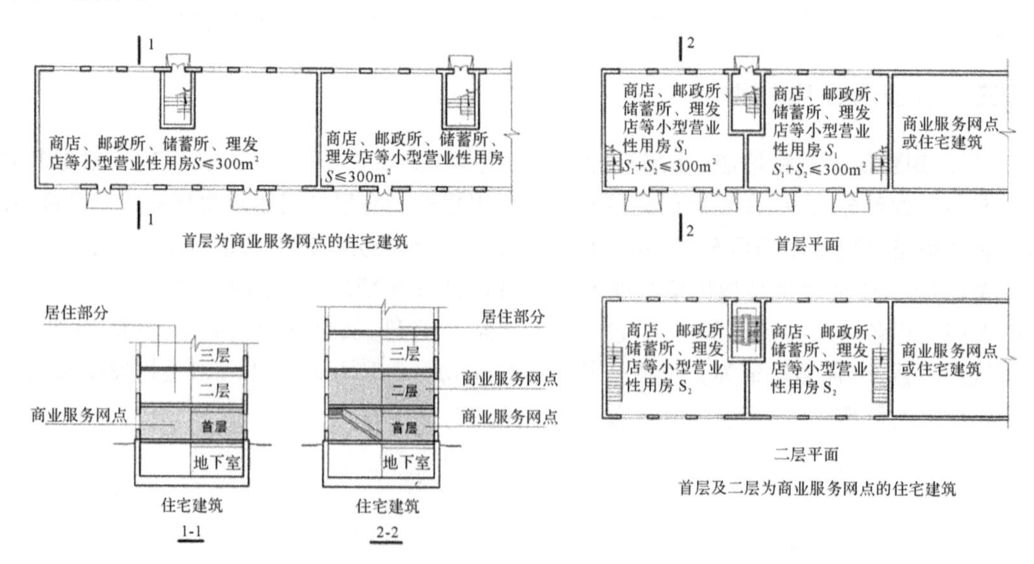

图 3-10　设置商业服务网点的住宅建筑

裙房(Podium)是指在高层建筑主体投影范围外，与建筑主体相连且建筑高度不大于24m的附属建筑，如图3-11所示。

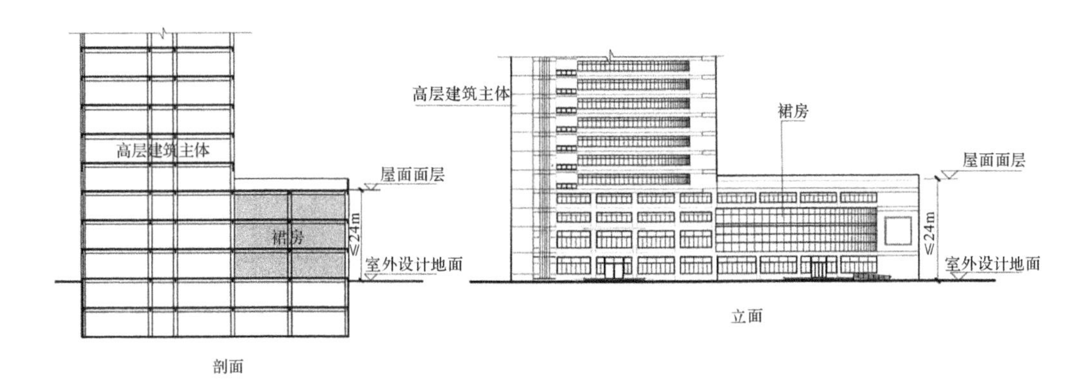

图3-11　裙房

(2)工业建筑。其是指工业生产性建筑，如主要生产厂房、辅助生产厂房等。工业建筑按照使用性质的不同，分为加工、生产类厂房和仓储类库房两大类，厂房和仓库又按其生产或储存物质的性质进行分类。

(3)农业建筑。其是指农副产业生产建筑，主要包括暖棚、牲畜饲养场、蚕房、烤烟房、粮仓等。

四、按建筑结构分类

按建筑结构形式和建造材料构成可分为木结构、砖木结构、砖与钢筋混凝土混合结构(砖混结构)、钢筋混凝土结构、钢结构、钢与钢筋混凝土混合结构(钢混结构)等。

(1)木结构。其主要承重构件是木材。

(2)砖木结构。其主要承重构件由砖石和木材做成。如砖(石)砌墙体、木楼板、木屋盖的建筑。

(3)砖混结构。其竖向承重构件采用砖墙或砖柱，水平承重构件采用钢筋混凝土楼板、屋面板。

(4)钢筋混凝土结构。钢筋混凝土做柱、梁、楼板及屋顶等建筑的主要承重构件，砖或其他轻质材料做墙体等围护构件。如装配式大板、大模板、滑模等工业化方法建造的建筑，钢筋混凝土的高层、大跨、大空间结构的建筑。

(5)钢结构。其主要承重构件全部采用钢材。如全部用钢柱、钢屋架建造的厂房。

(6)钢混结构。屋顶采用钢结构，其他主要承重构件采用钢筋混凝土结构。如钢筋混凝土梁、柱、钢屋架组成的骨架结构厂房。

(7)其他结构。如生土建筑、塑料建筑、充气塑料建筑等。

第二节　建筑材料的燃烧性能及分级

建筑材料的燃烧性能直接关系到建筑物的防火安全，很多国家均建立了自己的建筑材料燃烧性能分级体系。我国从1985年起启动了建筑材料燃烧性能分级体系及相关试验方法的研究，并于1987年首次发布了强制性国家标准《建筑材料燃烧性能分级方法》(GB 8624—1987)，同时还制定了相关的试验方法标准。

一、建筑材料燃烧性能分级

随着火灾科学和消防工程学科领域研究的不断深入和发展，材料及制品燃烧特性的内涵也从单纯的火焰传播和蔓延，扩展到了材料的综合燃烧特性和火灾危险性，包括燃烧热释放速率、燃烧热释放量、燃烧烟密度和燃烧生成物毒性等参数。欧盟在火灾科学基础理论发展的基础上，建立了建筑材料燃烧性能相关分级体系，分为A_1、A_2、B、C、D、E、F七个等级。按照《建筑材料及制品燃烧性能分级》(GB 8624—2012)，我国建筑材料及制品燃烧性能的基本分级为A、B_1、B_2、B_3，规范中还明确了该分级与欧盟标准分级的对应关系。

(一)建筑材料及制品的燃烧性能等级

建筑材料及制品的燃烧性能等级如表3-2所示。

表3-2　建筑材料及制品的燃烧性能等级

燃烧性能等级	名称	燃烧性能等级	名称
A	不燃材料(制品)	B_2	可燃材料(制品)
B_1	难燃材料(制品)	B_3	易燃材料(制品)

(二)建筑材料燃烧性能等级判据的主要参数及概念

(1)材料。材料是指单一物质或均匀分布的混合物，如金属、石材、木材、混凝土、矿纤、聚合物。

(2)燃烧滴落物/微粒。在燃烧试验过程中，从试样上分离的物质或微粒。

(3)临界热辐射通量(CHF)。火焰熄灭处的热辐射通量或试验30min时火焰传播到最远处的热辐射通量。

(4)燃烧增长速率指数(FIGRA)。试样燃烧的热释放速率值与其对应时间比值的最大值，用于燃烧性能分级。$FIGRA_{0.2MJ}$是指当试样燃烧释放热量达到0.2MJ时的燃烧增长速率指数。$FIGRA_{0.4MJ}$是指当试样燃烧释放热量达到0.4MJ时的燃烧增长速率指数。

(5)THR_{600s}。试验开始后600s内试样的热释放总量(MJ)。

(三)平板状建筑材料燃烧性能等级判据

平板状建筑材料及制品的燃烧性能等级和分级判据如表3-3所示。表中满足A_1、A_2级为A级，满足B级、C级为B_1级，满足D级、E级为B_2级别。满足F级为B_3级别。

表 3-3 GB 8624—2012 对平板状建筑材料及制品的燃烧性能等级和分级判据

燃烧性能等级		试验方法		分级判据
A	A_1	GB/T 5464① 且		炉内温升 $\Delta T \leqslant 30℃$； 质量损失率 $\Delta m \leqslant 50\%$； 持续燃烧时间 $t_f = 0$
		GB/T 14402		总热值 PCS≤2.0MJ/kg [1,2,3,5]； 总热值 PCS≤1.4MJ/m^2 d [4]
	A_2	GB/T 5464① 或	且	炉内温升 $\Delta T \leqslant 50℃$； 质量损失率 $\Delta m \leqslant 50\%$； 持续燃烧时间 $t_f \leqslant 20s$
		GB/T 14402		总热值 PCS≤3.0MJ/kg [1,5]； 总热值 PCS≤4.0MJ/m^2 [2,4]
		GB/T 20284		燃烧增长速率指数 $FIGRA_{0.2MJ} \leqslant 120W/s$； 火焰横向蔓延未到达试样长翼边缘； 600s 的总放热量 $THR_{600s} \leqslant 7.5MJ$
B_1	B	GB/T 20284 且		燃烧增长速率指数 $FIGRA_{0.2MJ} \leqslant 120W/s$； 火焰横向蔓延未到达试样长翼边缘； 600s 的总放热量 $THR_{600s} \leqslant 7.5MJ$
		GB/T 8626 点火时间 30s		60s 内焰尖高度 $F_s \leqslant 150mm$； 60s 内无燃烧滴落物引燃滤纸现象
	C	GB/T 20284 且		燃烧增长速率指数 $FIGRA_{0.4MJ} \leqslant 250W/s$； 火焰横向蔓延未到达试样长翼边缘； 600s 的总放热量 $THR_{600s} \leqslant 15MJ$
		GB/T 8626 点火时间 30s		60s 内焰尖高度 $F_s \leqslant 150mm$； 60s 内无燃烧滴落物引燃滤纸现象
B_2	D	GB/T 20284 且		燃烧增长速率指数 $FIGRA_{0.4MJ} \leqslant 750W/s$
		GB/T 8626 点火时间 30s		60s 内焰尖高度 $F_s \leqslant 150mm$； 60s 内无燃烧滴落物引燃滤纸现象
	E	GB/T 8626 点火时间 15s		20s 内的焰尖高度 $F_s \leqslant 150mm$； 20s 内无燃烧滴落物引燃滤纸现象
B_3	F	无性能要求		

注：1. 匀质制品或非匀质制品的主要组分。

2. 非匀质制品的外部次要组分。

3. 当外部次要组分的 PCS≤2.0MJ/m^2 时，若整体制品的 $FIGRA_{0.2MJ} \leqslant 20W/s$，LFS<试样边缘、$THR_{600s} \leqslant 4.0MJ$ 并达到 s_1 和 d_0 级(判据见后)，则达到 A_1 级。

4. 非匀质制品的任一内部次要组分。

5. 整体制品。

二、建筑材料燃烧性能等级的附加信息和标识

(一)附加信息

建筑材料及制品燃烧性能等级附加信息包括产烟特性、燃烧滴落物/微粒等级和烟气毒性等级。对于 A_2 级、B级和C级建筑材料及制品应给出产烟特性等级、燃烧滴落物/微粒等级(铺地材料除外)、烟气毒性等级;对于D级建筑材料及制品应给出产烟特性等级、燃烧滴落物/微粒等级。

(1)产烟特性等级。按《建筑材料或制品的单体燃烧试验》(GB/T 20284—2006)或《铺地材料的燃烧性能测定辐射热源法》(GB/T 11785—2005)试验所获得的数据确定,如表3-4所示。

表 3-4　产烟特性等级和分级判据

产烟特性等级	试验方法	分级判据	
s_1	GB/T 20284	除铺地制品和管状绝热制品外的建筑材料及制品	烟气生成速率指数 SMOGRA $\leqslant 30m^2/s^2$ 试验 600s 总烟气生成量 $TSP_{600s} \leqslant 50m^2$
		管状绝热制品	烟气生成速率指数 SMOGRA $\leqslant 105m^2/s^2$ 试验 600s 总烟气生成量 $TSP_{600s} \leqslant 250m^2$
	GB/T 11785	铺地材料	产烟量 $\leqslant 750\% \times$ 时间(min)
s_2	GB/T 20284	除铺地制品和管状绝热制品外的建筑材料及制品	烟气生成速率指数 SMOGRA $\leqslant 180m^2/s^2$ 试验 600s 总烟气生成量 $TSP_{600s} \leqslant 200m^2$
		管状绝热制品	烟气生成速率指数 SMOGRA $\leqslant 580m^2/s^2$ 试验 600s 总烟气生成量 $TSP_{600s} \leqslant 1600m^2$
	GB/T 11785	铺地材料	未达到 s_1
s_3	GB/T 20284	未达到 s_2	

(2)燃烧滴落物/微粒等级。通过观察《建筑材料或制品的单体燃烧试验》(GB/T 20284—2006)试验中燃烧滴落物/微粒确定,如表3-5所示。

表 3-5　燃烧滴落物/微粒等级和分级判据

燃烧滴落物/微粒等级	试验方法	分级判据
d_0	GB/T 20284	600s 内无燃烧滴落物/微粒
d_1		600s 内燃烧滴落物/微粒,持续时间不超过 10s
d_2		未达到 d_1

(3)烟气毒性等级。按《材料产烟毒性危险等级》(GB/T 20285—2006)试验所获得的数据确定,如表3-6所示。

表 3-6　烟气毒性等级和分级判据

烟气毒性等级	试验方法	分级判据
t_0	GB/T 20285	达到准安全一级 ZA_1
t_1		达到准安全三级 ZA_3
t_2		未达到准安全三级 ZA_3

（二）附加信息标识

当按规定需要显示附加信息时，燃烧性能等级标识为：

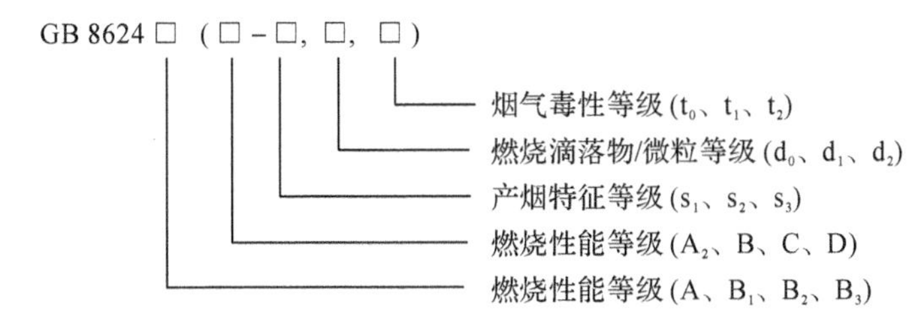

示例：GB 8624 B_1（B—s_1，d_0，t_1），表示属于难燃 B_1 级建筑材料及制品，燃烧性能细化分级为 B 级，产烟特性等级为 s_1 级，燃烧滴落物/微粒等级为 d_0 级，烟气毒性等级为 t_1 级。

第三节　建筑构件的燃烧性能和耐火极限

建筑构件主要包括建筑内的墙、柱、梁、楼板、门、窗等。一般来讲，建筑构件的耐火性能包括两部分：一是构件的燃烧性能；二是构件的耐火极限。耐火建筑构配件在火灾中起着阻止火势蔓延、延长支撑时间的作用。

一、建筑构件的燃烧性能

建筑构件的燃烧性能，主要是指组成建筑构件材料的燃烧性能。而某些材料的燃烧性能因已有共识而无须进行检测，如钢材、混凝土、石膏等；但有些材料，特别是一些新型建材，则需要通过试验来确定其燃烧性能。通常，我国把建筑构件按其燃烧性能分为三类，即不燃性、难燃性和可燃性。

1. 不燃性

用不燃烧性材料做成的构件统称为不燃性构件。不燃烧材料是指在空气中受到火烧或高温作用时不起火、不微燃、不炭化的材料。如钢材、混凝土、砖、石、砌块、石膏板等。

2. 难燃性

凡用难燃烧性材料做成的构件，或用燃烧性材料做成而用不燃烧性材料做保护层的构件统称为难燃性构件。难燃烧性材料是指在空气中受到火烧或高温作用时难起火、难微燃、难炭化，当火源移走后燃烧或微燃立即停止的材料。如沥青混凝土，经阻燃处理后的木材、塑料，水泥刨花板，板条抹灰墙等。

3. 可燃性

凡用燃烧性材料做成的构件统称为可燃性构件。燃烧性材料是指在空气中受到火烧或高温作用时立即起火或微燃，且火源移走后仍继续燃烧或微燃的材料。如木材、竹子、刨花板、宝丽板、塑料等。

为确保建筑物在受到火灾危害时在一定时间内不垮塌，并阻止、延缓火灾的蔓延，建筑构件多采用不燃烧材料或难燃材料。这些材料在受火时，不会被引燃或很难被引燃，从而降低了结构在短时间内被破坏的可能性。这类材料如混凝土、粉煤灰、炉渣、陶粒、钢材、珍珠岩、石膏以及一些经过阻燃处理的有机材料等不燃或难燃材料。在建筑构件的选用上，总是尽可能地不增加建筑物的火灾荷载。

二、建筑构件的耐火极限

(一)耐火极限的概念

耐火极限(Fire Resistance Rating)是指在标准耐火试验条件下，建筑构件、配件或结构从受到火的作用时起，至失去承载能力、完整性或隔热性时止所用的时间，用小时表示。其中，承载能力是指在标准耐火试验条件下，承重或非承重建筑构件在一定时间内抵抗垮塌的能力；耐火完整性是指在标准耐火试验条件下，当建筑分隔构件某一面受火时，在一定时间内防止火焰和热气穿透或在背火面出现火焰的能力；耐火隔热性是指在标准耐火试验条件下，当建筑分隔构件某一面受火时，在一定时间内其背火面温度不超过规定值的能力。

(二)影响耐火极限的要素

在火灾中，建筑耐火构配件起着阻止火势蔓延扩大、延长支撑时间的作用，它们的耐火性能直接决定建筑物在火灾中的失稳和倒塌的时间。影响建筑构配件耐火性能的因素较多，主要有材料本身的属性、构配件的结构特性、材料与结构间的构造方式、标准所规定的试验条件、材料的老化性能、火灾种类和使用环境要求等。

1. 材料本身的属性

材料本身的属性是构配件耐火性能主要的内在影响因素，决定其用途和适用性。如果材料本身不具备防火甚至是可燃烧的属性，就会在热的作用下出现燃烧和烟气，而建筑中可燃物越多，燃烧时产生的热量越高，带来的火灾危害就越大。建筑材料对火灾的影响有四个方面：一是影响点燃和轰燃的速度；二是火焰的连续蔓延；三是助长了火灾的热温度；四是产生浓烟及有毒气体。在其他条件相同的情况下，材料的属性决定了构配件的耐火极限，当然还有材料的理化力学性能也应符合要求。

2. 建筑构配件结构特性

构配件的受力特性决定其结构特性(如梁和柱)，球接网架、轻钢桁架、钢结构和组合结构等结构形式；规则截面和不规则截面，暴露的不同侧面等；结构越复杂，高温时结构的温度应力分布越复杂，火灾隐患越大。在其他条件相同时，不同的结构处理得出的耐火极限是不同的，尤其是对节点的处理，如焊接、铆接、螺栓连接、简支、固支等方式；因此构件的结构特性决定了保护措施的方案。

3. 材料与结构间的构造方式

材料与结构间的构造方式取决于材料自身的属性和基材的结构特性，即使使用品质优秀的材料，构造方式不恰当也同样难以起到应有的防火作用。如厚涂型结构防火涂料在使用厚度超过一定范围后就需要用钢丝网来加固涂层与构件之间的附着力；薄涂型和超薄型结构防火涂料在一定厚度范围内耐火极限达不到工程要求，而增加厚度并不一定能提高耐火极限时，则可采用在涂层内包裹建筑纤维布的方法来增强已发泡涂层的附着力，提高耐火极限，满足工程要求。

4. 标准所规定的试验条件

标准规定的耐火性能试验与所选择的执行标准有关，其中包括试件养护条件、使用场合、升温条件、试验炉压力条件、受力情况、判定指标等。在试件不变的情况下，试验条件越苛刻，耐火极限越低。虽然这些条件属于外在因素，但却是必要条件，任何一项条件不满足，得出的结果均不科学准确。不同的构配件由于其作用不同会有试验条件上的差别，由此得出的耐火极限也有所不同。

5. 材料的老化性能

各种构配件虽然在工程中发挥了作用，但能否持久地发挥作用则取决于所使用的材料是否具有良好的耐久性和较长的使用寿命。在这方面，我们的研究工作有待深化和加强，尤其以化学建材制成的构件、防火涂料所保护的结构件最为突出，因此建议尽量选用抗老化性好的无机材料或那些具有长期使用经验的防火材料作防火保护。对于材料的耐火性能衰减应选用合理的方法和对应产品长期积累的应用实际数据进行合理的评估(以便在发生火灾时能根据其使用年限、环境条件来推算现存的耐火极限，从而为制定合理的扑救措施提供参考依据)。

6. 火灾种类和使用环境要求

应该说，由不同的火灾种类得出的构配件耐火极限是不同的。构配件所在环境决定了其耐火试验时应遵循的火灾试验条件，应对建筑物可能发生的火灾类型进行充分的考虑；引入设计程序时，应在各方面保证构配件耐火极限符合相应耐火等级要求。现有的已掌握的火灾种类有：普通建筑纤维类火灾，电力火灾，部分石油化工环境及部分隧道火灾，海上建(构)筑物、储油罐区、油气田等环境的快速升温火灾。我国现有工程防火设计中对构件耐火性能的要求大多数都是以建筑纤维类火灾为条件确定的，当实际工程存在更严酷的火灾发生环境时，按普通建筑纤维类火灾进行的设计就不能满足快速升温火灾的防火保护要求，因此应对相关防火措施进行相应的调整。

第四节　建筑耐火等级

耐火等级是衡量建筑物耐火程度的分级标准。规定建筑物的耐火等级是建筑设计防火技术措施中最基本的措施之一。根据建筑使用性质、重要程度、规模大小、层数高低和火灾危险性差异，对不同的建筑物提出不同的耐火等级要求，可做到既有利于消防安全，又有利于节约基本建设投资。

一、建筑耐火等级的确定

在防火设计中，建筑整体的耐火性能是保证建筑结构在火灾时不发生较大破坏的根本，而单一建筑结构构件的燃烧性能和耐火极限是确定建筑整体耐火性能的基础。建筑耐火等级是由组成建筑物的墙、柱、楼板、屋顶承重构件和吊顶等主要构件的燃烧性能和耐火极限决定的，共分四级。

具体分级中，建筑构件的耐火性能是以楼板的耐火极限为基准，再根据其他构件在建筑物中的重要性和耐火性能可能的目标值调整后确定的。从火灾的统计数据来看，88%的火灾可在1.5h之内扑灭，80%的火灾可在1h之内扑灭，因此将耐火等级为一级的建筑物楼板的耐火极限定为1.5h，二级的建筑物楼板的耐火极限定为1h，以下级别的则相应降低要求。其他结构构件按照在结构中所起的作用以及耐火等级的要求而确定相应的耐火极限时间，如对于在建筑中起主要支撑作用的柱子，其耐火极限值要求相对较高，一级耐火等级的建筑要求3.0h，二级耐火等级建筑要求2.5h。对于这样的要求，大部分钢筋混凝土建筑都可以满足；但对于钢结构建筑，就必须采取相应的保护措施才能满足。

二、厂房和仓库的耐火等级

厂房、仓库主要指除炸药厂(库)、花炮厂(库)、炼油厂以外的厂房及仓库。厂房和仓库的耐火等级分一、二、三、四级，相应建筑构件的燃烧性能和耐火极限如表3-7所示。

表3-7 不同耐火等级厂房和仓库建筑构件的燃烧性能和耐火极限 单位：h

构件名称		耐火等级			
		一级	二级	三级	四级
墙	防火墙	不燃性 3.00	不燃性 3.00	不燃性 3.00	不燃性 3.00
	承重墙	不燃性 3.00	不燃性 2.50	不燃性 2.00	难燃性 0.50
	楼梯间和前室的墙 电梯井的墙	不燃性 2.00	不燃性 2.00	不燃性 1.50	难燃性 0.50
	疏散走道两侧的隔墙	不燃性 1.00	不燃性 1.00	不燃性 0.50	难燃性 0.25
	非承重外墙 房间隔墙	不燃性 0.75	不燃性 0.50	难燃性 0.50	难燃性 0.25
柱		不燃性 3.00	不燃性 2.50	不燃性 2.00	难燃性 0.50
梁		不燃性 2.00	不燃性 1.50	不燃性 1.00	难燃性 0.50
楼板		不燃性 1.50	不燃性 1.00	不燃性 0.75	难燃性 0.50
屋顶承重构件		不燃性 1.50	不燃性 1.00	难燃性 0.50	可燃性
疏散楼梯		不燃性 1.50	不燃性 1.00	不燃性 0.75	可燃性
吊顶(包括格栅吊顶)		不燃性 0.25	难燃性 0.25	难燃性 0.15	可燃性

注：二级耐火等级建筑采用不燃烧材料的吊顶，其耐火极限不限。

厂房、仓库的耐火等级、建筑面积、层数等与其生产或储存的类型有着密不可分的关系。对于甲、乙类生产或储存的厂房或仓库，由于其生产或储存的物品危险性大，因此这类生产场所或仓库不应设置在地下或半地下，而且对这类场所的防火安全性能的要求也较之其他类型的生产和仓储要高，在设计、使用时都应特别加以注意。

(1)建筑高度大于 50m 的高层厂房耐火等级应为一级；其他高层厂房，建筑面积大于 $300m^2$ 的单层甲、乙类厂房，多层甲、乙类厂房耐火等级不应低于二级；除上述建筑外的甲、乙类厂房耐火等级不应低于三级。

(2)单、多层丙类厂房和多层丁类厂房耐火等级不应低于三级。

(3)使用或储存特殊贵重的机器、仪表、仪器等设备或物品的建筑，其耐火等级不应低于二级。

(4)锅炉房的耐火等级不应低于二级，当为燃煤锅炉房且锅炉的总蒸发量不大于 4t/h 时，可采用三级耐火等级的建筑。

(5)油浸变压器室、高压配电装置室的耐火等级不应低于二级。

(6)建筑高度大于 32m 的高层丙类仓库，储存可燃液体的多层丙类仓库，每个防火分隔间建筑面积大于 $3000m^2$ 的其他多层丙类仓库，其耐火等级应为一级。高架仓库(货架高度大于 7m 且采用机械化操作或自动化控制的货架仓库)、高层仓库、甲类仓库和多层乙类仓库，其耐火等级不应低于二级。单层乙类仓库，单层丙类仓库，储存可燃固体的多层丙类仓库和多层丁类仓库，其耐火等级不应低于三级。

(7)粮食筒仓的耐火等级不应低于二级；二级耐火等级的粮食筒仓可采用钢板仓。粮食平房仓的耐火等级不应低于三级；二级耐火等级的散装粮食平房仓可采用无防火保护的金属承重构件。

表 3-8　厂房(仓库)的耐火等级

名　称	最低耐火等级	备　注
高层厂房	二级	
甲、乙类厂房	二级	建筑面积≤$300m^2$ 的独立甲、乙类单层厂房可采用三级耐火等级的建筑
使用或产生丙类液体的厂房和有火花、赤热表面、明火的丁类厂房	二级	当为建筑面积≤$500m^2$ 的单层丙类厂房或建筑面积≤$1000m^2$ 的单层丁类厂房时，可采用三级耐火等级的建筑
使用或储存特殊贵重的机器、仪表、仪器等设备或物品的建筑	二级	
锅炉房	二级	当为燃煤锅炉房且锅炉的总蒸发量≤4t/h 时，可采用三级耐火等级的建筑
油浸变压器室、高压配电装置室	二级	
高架仓库、高层仓库、甲类仓库、多层乙类仓库、储存可燃液体的多层丙类仓库	二级	

续表

名　称	最低耐火等级	备　注
粮食筒仓	二级	二级耐火等级的粮食筒仓可采用钢板仓
散装粮食平房仓	二级	二级耐火等级时可采用无防火保护的金属承重构件
单、多层丙类厂房和多层丁、戊类厂房	三级	
单层乙类仓库，单层丙类仓库，储存可燃固体的多层丙类仓库和多层丁、戊类仓库	三级	
粮食平房仓	三级	

(8)甲、乙类厂房和甲、乙、丙类仓库内的防火墙(防止火灾蔓延至相邻建筑或相邻水平防火分区且耐火极限不低于3.00h的不燃性墙体)，其耐火极限不应低于4.00h。

(9)一、二级耐火等级单层厂房(仓库)的柱，其耐火极限分别不应低于2.50h和2.00h。

(10)采用自动喷水灭火系统全保护的一级耐火等级单、多层厂房(仓库)的屋顶承重构件，其耐火极限不应低于1.00h。

(11)除甲、乙类仓库和高层仓库外，一、二级耐火等级建筑的非承重外墙，当采用不燃性墙体时，其耐火极限不应低于0.25h；当采用难燃性墙体时，不应低于0.50h。4层及4层以下的一、二级耐火等级丁、戊类地上厂房(仓库)的非承重外墙，当采用不燃性墙体时，其耐火极限不限。

(12)二级耐火等级厂房(仓库)内的房间隔墙，当采用难燃性墙体时，其耐火极限应提高0.25h。

(13)二级耐火等级多层厂房和多层仓库内采用预应力钢筋混凝土的楼板，其耐火极限不应低于0.75h。

(14)一、二级耐火等级厂房(仓库)的上人平屋顶，其屋面板的耐火极限分别不应低于1.50h和1.00h。

(15)一、二级耐火等级厂房(仓库)的屋面板应采用不燃材料。屋面防水层宜采用不燃、难燃材料，当采用可燃防水材料且铺设在可燃、难燃保温材料上时，防水材料或可燃、难燃保温材料应采用不燃材料作防护层。

(16)建筑中的非承重墙、房间隔墙和屋面板，当确需采用金属夹芯板材时，其应为不燃材料，且耐火极限应符合有关规定。

(17)除另有规定外，以木柱承重且墙体采用不燃材料的厂房(仓库)，其耐火等级可按四级确定。

(18)预制钢筋混凝土构件的节点外露部位，应采取防火保护措施，且节点的耐火极限不应低于相应构件的耐火极限。

三、民用建筑的耐火等级

民用建筑的耐火等级也分为一、二、三、四级。除另有规定外，不同耐火等级建筑相应构件的燃烧性能和耐火极限按照表 3-9 中的规定。

表 3-9 不同耐火等级建筑相应构件的燃烧性能和耐火极限 单位：h

构件名称		耐火等级			
		一级	二级	三级	四级
墙	防火墙	不燃性 3.00	不燃性 3.00	不燃性 3.00	不燃性 3.00
	承重墙	不燃性 3.00	不燃性 2.50	不燃性 2.00	难燃性 0.50
	非承重外墙	不燃性 1.00	不燃性 1.00	不燃性 0.50	可燃性
	楼梯间、前室的墙 电梯井的墙 住宅建筑单元之间的墙 分户墙	不燃性 2.00	不燃性 2.00	不燃性 1.50	难燃性 0.50
	疏散走道两侧的隔墙	不燃性 1.00	不燃性 1.00	不燃性 0.50	难燃性 0.25
	房间隔墙	不燃性 0.75	不燃性 0.50	难燃性 0.50	难燃性 0.25
柱		不燃性 3.00	不燃性 2.50	不燃性 2.00	难燃性 0.50
梁		不燃性 2.00	不燃性 1.50	不燃性 1.00	难燃性 0.50
楼板		不燃性 1.50	不燃性 1.00	不燃性 0.50	可燃性
屋顶承重构件		不燃性 1.50	不燃性 1.00	可燃性 0.50	可燃性
疏散楼梯		不燃性 1.50	不燃性 1.00	不燃性 0.50	可燃性
吊顶(包括格栅吊顶)		不燃性 0.25	难燃性 0.25	难燃性 0.15	可燃性

注：1. 除另有规定外，以木柱承重且墙体采用不燃材料的建筑，其耐火等级应按四级确定。

2. 住宅建筑构件的耐火极限和燃烧性能可按现行国家标准《住宅建筑规范》(GB 50368)的规定执行。

民用建筑的耐火等级是为了便于根据建筑自身结构的防火性能来确定该建筑的其他防火要求。相反，根据这个分级及其对应建筑构件的耐火性能，也可以确定既有建筑的耐火等级。

民用建筑的耐火等级应根据其建筑高度、使用功能、重要性和火灾扑救难度等确定，并应符合下列规定：

(1)地下或半地下建筑(室)和一类高层建筑的耐火等级不应低于一级；

(2)单、多层重要公共建筑、总建筑面积大于 1500m^2 的单、多层人员密集场所和二类高层建筑的耐火等级不应低于二级。

除木结构建构外，老年人照料设施的耐大等级小应低于三级、建筑高度大于 100m 的民用建筑，其楼板的耐火极限不应低于 2.00h。

城市和镇中心区内的民用建筑、老年人照料设施、教学建筑及医疗建筑，其耐火等级不应低于三级。

一、二级耐火等级建筑的上人平屋顶，其屋面板的耐火极限分别不应低于 1.50h 和 1.00h。

一、二级耐火等级建筑的屋面板应采用不燃材料。屋面防水层宜采用不燃、难燃材料，当采用可燃防水材料且铺设在可燃、难燃保温材料上时，防水材料或可燃、难燃保温材料应采用不燃材料作防护层。

二级耐火等级建筑内采用难燃性墙体的房间隔墙，其耐火极限不应低于 0.75h；当房间的建筑面积不大于 $100m^2$ 时，房间的隔墙可采用耐火极限不低于 0.50h 的难燃性墙体或耐火极限不低于 0.30h 的不燃性墙体。二级耐火等级多层住宅建筑内采用预应力钢筋混凝土的楼板，其耐火极限不应低于 0.75h。

建筑中的非承重墙、房间隔墙和屋面板，当确需采用金属夹芯板材时，其芯材应为不燃材料，且耐火极限应符合有关规定。

二级耐火等级建筑内采用不燃材料的吊顶，其耐火极限不限。三级耐火等级的医疗建筑、中小学校的教学建筑、老年人照料设施以及托儿所、幼儿园的儿童用房和儿童游乐厅等儿童活动场所的吊顶，应采用不燃材料；当采用难燃材料时，其耐火极限不应低于 0.25h。二、三级耐火等级建筑内门厅、走道的吊顶应采用不燃材料。

建筑内预制钢筋混凝土构件的节点外露部位，应采取防火保护措施，且节点的耐火极限不应低于相应构件的耐火极限。

四、汽车库和修车库的耐火等级

1. 汽车库、修车库、停车场的分类

汽车库、修车库、停车场的分类应根据停车（车位）数量和总建筑面积确定，并应符合表 3-10 的规定。

表 3-10　汽车库、修车库、停车场的分类

名　称		Ⅰ	Ⅱ	Ⅲ	Ⅳ
汽车库	停车数量/辆	＞300	151～300	51～150	≤50
	总建筑面积 S/m^2	＞10000	5000＜S≤10000	2000＜S≤5000	≤2000
修车库	车位数/个	＞15	6～15	3～5	≤2
	总建筑面积 S/m^2	＞3000	1000＜S≤3000	500＜S≤1000	≤500
停车场	停车数量/辆	＞400	251～400	101～250	≤100

注：1. 当屋面露天停车场与下部汽车库共用汽车坡道时，其停车数量应计算在汽车库的车辆总数内。
2. 室外坡道、屋面露天停车场的建筑面积可不计入车库的建筑面积之内。
3. 公交汽车库的建筑面积可按本表的规定值增加 2.0 倍。

2. 汽车库、修车库的耐火等级

汽车库、修车库的耐火等级应分为一级、二级、三级，且应符合下列规定：

(1)地下、半地下和高层汽车库应为一级。

(2)甲、乙类物品运输车的汽车库、修车库和Ⅰ类汽车库、修车库,应为一级;
(3)Ⅱ、Ⅲ类的汽车库、修车库的耐火等级不应低于二级。
(4)Ⅳ类的汽车库、修车库的耐火等级不应低于三级。

思考题

1. 建筑按使用性质是如何分类的?
2. 高层与多层民用建筑按建筑高度是如何分类的?
3. 目前我国对建筑材料及制品的燃烧性能是如何分级的?
4. 影响建筑构件耐火极限的因素有哪些?
5. 建筑耐火等级分为几级,与建筑构件的关系是怎样的?
6. 汽车库、修车库如何分类? 耐火等级应符合哪些规定?

第四章　建筑总平面防火设计

建筑总平面布局不仅影响到周围环境和人们的生活，而且对建筑自身及相邻建筑物的使用功能和安全都有较大的影响，是建筑消防设计的一个重要内容。

第一节　建筑消防安全布局

建筑的总平面布局应满足城市规划和消防安全的要求。一般要根据建筑物的使用性质、生产经营规模、建筑高度、体量及火灾危险性等，合理确定建筑位置、防火间距、消防车道和消防水源等，不宜将民用建筑布置在甲、乙类厂(库)房，甲、乙、丙类液体储罐，可燃气体储罐和可燃材料堆场的附近。

一、建筑选址

(一)周围环境

各类建筑在规划建设时，要考虑周围环境的相互影响。特别是工厂、仓库选址时，既要考虑本单位的安全，又要考虑邻近的企业和居民的安全。生产、储存和装卸易燃易爆危险物品的工厂、仓库和专用车站、码头，必须设置在城市的边缘或者相对独立的安全地带。易燃易爆气体和液体的充装站、供应站、调压站，应当设置在合理的位置，符合防火防爆要求。

(二)地势条件

建筑选址时，还要充分考虑和利用自然地形、地势条件。甲、乙、丙类液体的仓库，宜布置在地势较低的地方，以免火灾对周围环境造成威胁；若布置在地势较高处，则应采取防止液体流散的措施。乙炔站等遇水产生可燃气体，容易发生火灾爆炸的企业，严禁布置在可能被水淹没的地方。生产、贮存爆炸物品的企业应利用地形，选择多面环山、附近没有建筑的地方。

(三)主导风向

散发可燃气体、可燃蒸气和可燃粉尘的车间及装置等，宜布置在明火或散发火花地点的常年主导风向的下风或侧风向。液化石油气储罐区宜布置在本单位或本地区全年最小频率风向的上风侧，并选择通风良好的地点独立设置。易燃材料的露天堆场宜设置在天然水源充足的地方，并宜布置在本单位或本地区全年最小频率风向的上风侧。

二、建筑总平面布局

(一)合理布置建筑

应根据各建筑物的使用性质、规模、火灾危险性以及所处的环境、地形、风向等因素合理布置，建筑之间留有足够的防火间距，以消除或减少建筑物之间及周边环境的相互影响和火灾危害。

（二）合理划分功能区域

规模较大的企业，要根据实际需要，合理划分生产区、储存区（包括露天储存区）、生产辅助设施区、行政办公区和生活福利区等。同一企业内，若有不同火灾危险的生产建筑，则应尽量将火灾危险性相同的或相近的建筑集中布置，以利于采取防火防爆措施，便于安全管理。易燃、易爆的工厂及仓库的生产区、储存区内不得修建办公楼、宿舍等民用建筑。

第二节　建筑防火间距

防火间距（Fire Separation Distance）是防止着火建筑在一定时间内引燃相邻建筑，便于消防扑救的间隔距离。

建筑物起火后，其内部的火势在热对流和热辐射作用下迅速扩大，在建筑物外部则会因强烈的热辐射作用对周围建筑物构成威胁。火场辐射热的强度取决于火灾规模的大小、持续时间的长短，以及与邻近建筑物的距离及风速、风向等因素。通过对建筑物进行合理布局和设置防火间距，可防止火灾在相邻的建筑物之间相互蔓延，合理利用和节约土地，并为人员疏散、消防人员的救援和灭火提供条件，减少失火建筑对相邻建筑及其使用者强烈的辐射和烟气的影响。

一、防火间距的确定原则

影响防火间距的因素很多，火灾时建筑物可能产生的热辐射强度是确定防火间距应考虑的主要因素。热辐射强度与消防扑救力量、火灾延续时间、可燃物的性质和数量、相对外墙开口面积的大小、建筑物的长度和高度以及气象条件等有关，但实际工程中不可能都考虑。防火间距主要是根据当前消防扑救力量，并结合火灾实例和消防灭火的实际经验确定的。

（一）防止火灾蔓延

根据火灾发生后产生的辐射热对相邻建筑的影响，一般不考虑飞火、风速等因素。火灾实例表明，一、二级耐火等级的低层建筑，保持6～10m的防火间距，在有消防队进行扑救的情况下，一般不会蔓延到相邻建筑物。根据建筑的实际情形，将一、二级耐火等级多层建筑之间的防火间距定为6m。其他三、四级耐火等级的民用建筑之间的防火间距，因耐火等级低，受热辐射作用易着火而致火势蔓延，所以防火间距在一、二级耐火等级建筑的要求基础上有所增加。

（二）保障灭火救援场地需要

防火间距还应满足消防车的最大工作回转半径和扑救场地的需要。建筑物高度不同，需使用的消防车不同，操作场地也就不同。对低层建筑，普通消防车即可；而对高层建筑，则还要使用曲臂、云梯等登高消防车。为满足消防车辆通行、停靠、操作的需要，结合实践经验，规定一、二级耐火等级高层建筑之间的防火间距不应小于13m。

(三)节约土地资源

确定建筑之间的防火间距,既要综合考虑防止火灾向邻近建筑蔓延扩大和灭火救援的需要,同时也要考虑节约用地的因素。如果设定的防火间距过大,就会造成土地资源的浪费。

二、防火间距的计算方法

(1)建筑物之间的防火间距应按相邻建筑外墙的最近水平距离计算,当外墙有凸出的可燃或难燃构件时,应从其凸出部分外缘算起,如图 4-1 所示。建筑物与储罐、堆场的防火间距,应为建筑外墙至储罐外壁或堆场中相邻堆垛外缘的最近水平距离,如图 4-2 和图 4-3 所示。

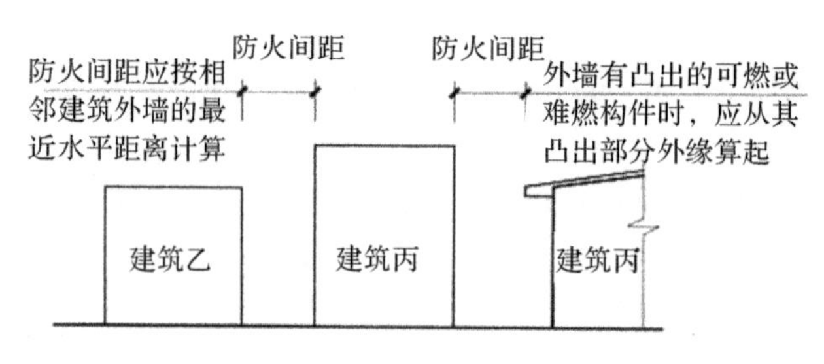

图 4-1　防火间距一

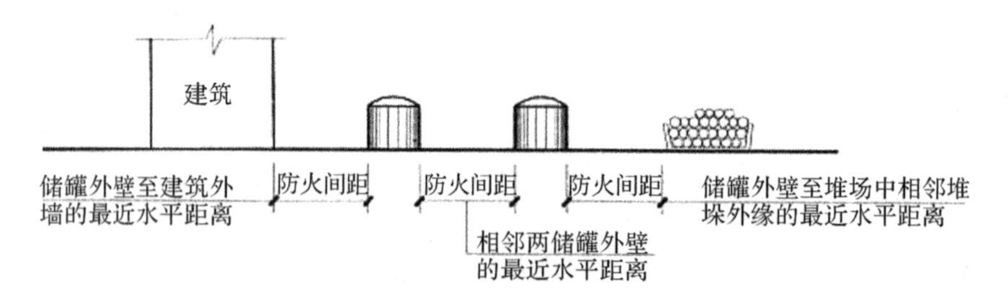

图 4-2　防火间距二

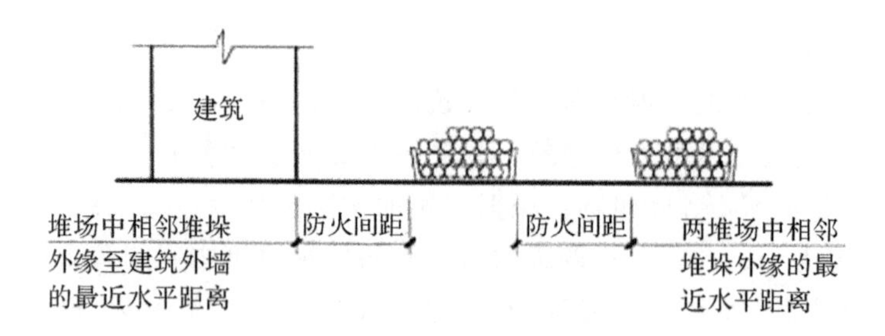

图 4-3　防火间距三

(2)储罐之间的防火间距应为相邻两储罐外壁的最近水平距离。储罐与堆场的防火间距应为储罐外壁至堆场中相邻堆垛外缘的最近水平距离,如图 4-2 所示。

(3)堆场之间的防火间距应为两堆场中相邻堆垛外缘的最近水平距离,如图 4-3 所示。

(4)变压器之间的防火间距应为相邻变压器外壁的最近水平距离。变压器与建筑物、储罐或堆场的防火间距，应为变压器外壁至建筑外墙、储罐外壁或相邻堆垛外缘的最近水平距离。

(5)建筑物、储罐或堆场与道路、铁路的防火间距，应为建筑外墙、储罐外壁或相邻堆垛外缘距道路最近一侧路边或铁路中心线的最小水平距离。

三、防火间距

(一)厂房的防火间距

(1)厂房之间及其与乙、丙、丁、戊类仓库和民用建筑等的防火间距不应小于表 4-1 的规定。

表 4-1 厂房之间及其与乙、丙、丁、戊类仓库和民用建筑等的防火间距

<table>
<tr><td colspan="3" rowspan="3">名 称</td><td>甲类厂房</td><td colspan="3">乙类厂房(仓库)</td><td colspan="4">丙、丁、戊类厂房(仓库)</td><td colspan="5">民用建筑</td></tr>
<tr><td>单、多层</td><td colspan="2">单、多层</td><td>高层</td><td colspan="3">单、多层</td><td>高层</td><td colspan="3">裙房，单、多层</td><td colspan="2">高层</td></tr>
<tr><td>一、二级</td><td>一、二级</td><td>三级</td><td>一、二级</td><td>一、二级</td><td>三级</td><td>四级</td><td>一、二级</td><td>一、二级</td><td>三级</td><td>四级</td><td>一类</td><td>二类</td></tr>
<tr><td>甲类厂房</td><td>单、多层</td><td>一、二级</td><td>12</td><td>12</td><td>14</td><td>13</td><td>12</td><td>14</td><td>16</td><td>13</td><td colspan="3" rowspan="4">25</td><td colspan="2" rowspan="4">50</td></tr>
<tr><td rowspan="3">乙类厂房</td><td rowspan="2">单、多层</td><td>一、二级</td><td>12</td><td>10</td><td>12</td><td>13</td><td>10</td><td>12</td><td>14</td><td>13</td></tr>
<tr><td>三级</td><td>14</td><td>12</td><td>14</td><td>15</td><td>12</td><td>14</td><td>16</td><td>15</td></tr>
<tr><td>高层</td><td>一、二级</td><td>13</td><td>13</td><td>15</td><td>13</td><td>13</td><td>15</td><td>17</td><td>13</td></tr>
<tr><td rowspan="4">丙类厂房</td><td rowspan="3">单、多层</td><td>一、二级</td><td>12</td><td>10</td><td>12</td><td>13</td><td>10</td><td>12</td><td>14</td><td>13</td><td>10</td><td>12</td><td>14</td><td>10</td><td>15</td></tr>
<tr><td>三级</td><td>14</td><td>12</td><td>14</td><td>15</td><td>12</td><td>14</td><td>16</td><td>15</td><td>12</td><td>14</td><td>16</td><td rowspan="2">25</td><td rowspan="2">20</td></tr>
<tr><td>四级</td><td>16</td><td>14</td><td>16</td><td>17</td><td>14</td><td>16</td><td>18</td><td>17</td><td>14</td><td>16</td><td>18</td></tr>
<tr><td>高层</td><td>一、二级</td><td>13</td><td>13</td><td>15</td><td>13</td><td>13</td><td>15</td><td>17</td><td>13</td><td>13</td><td>15</td><td>17</td><td>20</td><td>15</td></tr>
<tr><td rowspan="4">丁、戊类厂房</td><td rowspan="3">单、多层</td><td>一、二级</td><td>12</td><td>10</td><td>12</td><td>13</td><td>10</td><td>12</td><td>14</td><td>13</td><td>10</td><td>12</td><td>14</td><td>15</td><td>13</td></tr>
<tr><td>三级</td><td>14</td><td>12</td><td>14</td><td>15</td><td>12</td><td>14</td><td>16</td><td>15</td><td>12</td><td>14</td><td>16</td><td rowspan="2">18</td><td rowspan="2">15</td></tr>
<tr><td>四级</td><td>16</td><td>14</td><td>16</td><td>17</td><td>14</td><td>16</td><td>18</td><td>17</td><td>14</td><td>16</td><td>18</td></tr>
<tr><td>高层</td><td>一、二级</td><td>13</td><td>13</td><td>15</td><td>13</td><td>13</td><td>15</td><td>17</td><td>13</td><td>13</td><td>15</td><td>17</td><td>15</td><td>13</td></tr>
<tr><td rowspan="3">室外变、配电站</td><td rowspan="3">变压器总油量/t</td><td>≥5，≤10</td><td rowspan="3">25</td><td rowspan="3">25</td><td rowspan="3">25</td><td rowspan="3">25</td><td>12</td><td>15</td><td>20</td><td>12</td><td>15</td><td>20</td><td>25</td><td colspan="2">20</td></tr>
<tr><td>>10，≤50</td><td>15</td><td>20</td><td>25</td><td>15</td><td>20</td><td>25</td><td>30</td><td colspan="2">25</td></tr>
<tr><td>>50</td><td>20</td><td>25</td><td>30</td><td>20</td><td>25</td><td>30</td><td>35</td><td colspan="2">30</td></tr>
</table>

在执行表 4-1 时应注意以下几点：

①乙类厂房与重要公共建筑的防火间距不宜小于 50m；与明火或散发火花地点，不宜小于 30m。[明火地点(Open Flame Location)：室内外有外露火焰或赤热表面的固定地点(民用建筑内的灶具、电磁炉等除外)。散发火花地点(Sparking Site)：有飞火的烟囱或进行室外砂轮、电焊、气焊、气割等作业的固定地点]。单、多层戊类厂房之间及与戊类仓库的防火间距可按本表的规定减少 2m，与民用建筑的防火间距可将戊类厂房等同民用建筑即按民用建筑之间的防火间距执行。为丙、丁、戊类厂房服务而单独设置的生活用房应按民用建筑确定，与所属厂房的防火间距不应小于 6m。

②两座厂房相邻较高一面外墙为防火墙时，或相邻两座高度相同的一、二级耐火等级建筑中相邻任一侧外墙为防火墙且屋顶的耐火极限不低于 1.00h 时，其防火间距不限，但甲类厂房之间不应小于 4m。两座丙、丁、戊类厂房相邻两面外墙均为不燃性墙体，当无外露的可

燃性屋檐，每面外墙上的门、窗、洞口面积之和各不大于该外墙面积的5%，且门、窗、洞口不正对开设时，其防火间距可按表4-1的规定减少25%。

③两座一、二级耐火等级的厂房，当相邻较低一面外墙为防火墙且较低一座厂房的屋顶无天窗，屋顶的耐火极限不低于1.00h，或相邻较高一面外墙的门、窗等开口部位设置甲级防火门、窗或防火分隔水幕或按《建筑设计防火规范》(GB 50016—2014)的规定设置防火卷帘时，甲、乙类厂房之间的防火间距不应小于6m；丙、丁、戊类厂房之间的防火间距不应小于4m。

④发电厂内的主变压器，其油量可按单台确定。

⑤耐火等级低于四级的既有厂房，其耐火等级可按四级确定。

⑥当丙、丁、戊类厂房与丙、丁、戊类仓库相邻时，应符合以上第②③条的规定。

(2)甲类厂房与人员密集场所的防火间距不应小于50m，与明火或散发火花地点的防火间距不应小于30m。

(3)丙、丁、戊类厂房与民用建筑的耐火等级均为一、二级时，丙、丁、戊类厂房与民用建筑的防火间距可适当减小，但应符合下列规定：

①当较高一面外墙为无门、窗、洞口的防火墙，或比相邻较低一座建筑屋面高15m及以下范围内的外墙为无门、窗、洞口的防火墙时，其防火间距不限。

②相邻较低一面外墙为防火墙，且屋顶无天窗、屋顶的耐火极限不低于1.00h，或相邻较高一面外墙为防火墙，且墙上开口部位采取了防火措施，其防火间距可适当减小，但不应小于4m。

(4)厂房外附设化学易燃物品的设备时，其外壁与相邻厂房室外附设设备的外壁或相邻厂房外墙的防火间距，不应小于表4-1的规定。用不燃材料制作的室外设备，可按一、二级耐火等级建筑确定。总容量不大于15m^{3}的丙类液体储罐，当直埋于厂房外墙外，且面向储罐一面4.0m范围内的外墙为防火墙时，其防火间距不限。

(5)同一座U形或山形厂房中相邻两翼之间的防火间距，不宜小于表4-1的规定，但当厂房的占地面积小于《建筑设计防火规范》(GB 50016—2014)规定的每个防火分区最大允许建筑面积时，其防火间距可为6m。

(6)除高层厂房和甲类厂房外，其他类别的数座厂房占地面积之和小于《建筑设计防火规范》(GB 50016—2014)规定的防火分区最大允许建筑面积(按其中较小者确定，但防火分区的最大允许建筑面积不限者，不应大于10000m^2)时，可成组布置。当厂房建筑高度不大于7m时，组内厂房之间的防火间距不应小于4m；当厂房建筑高度大于7m时，组内厂房之间的防火间距不应小于6m，如图4-4所示。组与组或组与相邻建筑的防火间距，应根据相邻两座中耐火等级较低的建筑，按表4-1规定确定。

(7)一级汽车加油站、一级汽车加气站和一级汽车加油加气合建站不应布置在城市建成区内。

(8)厂区围墙与厂区内建筑的间距不宜小于5m，围墙两侧建筑的间距应满足相应建筑的防火间距要求。

(二)仓库的防火间距

(1)甲类仓库与高层民用建筑和设置人员密集场所的民用建筑的防火间距不应小于50m，甲类仓库之间的防火间距不应小于20m。甲类仓库与其他建筑、明火或散发火花地点、铁路、道路等的防火间距不应小于表4-2的规定。

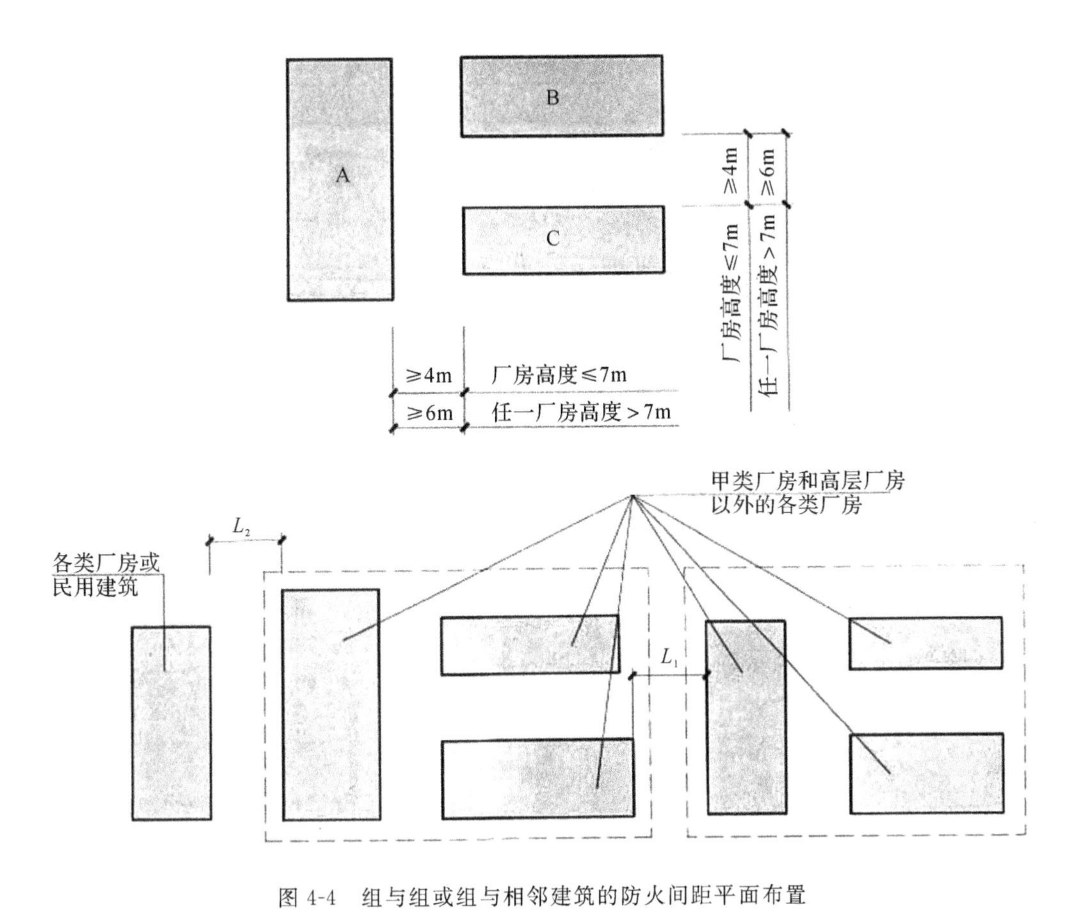

图 4-4　组与组或组与相邻建筑的防火间距平面布置

表 4-2　甲类仓库间及与其他建筑、明火或散发火花地点、铁路、道路等的防火间距　（单位：m）

名　称		甲类仓库（储量/t）			
		甲类储存物品第 3、4 项		甲类储存物品第 1、2、5、6 项	
		≤5	>5	≤10	>10
高层民用建筑、重要公共建筑		50			
裙房、其他民用建筑、明火或散发火花地点		30	40	25	30
甲类仓库		20	20	20	20
厂房和乙、丙、丁、戊类仓库	一、二级	15	20	12	15
	三级	20	25	15	20
	四级	25	30	20	25
电力系统电压为 35～500kV 且每台变压器容量不小于 10MVA 的室外变、配电站，工业企业的变压器总油量大于 5t 的室外降压变电站		30	40	25	30
厂外铁路线中心线		40			
厂内铁路线中心线		30			

续表

名　称		甲类仓库(储量/t)			
		甲类储存物品第3、4项		甲类储存物品第1、2、5、6项	
		≤5	>5	≤10	>10
厂外道路路边		20			
厂内道路路边	主要	10			
	次要	5			

注:甲类仓库之间的防火间距,当第3、4项物品储量不大于2t,第1、2、5、6项物品储量不大于5t时,不应小于12m,甲类仓库与高层仓库的防火间距不应小于13m。

(2)乙、丙、丁、戊类仓库之间及其与民用建筑之间的防火间距,不应小于表4-3的规定。

表4-3　乙、丙、丁、戊类仓库之间及与民用建筑的防火间距　　(单位:m)

名　称			乙类仓库			丙类仓库				丁、戊类仓库			
			单、多层		高层	单、多层			高层	单、多层			高层
			一、二级	三级	一、二级	一、二级	三级	四级	一、二级	一、二级	三级	四级	一、二级
乙、丙、丁、戊类仓库	单、多层	一、二级	10	12	13	10	12	14	13	10	12	14	13
		三级	12	14	15	12	14	16	15	12	14	16	15
		四级	14	16	17	14	16	18	17	14	16	18	17
	高层	一、二级	13	15	13	13	15	17	13	13	15	17	13
民用建筑	裙房,单、多层	一、二级	25			10	12	14	13	10	12	14	13
		三级	25			12	14	16	15	12	14	16	15
		四级	25			14	16	18	17	14	16	18	17
	高层	一类	50			20	25	25	20	15	18	18	15
		二类	50			15	20	20	15	13	15	15	13

执行表4-3时应注意以下几点:

①单、多层戊类仓库之间的防火间距,可按本表减少2m。

②两座仓库的相邻外墙均为防火墙时,防火间距可以减小,但丙类仓库不应小于6m;丁、戊类仓库不应小于4m。两座仓库相邻较高一面外墙为防火墙,或相邻两座高度相同的一、二级耐火等级建筑中相邻任一侧外墙为防火墙且屋顶的耐火极限不低于1.00h,且总占地面积不大于《建筑设计防火规范》(GB 50016—2014)规定的一座仓库的最大允许占地面积规定时,其防火间距不限。

③除乙类第6项物品外的乙类仓库,与民用建筑之间的防火间距不宜小于25m,与人员密集场所的防火间距不应小于50m,与铁路、道路等的防火间距不宜小于表4-2中甲类仓库与铁路、道路等的防火间距。

(3)丁、戊类仓库与民用建筑的耐火等级均为一、二级时,仓库与民用建筑的防火间距可适当减小,但应符合下列规定:

①当较高一面外墙为无门、窗、洞口的防火墙,或比相邻较低一座建筑屋面高15m及以下范围内的外墙为无门、窗、洞口的防火墙时,其防火间距不限。

②相邻较低一面外墙为防火墙,且屋顶无天窗或洞口,屋顶耐火极限不低于1.00h,或

相邻较高一面外墙为防火墙，且墙上开口部位采取了防火措施，其防火间距可适当减小，但不应小于 4m。

(4)库区围墙与库区内建筑的间距不宜小于 5m，围墙两侧建筑的间距应满足相应建筑的防火间距要求。

(三)民用建筑的防火间距

民用建筑之间的防火间距不应小于表 4-4 的规定，与其他建筑的防火间距，应符合规范的相关规定。高层民用建筑防火间距示意如图 4-5 所示。

表 4-4 民用建筑之间的防火间距 (单位:m)

建筑类别		高层民用建筑	裙房和其他民用建筑		
		一、二级	一、二级	三级	四级
高层民用建筑	一、二级	13	9	11	14
裙房和其他民用建筑	一、二级	9	6	7	9
	三级	11	7	8	10
	四级	14	9	10	12

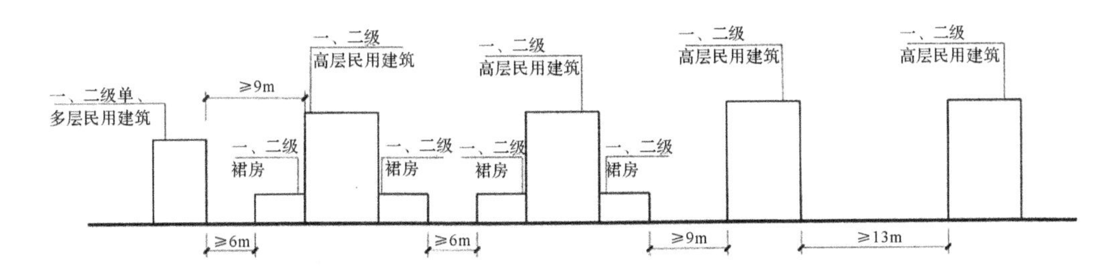

图 4-5 一、二级民用建筑防火间距

在执行表 4-4 的规定时，应注意以下几点：

(1)相邻两座单、多层建筑，当相邻外墙为不燃性墙体且无外露的可燃性屋檐，每面外墙上无防火保护的门、窗、洞口不正对开设且该门、窗、洞口面积之和不大于外墙面积的 5% 时，其防火间距可按本表规定减少 25%。

(2)两座建筑相邻较高一面外墙为防火墙，或高出相邻较低一座一、二级耐火等级建筑的屋面 15m 及以下范围内的外墙为防火墙时，其防火间距可不限，如图 4-6 所示。

(3)相邻两座高度相同的一、二级耐火等级建筑中相邻任一侧外墙为防火墙且屋顶的耐火极限不低于 1.00h 时，其防火间距可不限。

(4)相邻两座建筑中较低一座建筑的耐火等级不低于二级，相邻较低一面外墙为防火墙且屋顶无天窗，屋顶的耐火极限不低于 1.00h 时，其防火间距不应小于 3.5m；对于高层建筑，不应小于 4m，如图 4-7 所示。

(5)相邻两座建筑中较低一座建筑的耐火等级不低于二级且屋顶无天窗，相邻较高一面外墙高出较低一座建筑的屋面 15m 及以下范围内的开口部位设置甲级防火门、窗，或设置符合现行国家标准《自动喷水灭火系统设计规范》(GB 50084)规定的防火分隔水幕或《建筑设计防火规范》(GB 50016—2014)规定的防火卷帘时，其防火间距不应小于 3.5m；对于高层建筑，不应小于 4m。

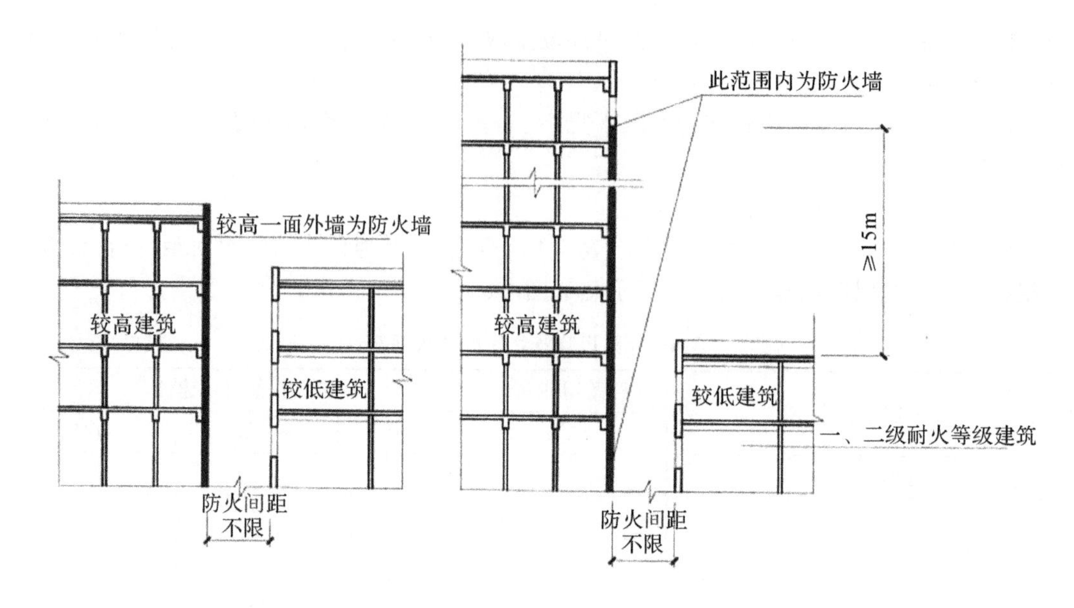

图 4-6　相邻高低两座建筑防火间距一

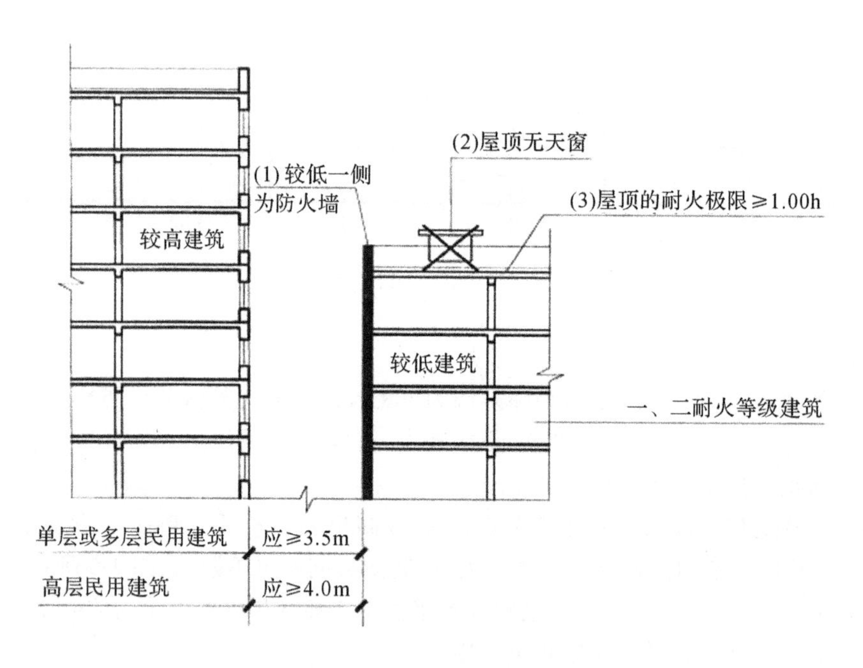

图 4-7　相邻高低两座建筑防火间距二

(6)相邻建筑通过连廊、天桥或底部的建筑物等连接时，其间距不应小于本表的规定。

(7)耐火等级低于四级的既有建筑，其耐火等级可按四级确定。

建筑高度大于 100m 的民用建筑与相邻建筑的防火间距，当符合《建筑设计防火规范》(GB 50016—2014)规范允许减小的条件时，仍不应减小。

除高层民用建筑外，数座一、二级耐火等级的住宅建筑或办公建筑，当建筑物的占地面积总和不大于 2500m² 时，可成组布置，但组内建筑物之间的间距不宜小于 4m。组与组或组与相邻建筑物的防火间距不应小于表 4-4 的规定，如图 4-8 所示。

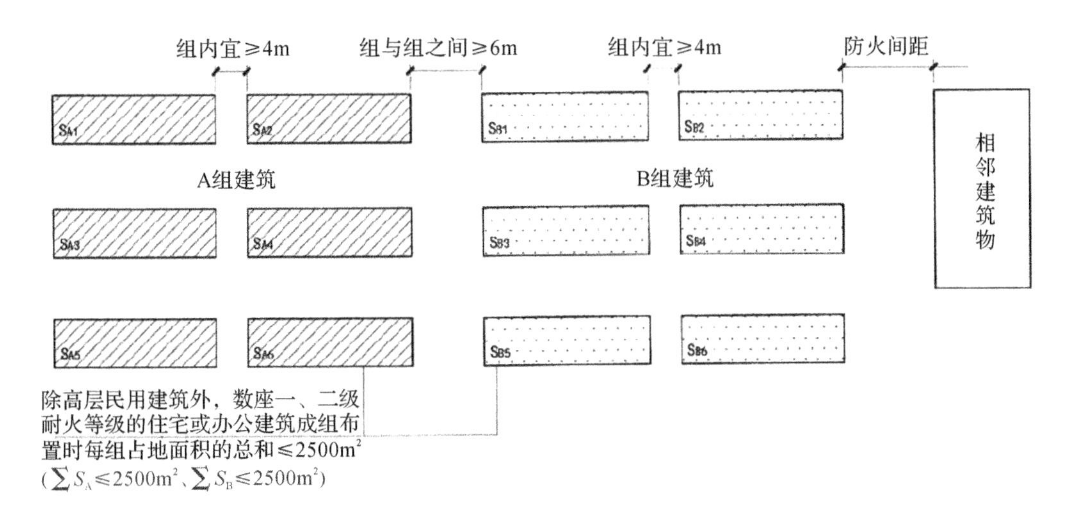

图 4-8　成组布置建筑防火间距要求

（四）汽车库、修车库的防火间距

汽车库不应与火灾危险性为甲、乙类的厂房贴邻或组合建筑。汽车库、修车库之间及汽车库、修车库与除甲类物品仓库外的其他建筑物的防火间距，应符合表 4-5 的规定。

表 4-5　汽车库、修车库、停车场之间及汽车库、修车库、停车场与除甲类物品仓库外的其他建筑物的防火间距　（单位：m）

名称和耐火等级	汽车库、修车库		厂房、仓库、民用建筑		
	一、二级	三级	一、二级	三级	四级
一、二级汽车库、修车库	10	12	10	12	14
三级汽车库、修车库	12	14	12	14	16
停车场	6	8	6	8	10

高层汽车库与其他建筑物，汽车库、修车库与高层工业、民用建筑的防火间距应按表 4-5 的规定值增加 3m。汽车库、修车库与甲类厂房的防火间距应按表 4-5 的规定值增加 2m。

甲、乙类物品运输车的汽车库、修车库、停车场与民用建筑的防火间距不应小于 25m，与人员密集场所的防火间距不应小于 50m。甲类物品运输车的汽车库、修车库与明火或散发火花地点的防火间距不应小于 30m，与厂房、仓库的防火间距应按表 4-5 的规定值增加 2m。

汽车库、修车库之间或汽车库、修车库与其他建筑之间的防火间距可适当减少，但应符合下列规定：

(1)当两座建筑物相邻较高一面外墙为无门、窗、洞口的防火墙或当较高一面外墙比较低一座一、二级耐火等级建筑屋面高 15m 及以下范围内的墙为无门、窗、洞口的防火墙时，其防火间距可不限。

(2)当两座建筑相邻较高一面外墙，且同较低建筑等高的以下范围内的墙为无门、窗、洞口的防火墙时，其防火间距可按表 4-5 的规定值减小 50%。

(3)相邻的两座一、二级耐火等级建筑，当较高一面外墙的耐火极限不低于 2.00h，墙上开口部位设置甲级防火门、窗或耐火极限不低于 2.00h 的防火卷帘、水幕等防火设施时，其防火间距可减小，但不应小于 4m。

(4)相邻的两座一、二级耐火等级建筑，当较低一座的屋顶无开口，屋顶的耐火极限不低于 1.00h，且较低一面外墙为防火墙时，其防火间距可减小，但不应小于 4m。

停车场与相邻的一、二级耐火等级建筑之间，当相邻建筑的外墙为无门、窗、洞口的防火墙，或比停车部位高 15m 范围以下的外墙均为无门、窗、洞口的防火墙时，防火间距可不限。

四、防火间距不足时的消防技术措施

防火间距由于场地等原因，难以满足国家有关消防技术标准的要求时，可根据建筑物的实际情况，采取以下补救措施：

(1)改变建筑物的生产和使用性质，尽量降低建筑物的火灾危险性，改变房屋部分结构的耐火性能，提高建筑物的耐火等级。

(2)调整生产厂房的部分工艺流程，限制库房内储存物品的数量，提高部分构件的耐火极限和燃烧性能。

(3)将建筑物的普通外墙改造为防火墙或减少相邻建筑的开口面积，如开设门窗，应采用防火门窗或加防火水幕保护。

(4)拆除部分耐火等级低、占地面积小、使用价值低且与新建筑物相邻的原有陈旧建筑物。

(5)设置独立的室外防火墙。在设置防火墙时，应兼顾通风排烟和破拆扑救，切忌盲目设置，顾此失彼。

第三节　消防车道

消防车道是供消防车灭火时通行的道路。设置消防车道的目的在于，一旦发生火灾时确保消防车畅通无阻，迅速到达火场，为及时扑灭火灾创造条件。消防车道可以利用交通道路，但在通行的净高度、净宽度、地面承载力、转弯半径等方面应满足消防车通行与停靠的需求，并保证畅通。街区内的道路应考虑消防车的通行，室外消火栓的保护半径在 150m 左右，按规定一般设在城市道路两旁，故将道路中心线间的距离设定为不宜大于 160m。

消防车道的设置应根据当地消防部队使用的消防车辆的外形尺寸、载重、转弯半径等消防车技术参数，以及建筑物的体量大小、周围通行条件等因素确定。

一、消防车道设置要求

(一)环形消防车道

(1)对于那些高度高、体量大、功能复杂、扑救困难的建筑应设环形消防车道。高层民用建筑，超过 3000 个座位的体育馆，超过 2000 个座位的会堂，占地面积大于 3000m^2 的展览馆等单、多层公共建筑的周围应设置环形消防车道，确有困难时，可沿建筑的两个长边设置消防车道。对于山坡地或河道边临空建造的高层建筑，可沿建筑的一个长边设置消防车道，但该长边所在建筑立面应为消防车登高操作面。

沿街的高层建筑，其街道的交通道路，可作为环形车道的一部分，如图 4-9 所示。

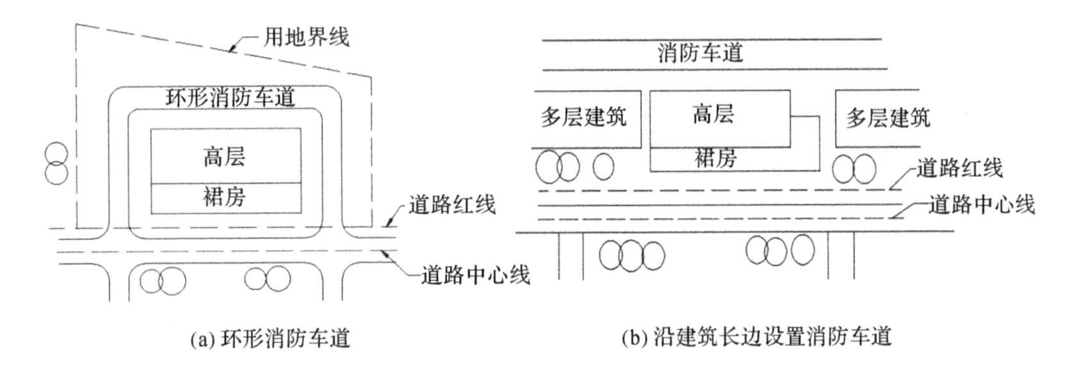

图 4-9　消防车道

(2)高层厂房，占地面积大于 3000m² 的单、多层甲、乙、丙类厂房及占地面积大于 1500m² 的乙、丙类仓库应至少沿建筑的两条长边设置消防车道。

(二)穿过建筑的消防车道

(1)对于一些使用功能多、面积大、建筑长度长的建筑，如 L 形、U 形、口形建筑，当其沿街长度超过 150m，或总长度大于 220m 时，应在适当位置设置穿过建筑物的消防车道。

(2)为了日常使用方便和消防人员快速便捷地进入建筑内院救火，有封闭内院或天井的建筑物，当内院或天井的短边长度大于 24m 时，宜设置进入内院或天井的消防车道，如图 4-10 所示。

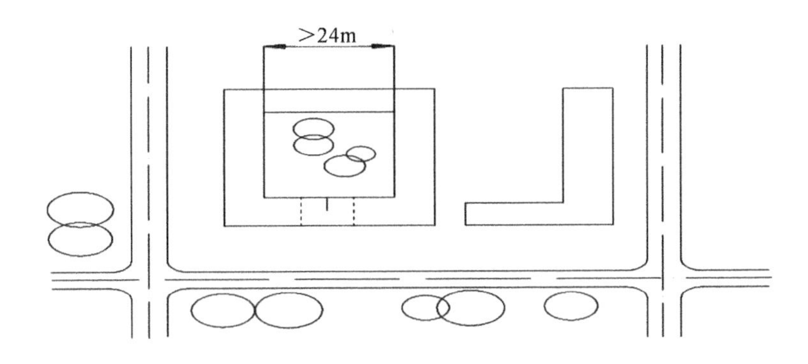

图 4-10　穿过建筑物进入内庭院的消防车道

有封闭内院或天井的建筑物沿街时，应设置连通街道和内院的人行通道(可利用楼梯间)，人行通道的间距不宜大于 80m，如图 4-11 所示。

(3)在穿过建筑物或进入建筑物内院的消防车道两侧，不应设置影响消防车通行或人员安全疏散的设施。

(三)尽头式消防车道

当建筑和场所的周边受地形环境条件限制，难以设置环形消防车道或与其他道路连通的消防车道时，可设置尽头式消防车道。

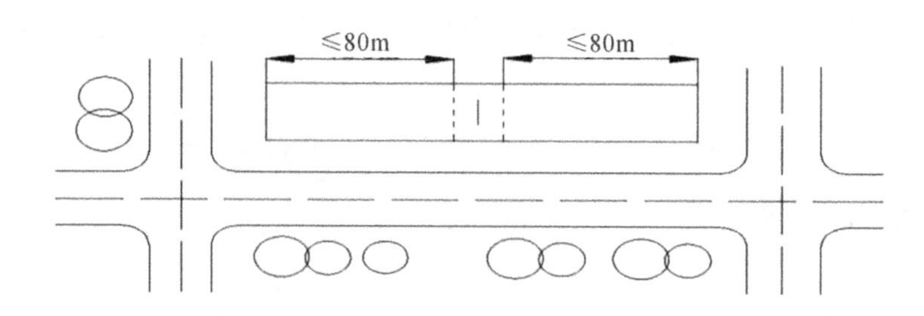

图 4-11 穿过建筑物的人行通道

(四)消防水源地消防车道

供消防车取水的天然水源和消防水池应设置消防车道。消防车道边缘距离取水点不宜大于 2m。

二、消防车道技术要求

(一)消防车道的净宽和净高

消防车道一般按单行线考虑,为便于消防车顺利通过,消防车道的净宽度和净空高度均不应小于 4m,坡度应满足消防车满载时正常通行的要求,且不应大于 10%,兼作消防救援场地的消防车道,坡度尚应满足消防车停靠和消防救援作业的要求。

(二)消防车道的荷载

轻、中系列消防车最大总质量不超过 11t;重系列消防车最大总质量为 15～50t。作为车道,不管是市政道路还是小区道路,一般都应满足重系列消防车的通行。消防车道的路面、救援操作场地及消防车道和救援操作场地下面的管道和暗沟等,应能承受重系列消防车的压力,且应考虑建筑物的高度、规模及当地消防车的实际参数。

(三)消防车道的最小转弯半径

车道转弯处应考虑消防车的最小转弯半径,以便于消防车顺利通行。消防车的最小转弯半径是指消防车回转时消防车的前轮外侧循圆曲线行走轨迹的半径。普通消防车≥9m,登高车≥12m,特种车 6～20m,因此,弯道外侧需要保留一定的空间,保证消防车紧急通行,停车场或其他设施不能侵占消防车道的宽度,以免影响扑救工作。

(四)消防车道的回车场

长度大于 40m 的尽头式消防车道应设置满足消防车回转要求的场地或道路。回车场的面积不应小于 12m×12m;对于高层建筑,回车场不宜小于 15m×15m;供重系列消防车使用时,不宜小于 18m×18m。

(五)消防车道的间距

室外消火栓的保护半径在 150m 左右,按规定一般设在城市道路两旁,故消防车道的间距应为 160m。

第四节 消防登高面和消防救援场地

建筑的消防登高面、消防救援场地和灭火救援窗,是火灾时进行有效的灭火救援行动的重要设施。本节主要介绍这些消防救援设施的设置要求。

一、定义

(1)消防登高面。登高消防车能够靠近高层主体建筑,便于消防车作业和消防人员进入高层建筑抢救人员和扑救火灾的建筑立面称为该建筑的消防登高面,也叫建筑的消防扑救面。

(2)灭火救援窗。在高层建筑的消防登高面一侧外墙上设置的供消防人员快速进入建筑主体且便于识别的灭火救援窗口称为灭火救援窗。厂房、仓库、公共建筑的外墙应每层设置灭火救援窗。

(3)消防救援场地。在高层建筑的消防登高面一侧,地面必须设置消防车道和供消防车停靠并进行灭火救人的作业场地,该场地就叫作消防救援场地。

二、消防登高面

(一)合理确定消防登高面

对于高层建筑,应根据建筑的立面和消防车道等情况,合理确定建筑的消防登高面。高层建筑应至少沿其一条长边设置消防车登高操作场地。未连续布置的消防车登高操作场地,应保证消防车的救援作业范围能覆盖该建筑的全部消防扑救面。

建筑物与消防车登高操作场地相对应的范围内,应设置直通室外的楼梯或直通楼梯间的入口,方便救援人员快速进入建筑展开灭火和救援。

(二)灭火救援窗

在灭火时,只有将灭火剂直接作用于火源或燃烧的可燃物,才能有效灭火。除少数建筑外,大部分建筑的火灾在消防队到达时均已发展到比较大的规模,从楼梯间进入有时难以直接接近火源,因此有必要在外墙上设置供灭火救援用的入口。除有特殊要求的建筑和甲类厂房可不设置消防救援口外,在建筑的外墙上应设置便于消防救援人员出入的消防救援口,并应符合下列规定:

(1)沿外墙的每个防火分区在对应消防救援操作面范围内设置的消防救援口不应少于2个。

(2)无外窗的建筑应每层设置消防救援口,有外窗的建筑应自第三层起每层设置消防救援口。

(3)消防救援口的净高度和净宽度均不应小于1.0m,下沿距室内地面不宜大于1.2m,间距不宜大于20m;当利用门时,净宽度不应小于0.8m。

(4)消防救援口应易于从室内和室外打开或破拆,采用玻璃窗时,应选用安全玻璃。

(5)消防救援口应设置可在室内和室外识别的永久性明显标志。

三、消防救援场地的设置要求

(一)最小操作场地面积

消防登高场地应结合消防车道设置。考虑到举高车的支腿横向跨距不超过6m,同时考虑普通车(宽度为2.5m)的交会以及消防队员携带灭火器具的通行,一般以10m为妥。根据举高车的车长 15m 以及车道的宽度，最小操作场地长度和宽度分别不应小于 15m 和 10m。对于建筑高度大于 50m 的建筑，操作场地的长度和宽度分别不应小于 20m 和一 10m，且场地的坡度不宜大于 3%。

（二）场地与建筑的距离

根据火场经验和举高车的操作，一般离建筑 5m，最大距离可由建筑高度、举高车的额定工作高度确定。一般，如果扑救 50m 以上的建筑火灾，在 5～13m 内消防举高车可达其额定高度，为方便布置，登高场地距建筑外墙不宜小于 5m，且不应大于 10m。

（三）操作场地荷载计算

作为消防车登高操作场地，由于需承受 30～50t 举高车的重量，对中后桥的荷载需 26t，故从结构上考虑做局部处理还是十分必要的。虽然地下管道、暗沟、水池、化粪池等不会影响消防车荷载，但为安全起见，不宜把上述地下设施布置在消防登高操作场地内。同时在地下建筑上布置消防登高操作场地时，地下建筑的楼板荷载应按承载重系列消防车计算。

（四）操作空间的控制

应根据高层建筑的实际高度，合理控制消防登高场地的操作空间。场地与建筑之间不应设置妨碍消防车操作的架空高压电线、树木、车库出入口等障碍，同时要避开地下建筑内设置的危险场所等的泄爆口。如图 4-12 所示。

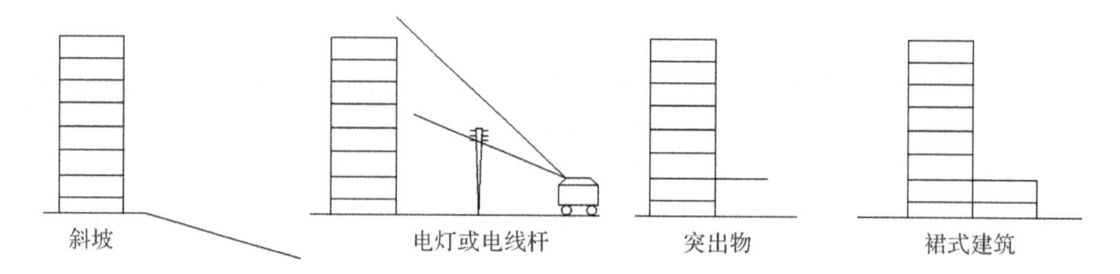

图 4-12　消防车工作空间

思考题

1. 确定防火间距的主要原则是什么？
2. 防火间距不足时可采取哪些技术措施？
3. 甲、乙类厂房与重要公共建筑的防火间距是多少？
4. 汽车库、修车库与民用建筑的防火间距是多少？
5. 设置消防车道有哪些要求？
6. 设置灭火救援窗的要求及意义是什么？

第五章　建筑平面防火设计

建筑物内某处失火时，火灾会通过对流热、辐射热和传导热向周围区域传播。建筑物内空间面积大，则发生火灾时燃烧面积大、蔓延扩展快，火灾损失也大。所以，有效地阻止火灾在建筑物的水平及垂直方向蔓延，将火灾限制在一定范围之内是十分必要的。在建筑物内划分防火分区，可有效地控制火势的蔓延，有利于人员安全疏散和扑救火灾，从而达到减少火灾损失的目的。

第一节　防火分区设计

防火分区(fire compartment)是指在建筑内部采用防火墙、楼板及其他防火分隔设施分隔而成，能在一定时间内防止火灾向同一建筑的其余部分蔓延的局部空间。

防火分区的面积大小应根据建筑物的使用性质、高度、火灾危险性、消防扑救能力等因素确定。不同类别的建筑其防火分区的划分有不同的标准。

一、民用建筑的防火分区

(一)民用建筑防火分区最大允许建筑面积

当建筑面积过大时，室内容纳的人员和可燃物的数量相应增多，为了减少火灾损失，对建筑物防火分区的面积按照建筑物耐火等级的不同给予相应的限制。表 5-1 给出了不同耐火等级民用建筑防火分区的最大允许建筑面积。

表 5-1　不同耐火等级建筑的允许建筑高度或层数、防火分区最大允许建筑面积

<table>
<tr><th>名称</th><th>耐火等级</th><th>允许建筑高度或层数</th><th>防火分区的最大允许建筑面积/m^2</th><th>备注</th></tr>
<tr><td>高层民用建筑</td><td>一、二级</td><td>按照民用建筑的分类规定执行</td><td>1500</td><td rowspan="2">对于体育馆、剧场的观众厅，防火分区的最大允许建筑面积可适当增加</td></tr>
<tr><td rowspan="3">单、多层民用建筑</td><td>一、二级</td><td>按照民用建筑的分类规定执行</td><td>2500</td></tr>
<tr><td>三级</td><td>5 层</td><td>1200</td><td>—</td></tr>
<tr><td>四级</td><td>2 层</td><td>600</td><td>—</td></tr>
<tr><td>地下或半地下建筑(室)</td><td>一级</td><td>—</td><td>500</td><td>设备用房的防火分区最大允许建筑面积不应大于 1000m^2</td></tr>
</table>

注：1. 当建筑内设置自动灭火系统时，防火分区最大允许建筑面积可按本表的规定增加 1.0 倍；局部设置时，防火分区的增加面积可按该局部面积的 1.0 倍计算。

2. 裙房与高层建筑主体之间设置防火墙时，裙房的防火分区可按单、多层建筑的要求确定。

独立建造的一、二级耐火等级老年人照料设施的建筑高度不宜大于 32m，不应大于54m；独立建造的三级耐火等级老年人照料设施，不应超过 2 层。

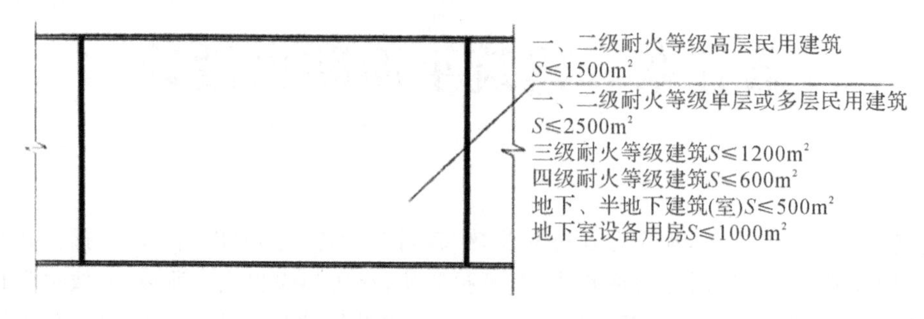

图 5-1　防火分区的最大允许建筑面积 S

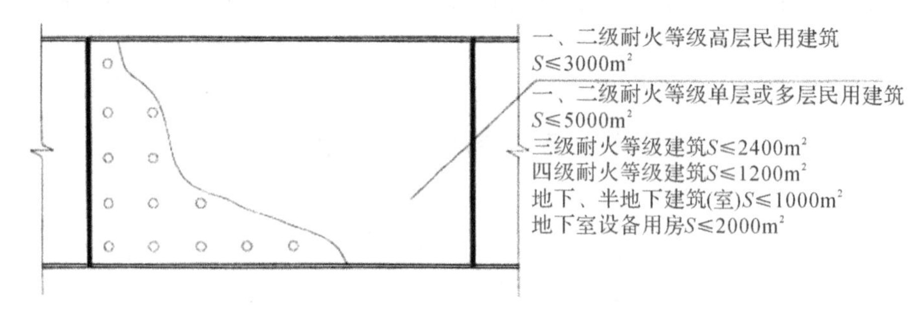

图 5-2　当建筑内设置自动灭火系统时防火分区的最大允许建筑面积 S

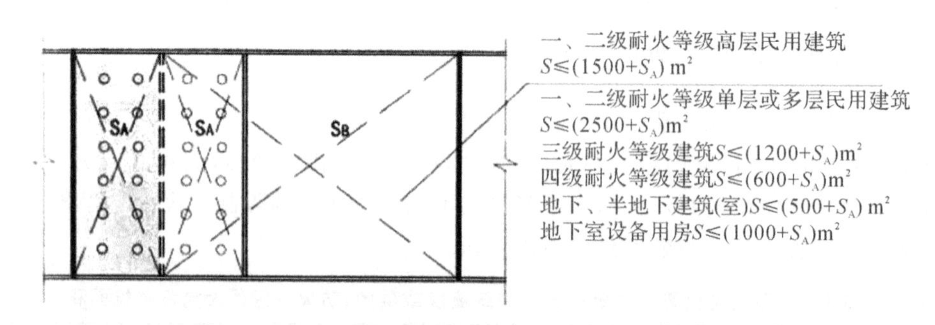

图 5-3　局部设置自动灭火系统(面积为 $2S_A$)时防火分区的最大允许建筑面积 S

(二)中庭等的防火分区

1. 上、下层相连通建筑的防火分区

建筑内设置自动扶梯、敞开楼梯等上、下层相连通的开口时，其防火分区的建筑面积应按上、下层相连通的建筑面积叠加计算；当叠加计算后的建筑面积大于一个防火分区的最大允许建筑面积时，应划分防火分区。

建筑内连通上下楼层的开口破坏了防火分区的完整性，会导致火灾在多个区域和楼层蔓延发展。这样的开口主要有：自动扶梯、中庭、敞开楼梯等。中庭等共享空间，贯通数个楼层，甚至从首层直通到顶层，四周与建筑物各楼层的廊道、营业厅、展览厅或窗口直接连通；自动扶梯、敞开楼梯也连通上下两层或数个楼层。火灾时，这些开口是火势竖向蔓延的主要通道,火势和烟气会从开口部位侵入上下楼层,对人员疏散和火灾控制带来困难。因此,应对这些相连通的空间采取可靠的防火分隔措施,以防止火灾通过连通空间迅速向上蔓延。

对于《建筑设计防火规范》允许采用敞开楼梯间的建筑,如5层或5层以下的教学建筑、普通办公建筑等,该敞开楼梯间可以不按上、下层相连通的开口考虑。

2. 中庭的防火分区

中庭是建筑中由上、下楼层贯通而形成的一种共享空间。近年来,随着建筑物大规模化和综合化趋势的发展,出现了贯通数层,乃至数十层的大型中庭。建筑中庭的设计在世界上非常流行,在大型中庭空间中,可以用于集会、举办音乐会、舞会和各种演出,其大空间的团聚气氛显示出良好的效果。中庭空间具有以下特点:在建筑物内部、上下贯通多层空间;多数为采用钢结构和玻璃的顶棚或外墙的一部分,使阳光充满内部空间;中庭空间的用途不确定。

设计中庭的建筑最大的问题是发生火灾时,其防火分区被上、下贯通的大空间所破坏。因此,当中庭防火设计不合理或管理不善时,有火灾急速扩大的可能性。中庭建筑的火灾危险性在于:

(1)火灾不受限制地急剧扩大。中庭空间一旦失火,属于“燃料控制型”燃烧,因此很容易使火势迅速扩大。

(2)烟气迅速扩散。由于中庭空间形似烟囱,因此易产生烟囱效应。若在中庭下层发生火灾,烟火易进入中庭;若在上层发生火灾,中庭空间未考虑排烟时,就会向下部楼层扩散,进而扩散到整个建筑物。

(3)疏散危险。由于烟气在多层楼迅速扩散,楼内人员会产生心理恐惧,人们争先恐后夺路逃命,极易出现伤亡。

(4)自动喷水灭火设备难启动。中庭空间的顶棚很高,因此采取普通的火灾探测和自动喷水灭火装置等方法不能达到火灾早期探测和初期灭火的效果。即使在顶棚下设置了自动洒水喷头,由于太高,温度达不到额定值,洒水喷头无法启动。

(5)灭火和救援活动可能受到的影响:可能出现要同时在几层楼进行灭火的状况;消防队员不得不逆疏散人流的方向进入火场;火灾迅速地多方位扩大,消防队员难以围堵、扑救火灾;火灾时,顶棚和壁面上的玻璃因受热破裂而散落,对扑救人员造成威胁;建筑物中庭的用途不明确,将会有大量不熟悉建筑情况的人员参与活动,并可能增加大量的可燃物,如临时舞台、照明设施、座位等,将会加大火灾发生的概率,加大火灾时疏散人员的难度。

中庭建筑火灾的防火设计要求:建筑物内设置中庭时,防火分区的建筑面积应按上下层相连通的建筑面积叠加计算;当叠加计算之和大于一个防火分区的最大允许建筑面积时,应符合下列规定:

(1)中庭应与周围连通空间进行防火分隔:采用防火隔墙时,其耐火极限不应低于1.00h;采用防火玻璃墙时,其耐火隔热性和耐火完整性不应低于1.00h,采用耐火完整性不低于1.00h的非隔热性防火玻璃墙时,应设置自动喷水灭火系统进行保护;采用防火卷帘时,其耐火极限不应低于3.00h,并应符合《建筑设计防火规范》的相关规定;与中庭相连通的门、窗,应采用火灾时能自行关闭的甲级防火门、窗。

(2)高层建筑内的中庭回廊应设置自动喷水灭火系统和火灾自动报警系统。

(3)中庭应设置排烟设施。

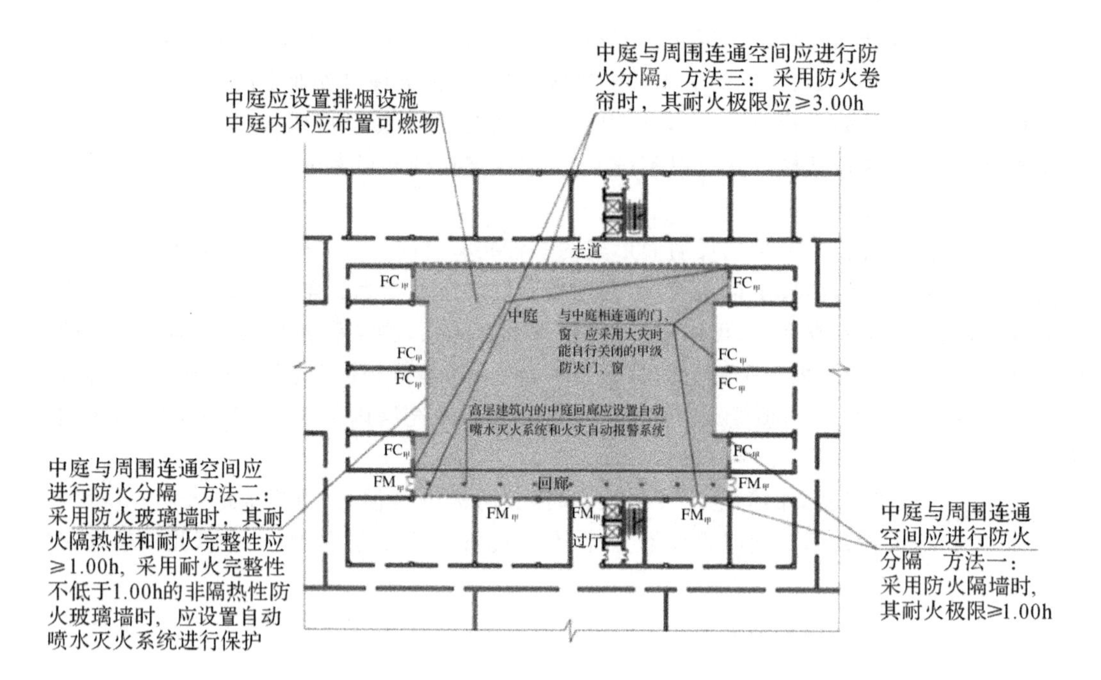

图 5-4　中庭连通面积之和大于最大允许防火分区面积时应采取的相应措施

(4)中庭内不应布置可燃物。

(三)商店的防火分区

1. 商店营业厅、展览厅

一、二级耐火等级建筑内的商店营业厅、展览厅，当设置自动灭火系统和火灾自动报警系统并采用不燃或难燃装修材料时，其每个防火分区的最大允许建筑面积应符合下列规定：

(1)设置在高层建筑内时，不应大于 $4000m^2$。

(2)设置在单层建筑内或仅设置在多层建筑的首层内时，不应大于 $10000m^2$。

(3)设置在地下或半地下时，不应大于 $2000m^2$。

当营业厅、展览厅仅设置在多层建筑(包括与高层建筑主体采用防火墙分隔的裙房)的首层，其他楼层用于火灾危险性较营业厅或展览厅小的其他用途，或所在建筑本身为单层建筑时，考虑到人员安全疏散和灭火救援均具有较好的条件，且营业厅和展览厅需与其他功能区域划分为不同的防火分区，分开设置各自的疏散设施，并将防火分区的建筑面积设置为 $10000m^2$。但需注意，尽管增大了这些场所的防火分区面积，其疏散距离仍应满足《建筑设计防火规范》要求。

当营业厅、展览厅设置在多层建筑的首层及其他楼层时，考虑到涉及多个楼层的疏散和火灾蔓延危险，防火分区仍应按照表 5-1 确定。

当营业厅内设置餐饮场所时，防火分区的建筑面积需要按照民用建筑的其他功能的防火分区要求划分，并要与其他商业营业厅进行防火分隔。

当营业厅、展览厅按本要求进行设计时，这些场所不仅要设置自动灭火系统和火灾自动报警系统，装修材料要求采用不燃或难燃材料，且不能低于《建筑内部装修设计防火规范》(GB 50222)的要求，而且不能再按照该规范的规定降低材料的燃烧性能。

2. 地下或半地下商店

总建筑面积大于 $20000m^2$ 的地下或半地下商店，应采用无门、窗、洞口的防火墙以及耐火极限不低于 2.00h 的楼板分隔为多个建筑面积不大于 $20000m^2$ 的区域。相邻区域确需局部连通时，应采用下沉式广场等室外开敞空间、防火隔间、避难走道、防烟楼梯间等方式进行连通，并应符合下列规定：

(1)下沉式广场等室外开敞空间应能防止相邻区域的火灾蔓延和便于安全疏散，并应符合《建筑设计防火规范》的规定。

(2)防火隔间的墙应为耐火极限不低于 3.00h 的防火隔墙，并应符合《建筑设计防火规范》的规定。

(3)避难走道应符合《建筑设计防火规范》的规定。

(4)防烟楼梯间的门应采用甲级防火门。

(四)汽车库、修车库防火分区

汽车库应设防火墙划分防火分区。每个防火分区的最大允许建筑面积应符合表 5-2 的规定。

表 5-2　汽车库防火分区最大允许建筑面积　　(单位：m^2)

耐火等级	单层汽车库	多层汽车库、半地下汽车库	地下汽车库、高层汽车库
一、二级	3000	2500	2000
三级	1000	不允许	不允许

敞开式、错层式、斜楼板式汽车库的上下连通层面积应叠加计算，每个防火分区的最大允许建筑面积不应大于表 5-2 规定的 2.0 倍；室内有车道且有人员停留的机械式汽车库，其防火分区最大允许建筑面积应按表 5-2 的规定减少 35%。汽车库内设置自动灭火系统时，其每个防火分区的最大允许建筑面积不应大于表 5-2 规定的 2.0 倍。

1. 机械式汽车库要求

室内无车道且无人员停留的机械式汽车库，当停车数量超过 100 辆时，应采用无门、窗、洞口的防火墙分隔为多个停车数量不大于 100 辆的区域；但当采用防火隔墙和耐火极限不低于 1.00h 的不燃性楼板分隔成多个停车单元，且停车单元内的车辆数不大于 3 辆时，应分隔为停车数量不大于 300 辆的区域。

2. 甲、乙类物品运输车的汽车库、修车库要求

甲、乙类物品运输车的汽车库、修车库，每个防火分区的最大允许建筑面积不应大于 $500m^2$。

3. 修车库要求

修车库每个防火分区的最大允许建筑面积不应大于 $2000m^2$，当修车部位与相邻使用有机溶剂的清洗和喷漆工段采用防火墙分隔时，每个防火分区的最大允许建筑面积不应大于 $4000m^2$。

二、厂房的防火分区

根据不同的生产火灾危险性类别，合理确定厂房的层数和建筑面积，可以有效防止火灾

蔓延扩大，减少损失。

甲类生产具有易燃、易爆的特性，容易发生火灾和爆炸，疏散和救援困难，如层数多则更难扑救，严重者对结构产生严重破坏。因此，甲类厂房除因生产工艺需要外，宜采用单层建筑。

为适应生产需要，在建设大面积厂房和布置连续生产线工艺时，防火分区采用防火墙分隔比较困难。对此，除甲类厂房外，《建筑设计防火规范》允许采用防火分隔水幕或防火卷帘等进行分隔。厂房的防火分区面积应根据其生产的火灾危险性类别、厂房的层数和厂房的耐火等级等因素确定。各类厂房的防火分区的最大允许建筑面积应符合表 5-3 的要求。

表 5-3　厂房的层数和每个防火分区的最大允许建筑面积

生产的火灾危险性类别	厂房的耐火等级	最多允许层数	每个防火分区的最大允许建筑面积/m^2			
			单层厂房	多层厂房	高层厂房	地下或半地下厂房(包括地下或半地下室)
甲	一级	宜采用单层	4000	3000	—	—
	二级		3000	2000	—	—
乙	一级	不限	5000	4000	2000	—
	二级	6	4000	3000	1500	—
丙	一级	不限	不限	6000	3000	500
	二级	不限	8000	4000	2000	500
	三级	2	3000	2000	—	—
丁	一、二级	不限	不限	不限	4000	1000
	三级	3	4000	2000	—	—
	四级	1	1000	—	—	—
戊	一、二级	不限	不限	不限	6000	1000
	三级	3	5000	3000	—	—
	四级	1	1500	—	—	—

对于一些特殊的工业建筑，防火分区的面积可适当扩大，但必须满足《建筑设计防火规范》规定的相关要求。厂房内的操作平台、检修平台，当使用人数少于 10 人时，其面积可不计入所在防火分区的建筑面积内。

自动灭火系统能及时控制和扑灭防火分区内的初起火灾，有效地控制火势蔓延。运行维护良好的自动灭火设施，能较大地提高厂房的消防安全性。因此，厂房内设置自动灭火系统时，每个防火分区的最大允许建筑面积可按表 5-2 的规定增加 1.0 倍。当丁、戊类的地上厂房内设置自动灭火系统时，每个防火分区的最大允许建筑面积不限。厂房内局部设置自动灭火系统时，其防火分区的增加面积可按该局部面积的 1.0 倍计算。

厂房的防火分区之间应采用防火墙分隔。除甲类厂房外的一、二级耐火等级厂房，当其防火分区的建筑面积大于表 5-2 的规定，且设置防火墙确有困难时，可采用防火卷帘或防火分隔水幕分隔。采用防火卷帘时，应符合《建筑设计防火规范》的规定；采用防火分隔水幕时，应符合现行国家标准《自动喷水灭火系统设计规范》(GB 50084)的规定。

三、仓库的防火分区

仓库物资储存比较集中，可燃物数量多，一旦发生火灾，灭火救援难度大，常造成严重经济损失。因此，除了对仓库总的占地面积进行限制外，仓库内的防火分区之间必须采用防火墙分隔，不能采用其他分隔方式替代。甲、乙类物品着火后蔓延快、火势猛烈，甚至可能发生爆炸，危害大，因此甲、乙类仓库内的防火分区之间应采用不开设门、窗、洞口的防火墙分隔，且甲类仓库应为单层建筑。对于丙、丁、戊类仓库，在实际使用中确因生产工艺、物流等用途需要开口的部位，需采用与防火墙等效的措施，如甲级防火门、防火卷帘分隔，开口部位的宽度一般控制在不大于6.0m，高度宜控制在4.0m以下，以保证该部位分隔的有效性。

设置在地下、半地下的仓库，火灾时室内气温高，烟气浓度比较高，热分解产物成分复杂、毒性大，而且威胁上部仓库的安全，因此甲、乙类仓库不应附设在建筑物的地下室和半地下室内。仓库的层数和面积应符合表5-4的规定。

表5-4　仓库的层数和面积

储存物品的火灾危险性类别		仓库的耐火等级	最多允许层数	每座仓库的最大允许占地面积和每个防火分区的最大允许建筑面积/m²						
				单层仓库		多层仓库		高层仓库		地下或半地下仓库（包括地下或半地下室）
				每座仓库	防火分区	每座仓库	防火分区	每座仓库	防火分区	防火分区
甲	3、4项	一级	1	180	60	—	—	—	—	—
	1、2、5、6项	一、二级	1	750	250	—	—	—	—	—
乙	1、3、4项	一、二级	3	2000	500	900	300	—	—	—
		三级	1	500	250	—	—	—	—	—
	2、5、6项	一、二级	5	2800	700	1500	500	—	—	—
		三级	1	900	300	—	—	—	—	—
丙	1项	一、二级	5	4000	1000	2800	700	—	—	150
		三级	1	1200	400	—	—	—	—	—
	2项	一、二级	不限	6000	1500	4800	1200	4000	1000	300
		三级	3	2100	700	1200	400	—	—	—
丁		一、二级	不限	不限	3000	不限	1500	4800	1200	500
		三级	3	3000	1000	1500	500	—	—	—
		四级	1	2100	700	—	—	—	—	—
戊		一、二级	不限	不限	不限	不限	2000	6000	1500	1000
		三级	3	3000	1000	2100	700	—	—	—
		四级	1	2100	700	—	—	—	—	—

仓库内设置自动灭火系统时，除冷库的防火分区外，每座仓库的最大允许占地面积和每个防火分区的最大允许建筑面积可按表5-3的规定增加1.0倍。冷库的防火分区面积应符合现行国家标准《冷库设计规范》(GB 50072)的规定。

甲、乙类生产场所(仓库)不应设置在地下或半地下。

四、木结构建筑的防火分区

建筑高度不大于 18m 的住宅建筑,建筑高度不大于 24m 的办公建筑或丁、戊类厂房(库房)的房间隔墙和非承重外墙可采用木骨架组合墙体,其他建筑的非承重外墙不得采用木骨架组合墙体。

甲、乙、丙类厂房(库房)不应采用木结构建筑或木结构组合建筑。丁、戊类厂房(库房)和民用建筑,当采用木结构建筑或木结构组合建筑时,其允许层数和建筑高度应符合表 5-5 的规定。木结构建筑中防火墙间的允许建筑长度和每层最大允许建筑面积应符合表 5-6的规定。

表 5-5　木结构建筑或木结构组合建筑的允许层数和允许建筑高度

木结构建筑的形式	普通木结构建筑	轻型木结构建筑	胶合木结构建筑		木结构组合建筑
允许层数/层	2	3	1	3	7
允许建筑高度/m	10	10	不限	15	24

表 5-6　木结构建筑中防火墙间的允许建筑长度和每层最大允许建筑面积

层数/层	防火墙间的允许建筑长度/m	防火墙间的每层最大允许建筑面积/m²
1	100	1800
2	80	900
3	60	600

当设置自动喷水灭火系统时,防火墙间的允许建筑长度和每层最大允许建筑面积可按表 5-5 的规定增加 1.0 倍;对于丁、戊类地上厂房,防火墙间的每层最大允许建筑面积不限。体育场馆等高大空间建筑,其建筑高度和建筑面积可适当增加。

设置在木结构住宅建筑内的机动车库、发电机间、配电间、锅炉间等火灾危险性较大的场所,应采用耐火极限不低于 2.00h 的防火隔墙和耐火极限不低于 1.00h 的不燃性楼板与其他部位分隔,不宜开设与室内相通的门、窗、洞口,确需开设时,可开设一樘不直通卧室的单扇乙级防火门。机动车车库的建筑面积不宜大于 $60m^2$。

五、城市交通隧道的防火分区

隧道内的变电站、管廊、专用疏散通道、通风机房及其他辅助用房等,应采取耐火极限不低于 2.00h 的防火隔墙和乙级防火门等分隔措施与车行隧道分隔。隧道内地下设备用房的每个防火分区的最大允许建筑面积不应大于 $1500m^2$。

第二节　建筑平面防火布置

一座建筑在建设时,除了要考虑城市的规划和在城市中的设置位置外,单体建筑内,除了考虑满足功能需求的划分外，还应根据建筑的耐火等级、火灾危险性、使用性质、人员密集场所人员快捷疏散和火灾扑救等因素，对建筑物内部空间进行合理布置，以防止火灾和烟气在建筑内部蔓延扩大，确保火灾时的人员生命安全，减少财产损失。

一、布置原则

(1)建筑内部某部位着火时，能限制火灾和烟气通过建筑内部向外部的蔓延，并为人员疏散、消防人员的救援和灭火提供保护。

(2)建筑内部某处发生火灾时，能减少对邻近(上下层、水平相邻空间)分隔区域的强辐射热和烟气的影响。

(3)能方便消防人员进行救援、利用灭火设施进行救灾活动。

(4)有火灾或爆炸危险的建筑设备设置的部位，能防止对人员和贵重设备造成影响或危害；或采取措施防止发生火灾或爆炸，及时控制灾害的蔓延扩大。

(5)除为满足民用建筑使用功能所设置的附属库房外，民用建筑内不应设置生产车间和其他库房。经营、存放和使用甲、乙类火灾危险性的商店、作坊和储藏间，严禁附设在民用建筑内。

二、设备用房布置

由于建筑规模的扩大、用电负荷的增加和集中供热的需要，建筑所需锅炉的蒸发量和变配电设备越来越大，但锅炉和变压器等在运行中又存在较大的危险，发生事故后的危害也较大，特别是燃油、燃气锅炉，容易发生燃烧爆炸事故。可燃油油浸电力变压器发生故障产生电弧时，将使变压器内的绝缘油迅速发生热分解，析出氢气、甲烷、乙炔等可燃气体，使压力骤增，造成外壳爆裂而大面积喷油，或者析出的可燃气体与空气形成爆炸性混合物，在电弧或火花的作用下极易引起燃烧和爆炸。变压器爆炸后，火灾将随高温变压器油的流淌而蔓延，造成更大的火灾。

(一)锅炉房、变压器室布置

燃油或燃气锅炉、可燃油油浸变压器、充有可燃油的高压电容器和多油开关等独立建造的设备用房与民用建筑贴邻时，应采用防火墙分隔，且不应贴邻建筑中人员密集的场所。上述设备用房附设在建筑内时，应符合下列规定：

(1)当位于人员密集的场所的上一层、下一层或贴邻时，应采取防止设备用房的爆炸作用危及上一层、下一层或相邻场所的措施。

(2)设备用房的疏散门应直通室外或安全出口。

(3)设备用房应采用耐火极限不低于2.00h的防火隔墙和耐火极限不低于1.50h的不燃性楼板与其他部位分隔，防火隔墙上的门、窗应为甲级防火门、窗。

(4)常(负)压燃油或燃气锅炉房不应位于地下二层及以下，位于屋顶的常(负)压燃气锅炉房与通向屋面的安全出口的最小水平距离不应小于6m；其他燃油或燃气锅炉房应位于建筑首层的靠外墙部位或地下一层的靠外侧部位，不应贴邻消防救援专用出入口、疏散楼梯(间)或人员的主要疏散通道。

(5)建筑内单间储油间的燃油储存量不应大于$1m^3$。油箱的通气管设置应满足防火要求，油箱的下部应设置防止油品流散的设施。储油间应采用耐火极限不低于3.00h的防火隔墙与发电机间、锅炉间分隔。

(6)燃油或燃气管道在设备间内及进入建筑物前，应分别设置具有自动和手动关闭功能的切断阀。

(7)油浸变压器室、多油开关室、高压电容器室均应设置防止油品流散的设施。

(8)变压器室应位于建筑的靠外侧部位，不应设置在地下二层及以下楼层。

(9)变压器室之间、变压器室与配电室之间应采用防火门和耐火极限不低于2.00h的防火隔墙分隔。

(10)应设置火灾报警装置。

(11)应设置与锅炉、变压器、电容器和多油开关等的容量及建筑规模相适应的灭火设施，当建筑内其他部位设置自动喷水灭火系统时，应设置自动喷水灭火系统。

(12)锅炉的容量应符合现行国家标准《锅炉房设计规范》(GB 50041)的规定。油浸变压器的总容量不应大于1260kV·A，单台容量不应大于630kV·A。

(13)燃气锅炉房应设置爆炸泄压设施。燃油或燃气锅炉房应设置独立的通风系统，并应符合通风设计的相关规定。

(二)柴油发电机房布置

布置在民用建筑内的柴油发电机房应符合下列规定：

(1)宜布置在首层或地下一、二层。

(2)当位于人员密集的场所的上一层、下一层或贴邻时，应采取防止设备用房的爆炸作用危及上一层、下一层或相邻场所的措施。

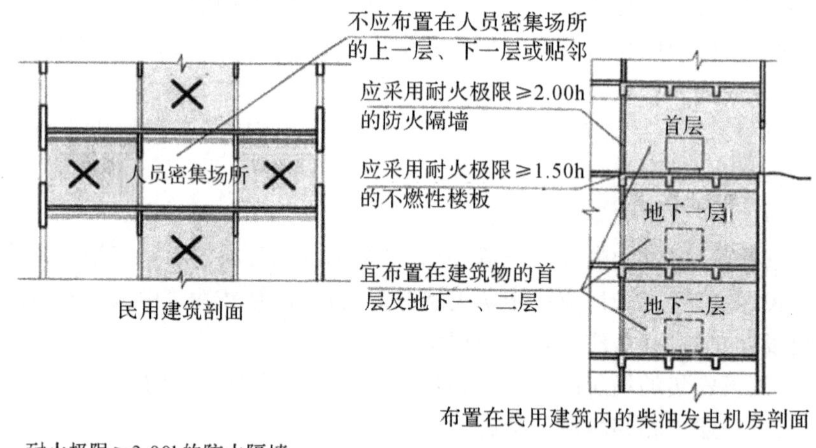

图5-5 布置在民用建筑内的柴油发电机房

(3)应采用耐火极限不低于2.00h的防火隔墙和1.50h的不燃性楼板与其他部位分隔，门应采用甲级防火门。

(4)机房内设置储油间时，其总储存量不应大于1m^3，储油间应采用耐火极限不低于3.00h的防火隔墙与发电机间分隔；确需在防火隔墙上开门时，应设置甲级防火门。

(5)应设置火灾报警装置。

(6)应设置与柴油发电机容量和建筑规模相适应的灭火设施，当建筑内其他部位设置自动喷水灭火系统时，机房内应设置自动喷水灭火系统。

(7)柴油机的排烟管、柴油机房的通风管、与储油间无关的电气线路等，不应穿过储油间。

(三)消防水泵房布置

消防水泵房需保证泵房内部设备在火灾情况下仍能正常工作，设备和进入房间进行操作的人员不会受到火灾威胁。消防水泵房的设置应符合下列规定：

(1)单独建造的消防水泵房，其耐火等级不应低于二级。

(2)附设在建筑内的消防水泵房，不应设置在地下三层及以下或室内地面与室外出入口地坪高差大于10m的地下楼层。

(3)疏散门应直通室外或安全出口，且开向疏散走道的门应采用甲级防火门。

(4)应采用耐火极限不低于2.00h的隔墙和1.50h的楼板与其他部位分隔。

(5)应采取防水淹的技术措施。

(四)消防控制室布置

设置火灾自动报警系统和需要联动控制的消防设备的建筑(群)应设置消防控制室。消防控制室的设置应符合下列规定：

(1)单独建造的消防控制室，其耐火等级不应低于二级。

(2)附设在建筑内的消防控制室，宜设置在建筑内首层或地下一层，并宜布置在靠外墙部位。

(3)不应设置在电磁场干扰较强及其他可能影响消防控制设备正常工作的房间附近。

(4)疏散门应直通室外或安全出口。

(5)消防控制室内的设备构成及其对建筑消防设施的控制与显示功能以及向远程监控系统传输相关信息的功能，应符合现行国家标准《火灾自动报警系统设计规范》(GB 50116)和《消防控制室通用技术要求》(GB 25506)的规定。

(6)应采用耐火极限不低于2.00h的防火隔墙和1.50h的楼板与其他部位分隔。

(7)开向建筑内的门应采用乙级防火门。

(8)应采取防水淹的技术措施。

(五)其他消防设备用房布置

附设在建筑物内的其他消防设备用房，如固定灭火系统的设备室、通风空气调节机房、防排烟机房等，应采用耐火极限不低于2.00h的隔墙和1.50h的楼板与其他部位分隔。

设置在丁、戊类厂房内的通风机房，应采用耐火极限不低于1.00h的隔墙和1.50h的楼板与其他部位分隔。

通风、空气调节机房和变配电室开向建筑内的门应采用甲级防火门，其他设备房间开向建筑内的门应采用乙级防火门。消防电梯机房与相邻普通电梯机房之间应设置耐火极限不低于 2.00h 的防火隔墙，隔墙上的门应采用甲级防火门。

三、人员密集场所布置

（一）剧场、电影院、礼堂

1. 平面布置要求

剧场、电影院、礼堂宜设置在独立的建筑内；采用三级耐火等级建筑时，不应超过 2 层；确需设置在其他民用建筑内时，至少应设置 1 个独立的安全出口和疏散楼梯，并应符合下列规定：

（1）应采用耐火极限不低于 2.00h 的防火隔墙和甲级防火门与其他区域分隔。

（2）设置在一、二级耐火等级的建筑内时，观众厅宜布置在首层、二层或三层；确需布置在四层及以上楼层时，一个厅、室的疏散门不应少于 2 个，且每个观众厅的建筑面积不宜大于 $400m^2$。

（3）设置在三级耐火等级的建筑内时，不应布置在三层及以上楼层。

（4）设置在地下或半地下时，宜设置在地下一层，不应设置在地下三层及以下楼层。

2. 消防设施的设置要求

（1）设置在高层建筑内时，应设置火灾自动报警系统及自动喷水灭火系统等。

（2）特等、甲等剧场，超过 800 个座位的其他等级的剧场和电影院等以及超过 1200 个座位的礼堂、体育馆等单、多层建筑，应设置室内消火栓系统。

（3）特等、甲等剧场，超过 1500 个座位的其他等级的剧场和电影院等以及超过 2000 个座位的会堂或礼堂，应设置自动灭火系统，并宜采用自动喷水灭火系统。

（4）特等、甲等剧场，超过 1500 个座位的其他等级的剧场，超过 2000 个座位的会堂或礼堂和高层民用建筑内超过 800 个座位的剧场或礼堂的舞台口及上述场所内与舞台相连的侧台、后台的洞口，宜设置水幕系统。

（5）特等、甲等剧场，超过 1500 个座位的其他等级剧场和超过 2000 个座位的会堂或礼堂的舞台葡萄架下部，应设置雨淋自动喷水灭火系统。

（6）建筑面积不小于 $400m^2$ 的演播室，建筑面积不小于 $500m^2$ 的电影摄影棚，应设置雨淋自动喷水灭火系统。

（7）特等、甲等剧场，超过 1500 个座位的其他等级的剧场或电影院，超过 2000 个座位的会堂或礼堂，应设置火灾自动报警系统。

3. 建筑构件的设置要求

剧场、电影院、礼堂的建筑构件的设置要求如图 5-7 所示，并应符合下列规定：

（1）剧场等建筑的舞台与观众厅之间的隔墙应采用耐火极限不低于 3.00h 的防火隔墙。

（2）舞台上部与观众厅闷顶之间的隔墙可采用耐火极限不低于 1.50h 的防火隔墙，隔墙上的门应采用乙级防火门。

（3）舞台下部的灯光操作室和可燃物储藏室应采用耐火极限不低于 2.00h 的防火隔墙与其他部位分隔。

（4）电影放映室、卷片室应采用耐火极限不低于 1.50h 的防火隔墙与其他部位分隔，观察孔和放映孔应采取防火分隔措施。

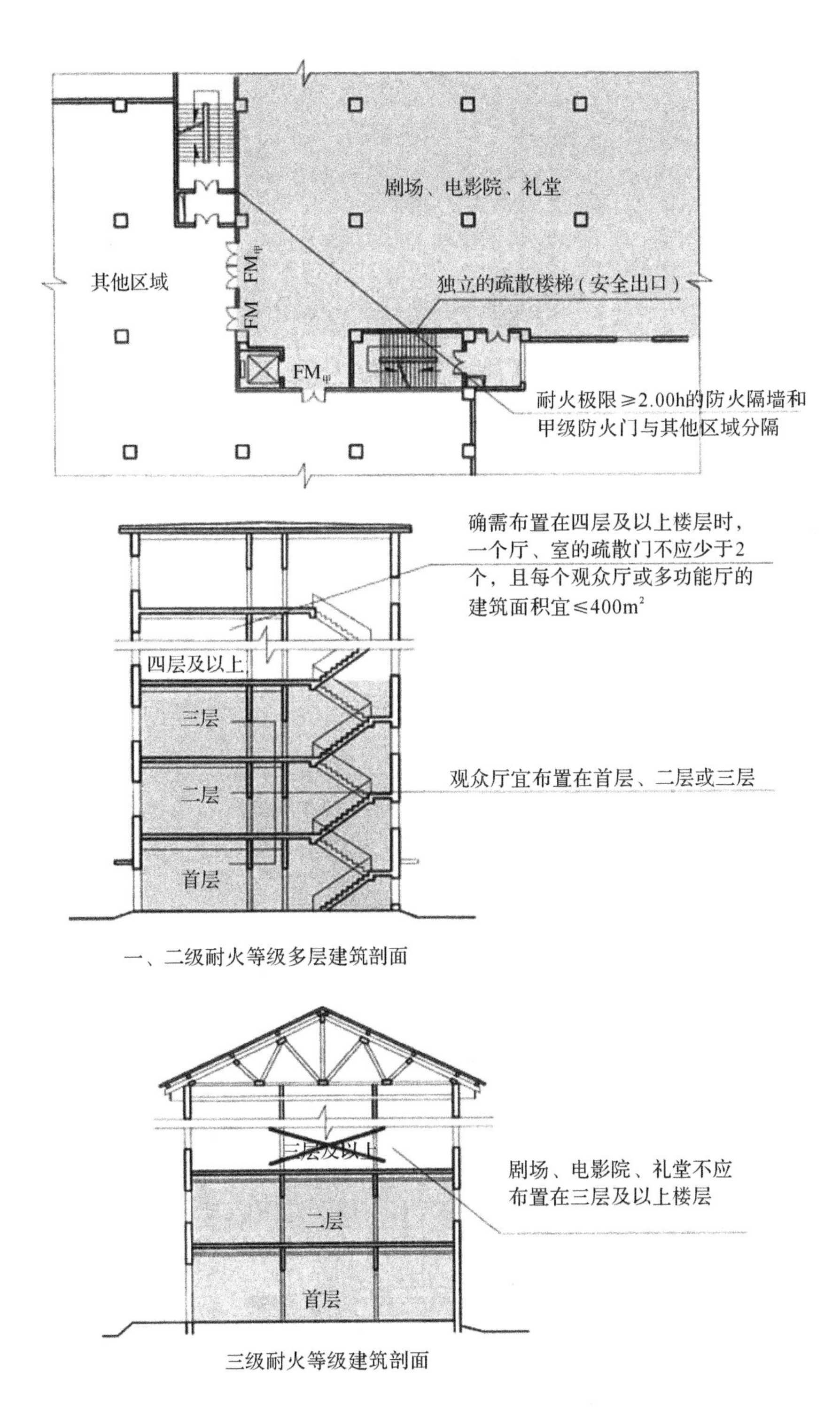

图 5-6　剧场、电影院、礼堂的平面布置

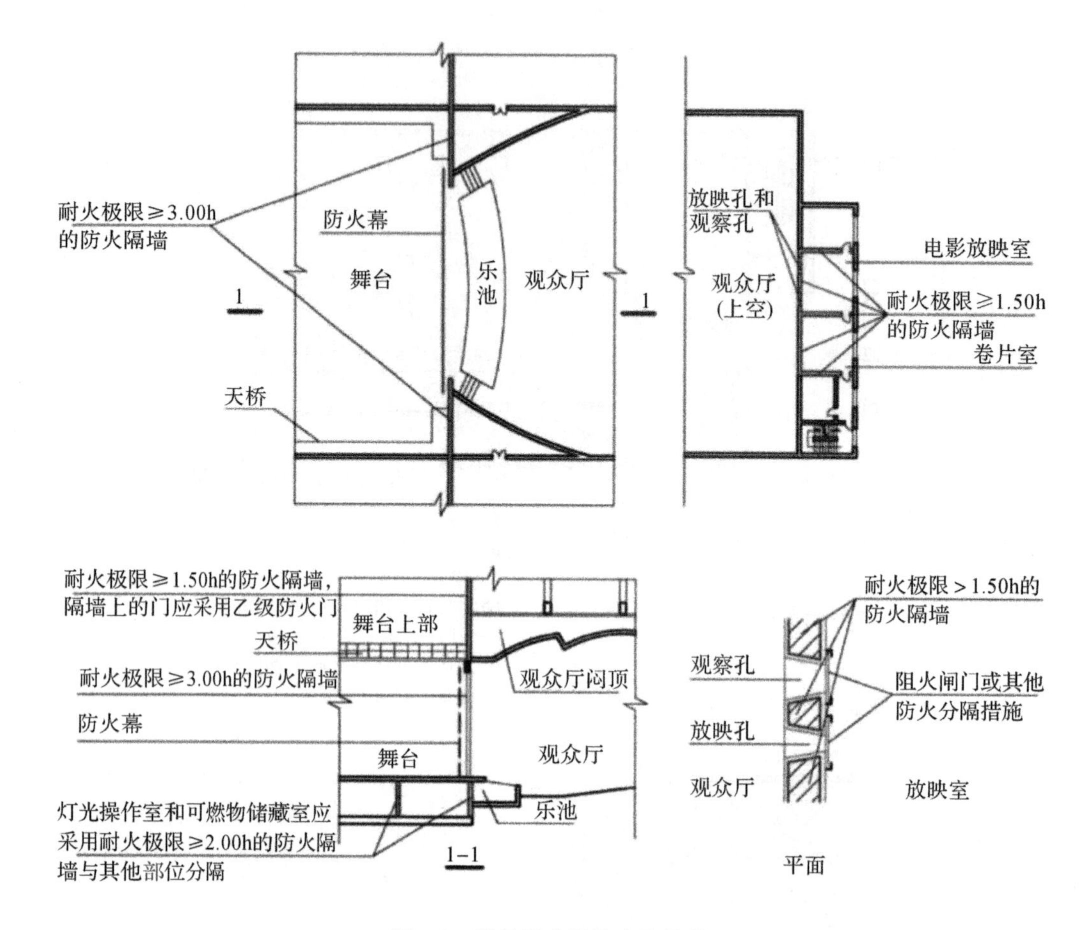

图 5-7 剧场等建筑的建筑构件

（二）会议厅、多功能厅

建筑内的会议厅、多功能厅等人员密集的场所，宜布置在首层、二层或三层。设置在三级耐火等级的建筑内时，不应布置在三层及以上楼层。确需布置在一、二级耐火等级建筑的其他楼层时，应符合下列规定：

(1)一个厅、室的疏散门不应少于 2 个，且建筑面积不宜大于 400m²。

(2)设置在地下或半地下时，宜设置在地下一层，不应设置在地下三层及以下楼层。

(3)设置在高层建筑内时，应设置火灾自动报警系统和自动喷水灭火系统等。

（三）歌舞娱乐放映游艺场所

歌舞厅、录像厅、夜总会、卡拉 OK 厅（含具有卡拉 OK 功能的餐厅）、游艺厅（含电子游艺厅）、桑拿浴室（不包括洗浴部分）、网吧等歌舞娱乐放映游艺场所（不含剧场、电影院）的布置应符合下列规定：

(1)不应布置在地下二层及以下楼层。

(2)宜布置在一、二级耐火等级建筑内的首层、二层或三层的靠外墙部位。

(3)不宜布置在袋形走道的两侧或尽端。

(4)确需布置在地下一层时，地下一层的地面与室外出入口地坪的高差不应大于 10m。

(5)确需布置在地下或四层及以上楼层时，一个厅、室的建筑面积不应大于 200m²。

(6)厅、室之间及与建筑的其他部位之间，应采用耐火极限不低于 2.00h 的防火隔墙和 1.00h 的不燃性楼板分隔，设置在厅、室墙上的门和该场所与建筑内其他部位相通的门均应采用乙级防火门。

(7)应设置火灾自动报警系统。

(8)高层民用建筑内的歌舞娱乐放映游艺场所应设置自动灭火系统，并宜采用自动喷水灭火系统。

(9)设置在地下或半地下或地上四层及以上楼层的歌舞娱乐放映游艺场所(除游泳场所外)，设置在首层、二层和三层且任一层建筑面积大于 300m² 的地上歌舞娱乐放映游艺场所(除游泳场所外)，应设置自动灭火系统，并宜采用自动喷水灭火系统。

(10)设置在一、二、三层且房间建筑面积大于 100m² 的歌舞娱乐放映游艺场所，设置在四层及以上楼层、地下或半地下的歌舞娱乐放映游艺场所，应设置排烟设施。

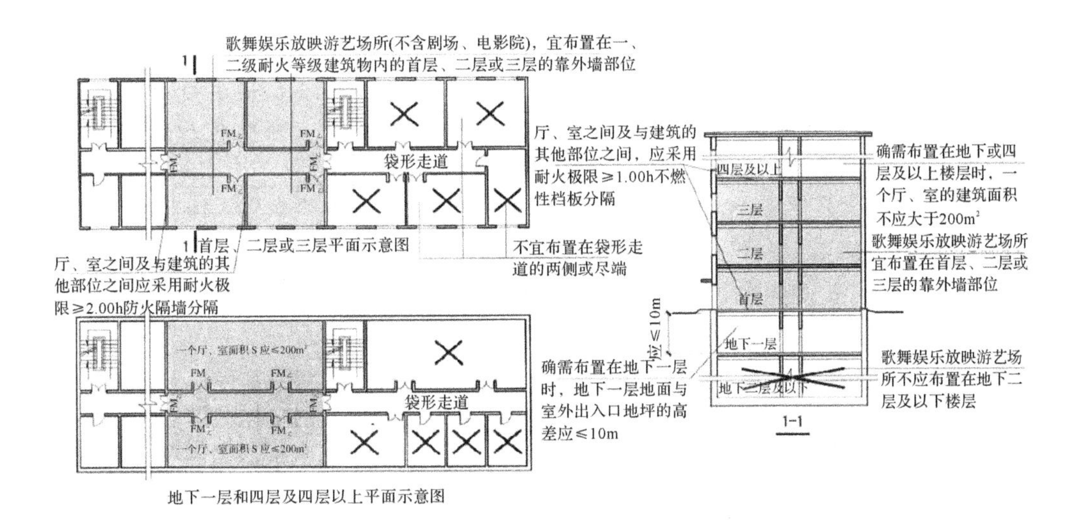

图 5-8　歌舞娱乐放映游艺场所的平面布置

(四)商店、展览建筑

商店建筑、展览建筑采用三级耐火等级建筑时，不应超过 2 层；采用四级耐火等级建筑时，应为单层。营业厅、展览厅设置在三级耐火等级的建筑内时，应布置在首层或二层；设置在四级耐火等级的建筑内时，应布置在首层。

营业厅、展览厅不应设置在地下三层及以下楼层。地下或半地下营业厅、展览厅不应经营、储存和展示甲、乙类火灾危险性物品。

占地面积大于 3000m² 的商店建筑、展览建筑等应设置环形消防车道，确有困难时，可沿建筑的两个长边设置消防车道。

体积大于 5000m³ 的展览建筑、商店建筑等应设置室内消火栓系统。

任一层建筑面积大于 1500m² 或总建筑面积大于 3000m² 的展览、商店，应设置自动灭火系统，并宜采用自动喷水灭火系统。

任一层建筑面积大于 1500m² 或总建筑面积大于 3000m² 的商店、展览、财贸金融、客运和货运等类似用途的建筑，总建筑面积大于 500m² 的地下或半地下商店，应设置火灾自动报警系统。

二类高层公共建筑内建筑面积大于 50m² 的可燃物品库房和建筑面积大于 500m² 的营业厅，应设置火灾自动报警系统。

（五）体育馆

超过 1200 个座位的体育馆应设置室内消火栓系统。

超过 3000 个座位的体育馆，超过 5000 人的体育场的室内人员休息室与器材间等，应设置自动灭火系统，并宜采用自动喷水灭火系统。

超过 3000 个座位的体育馆，应设置火灾自动报警系统。

超过 3000 个座位的体育馆应设置环形消防车道，确有困难时，可沿建筑的两个长边设置消防车道。

四、特殊场所布置

（一）老年人照料设施及儿童活动场所

“老年人照料设施”是指现行行业标准《老年人照料设施建筑设计标准》JGJ450－2018 中床位总数（可容纳老年人总数）大于或等于 20 床（人），为老年人提供集中照料服务的公共建筑，包括老年人全日照料设施和老年人日间照料设施。其他专供老年人使用的、非集中照料的设施或场所，如老年大学、老年活动中心等不属于老年人照料设施。

老年人照料设施宜独立设置。当老年人照料设施与其他建筑上、下组合时，老年人照料设施宜设置在建筑的下部，并应符合下列规定：

1）老年人照料设施部分的建筑层数、建筑高度或所在楼层位置的高度应符合下列规定：一、二级耐火等级老年人照料设施的建筑高度不宜大于 32m，不应大于 54m；三级耐火等级老年人照料设施，不应超过 2 层。

2）老年人照料设施部分应与其他场所进行防火分隔，防火分隔应符合下列规定：应采用耐火极限不低于 2.00h 的防火隔墙和 1.00h 的楼板与其他场所或部位分隔，墙上必须设置的门、窗应采用乙级防火门、窗。

当老年人照料设施中的老年人公共活动用房、康复与医疗用房设置在地下、半地下时，

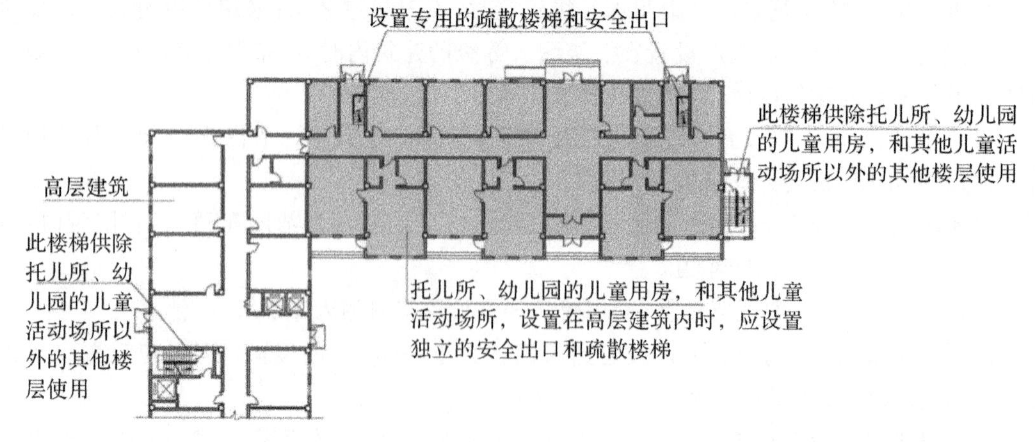

图 5-9　托儿所、幼儿园设置在高层建筑内的平面布置

应设置在地下一层，每间用房的建筑面积不应大于 $200m^2$ 且使用人数不应大于 30 人。老年人照料设施中的老年人公共活动用房、康复与医疗用房设置在地上四层及以上时，每间用房的建筑面积不应大于 $200m^2$ 且使用人数不应大于 30 人。

要求建筑面积大于 $200m^2$ 或使用人数大于 30 人的老年人公共活动用房设置在建筑的一、二、三层，可以方便聚集的人员在火灾时快速疏散，且不影响其他楼层的人员向地面进行疏散。

老年人照料设施中的老年人公共活动用房指用于老年人集中休闲、娱乐、健身等用途的房间，如公共休息室、阅览或网络室、棋牌室、书画室、健身房、教室、公共餐厅等。

老年人照料设施中的老年人生活用房指用于老年人起居、住宿、洗漱等用途的房间。

老年人照料设施中的康复与医疗用房指用于老年人诊疗与护理、康复治疗等用途的房间或场所。

"儿童活动场所"主要指设置在建筑内的儿童游乐厅、儿童乐园、儿童培训班、早教中心等类似用途的场所。

儿童的行为能力较弱，需要其他人协助进行疏散，因此，托儿所、幼儿园的儿童用房和儿童游乐厅等儿童活动场所宜设置在独立的建筑内，且不应设置在地下或半地下；当采用一、二级耐火等级的建筑时，不应超过 3 层；采用三级耐火等级的建筑时，不应超过 2 层；采用四级耐火等级的建筑时，应为单层；确需设置在其他民用建筑内时，应符合下列规定：

1）设置在一、二级耐火等级的建筑内时，应布置在首层、二层或三层。

2）设置在三级耐火等级的建筑内时，应布置在首层或二层。

3）设置在四级耐火等级的建筑内时，应布置在首层。

4）设置在高层建筑内时，应设置独立的安全出口和疏散楼梯。

5）设置在单、多层建筑内时，宜设置独立的安全出口和疏散楼梯。

6）附设在建筑内的托儿所、幼儿园的儿童用房和儿童游乐厅等儿童活动场所，应采用耐火极限不低于 2.00h 的防火隔墙和 1.00h 的楼板与其他场所或部位分隔，墙上必须设置的门、窗应采用乙级防火门、窗。

大、中型幼儿园及老年人照料设施，应设置火灾自动报警系统与自动灭火系统，并宜采用自动喷水灭火系统。

（二）医疗建筑

医院和疗养院的住院部分不应设置在地下或半地下。

医院和疗养院的住院部分采用三级耐火等级建筑时，不应超过 2 层；设置在三级耐火等级的建筑内时，应布置在首层或二层。

医院和疗养院的病房楼内相邻护理单元之间应采用耐火极限不低于 2.00h 的防火隔墙分隔，隔墙上的门应采用甲级防火门，设置在走道上的防火门应采用常开防火门。

医疗建筑内的手术室或手术部、产房、重症监护室、贵重精密医疗装备用房、储藏间、实验室、胶片室等，应采用耐火极限不低于 2.00h 的防火隔墙和 1.00h 的楼板与其他场所或部位分隔，墙上必须设置的门、窗应采用乙级防火门、窗。

体积大于 $5000m^3$ 的医疗建筑，应设置室内消火栓系统。

任一层建筑面积大于 $1500m^2$ 或总建筑面积大于 $3000m^2$ 的病房楼、门诊楼和手术部，应设置自动灭火系统，并宜采用自动喷水灭火系统。

任一层建筑面积大于1500m^2或总建筑面积大于3000m^2的疗养院的病房楼，不少于200张床位的医院门诊楼、病房楼和手术部等，应设置火灾自动报警系统。

（三）办公建筑、图书馆、教学建筑、食堂、菜市场等

教学建筑、食堂、菜市场采用三级耐火等级建筑时，不应超过2层；设置在三级耐火等级的建筑内时，应布置在首层或二层。

体积大于5000m^3的图书馆建筑，建筑高度大于15m或体积大于10000m^3的办公建筑、教学建筑，应设置室内消火栓系统。

藏书量超过50万册的图书馆，应设置自动灭火系统，并宜采用自动喷水灭火系统。

国家、省级或藏书量超过100万册的图书馆内的特藏库；中央和省级档案馆内的珍藏库和非纸质档案库；大、中型博物馆内的珍品库房；一级纸绢质文物的陈列室，应设置自动灭火系统，并宜采用气体灭火系统。

餐厅建筑面积大于1000m^2的餐馆或食堂，其烹饪操作间的排油烟罩及烹饪部位应设置自动灭火装置，并应在燃气或燃油管道上设置与自动灭火装置联动的自动切断装置。

食品工业加工场所内有明火作业或高温食用油的食品加工部位宜设置自动灭火装置。

图书或文物的珍藏库，每座藏书超过50万册的图书馆，重要的档案馆，应设置火灾自动报警系统。

五、住宅建筑及设置商业服务网点的住宅建筑

（一）住宅建筑

除商业服务网点外，住宅建筑与其他使用功能的建筑合建时，应符合下列规定：

(1)住宅与非住宅功能合建时，除汽车库的疏散出口外，住宅部分与非住宅部分之间应采用耐火极限不低于2.00h，且无开口的防火隔墙和耐火极限不低于2.00h的不燃性楼板完全分隔。建筑外墙上、下层开口之间的防火措施应符合现行国家标准《建筑设计防火规范》(GB 50016)的规定。

(2)住宅部分与非住宅部分的安全出口和疏散楼梯应分别独立设置；为住宅部分服务的地上车库应设置独立的疏散楼梯或安全出口，地下车库的疏散楼梯应按现行标准《建筑设计防火规范》(GB 50016)的规定进行分隔。

(3)住宅部分和非住宅部分的安全疏散、防火分区和室内消防设施配置，可根据各自的建筑高度分别按照《建筑设计防火规范》(GB 50016)中有关住宅建筑和公共建筑的规定执行；该建筑的其他防火设计应根据建筑的总高度和建筑规模按《建筑设计防火规范》(GB 50016)中有关公共建筑的规定执行。

（二）设置商业服务网点的住宅建筑

设置商业服务网点的住宅建筑，其居住部分与商业服务网点之间应采用耐火极限不低于2.00h且无门、窗、洞口的防火隔墙和1.50h的不燃性楼板完全分隔，住宅部分和商业服务网点部分的安全出口和疏散楼梯应分别独立设置。

商业服务网点中每个分隔单元之间应采用耐火极限不低于2.00h且无门、窗、洞口的防火隔墙相互分隔，当每个分隔单元任一层建筑面积大于200m^2时，该层应设置2个安全出口或疏散门。每个分隔单元内的任一点至最近直通室外的出口的直线距离不应大于现行国家标准《建筑设计防火规范》(GB 50016)中有关多层其他建筑位于袋形走道两侧或尽端的

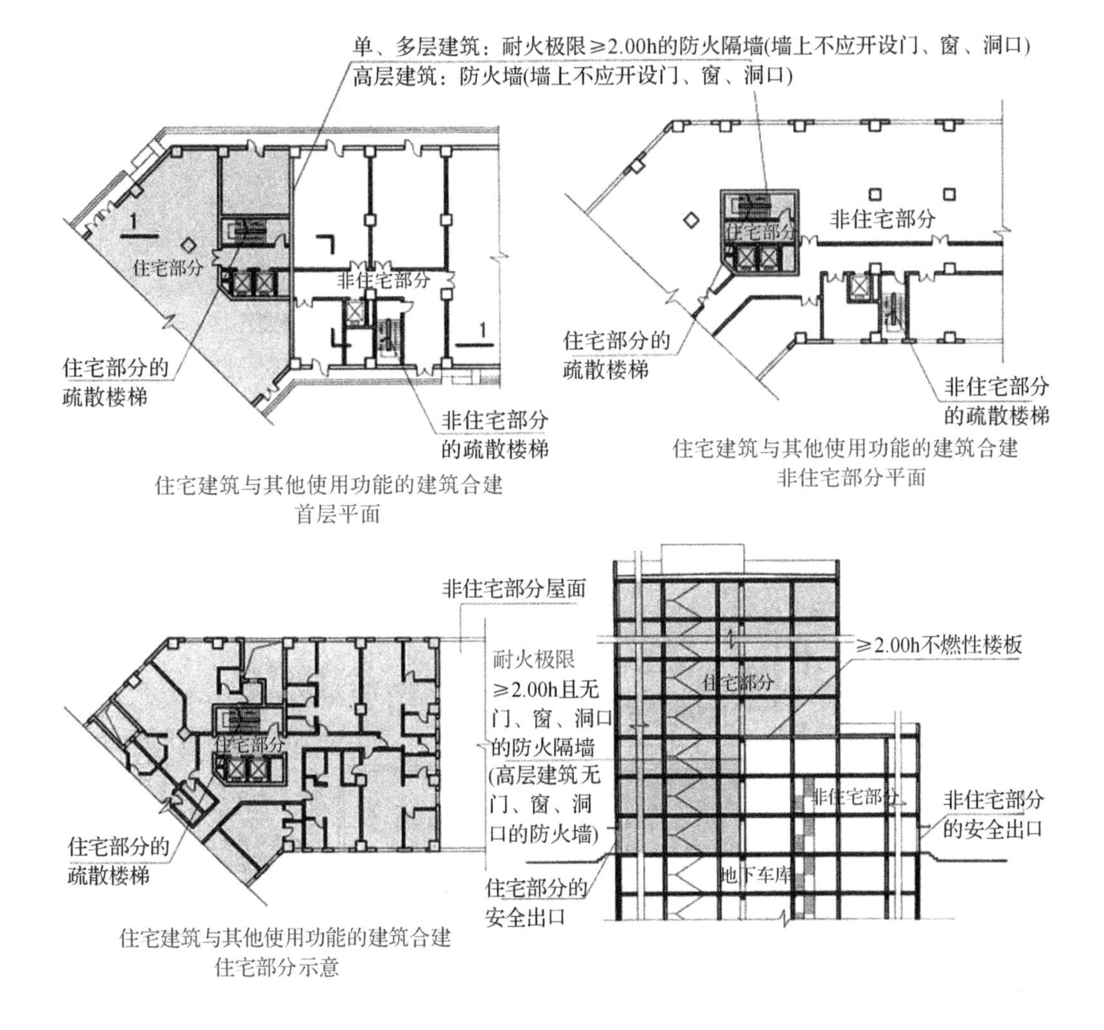

图 5-10　住宅建筑与其他使用功能的建筑合建时的平面布置

疏散门至最近安全出口的最大直线距离，室内楼梯的距离可按其水平投影长度的 1.50 倍计算。

六、步行街

有顶棚的商业步行街，其主要特征为：零售、餐饮和娱乐等中小型商业设施或商铺通过有顶棚的步行街连接，步行街两端均有开放的出入口并具有良好的自然通风或排烟条件，步行街两侧均为建筑面积较小的商铺，一般不大于 300m²。

有顶棚的商业步行街与商业建筑内的中庭的主要区别在于，步行街如果没有顶棚，则步行街两侧的建筑就成为相对独立的多座不同建筑，而中庭则不能。此外，步行街两侧的建筑不会因步行街上部设置了顶棚而明显增大火灾蔓延的危险，也不会导致火灾烟气在该空间内明显积聚。因此，其防火设计也有别于建筑内的中庭。

餐饮、商店等商业设施通过有顶棚的步行街连接，且步行街两侧的建筑需利用步行街进行安全疏散时，应符合下列规定：

(1)步行街两侧建筑的耐火等级不应低于二级。

(2)步行街两侧建筑相对面的最近距离均不应小于对相应高度建筑的防火间距要求且不应小于9m。步行街的端部在各层均不宜封闭,确需封闭时,应在外墙上设置可开启的门窗,且可开启门窗的面积不应小于该部位外墙面积的一半。步行街的长度不宜大于300m。

(3)步行街两侧建筑的商铺之间应设置耐火极限不低于2.00h的防火隔墙,每间商铺的建筑面积不宜大于300m^2。

(4)步行街两侧建筑的商铺,其面向步行街一侧的围护构件的耐火极限不应低于1.00h,并宜采用实体墙,其门、窗应采用乙级防火门、窗;当采用防火玻璃墙(包括门、窗)时,其耐火隔热性和耐火完整性不应低于1.00h;当采用耐火完整性不低于1.00h的非隔热性防火玻璃墙(包括门、窗)时,应设置闭式自动喷水灭火系统进行保护。相邻商铺之间面向步行街一侧应设置宽度不小于1.0m、耐火极限不低于1.00h的实体墙。

当步行街两侧的建筑为多层时,每层面向步行街一侧的商铺均应设置防止火灾竖向蔓延的措施;设置回廊或挑檐时,其出挑宽度不应小于1.2m;步行街两侧的商铺在上部各层需设置回廊和连接天桥时,应保证步行街上部各层的开口面积不应小于步行街地面面积的37%,且开口宜均匀布置。

(5)步行街两侧建筑内的疏散楼梯应靠外墙设置并宜直通室外,确有困难时,可在首层直接通至步行街;首层商铺的疏散门可直接通至步行街,步行街内任一点到达最近室外安全地点的步行距离不应大于60m。步行街两侧建筑二层及以上各层商铺的疏散门至该层最近疏散楼梯口或其他安全出口的直线距离不应大于37.5m。

(6)步行街的顶棚材料应采用不燃或难燃材料,其承重结构的耐火极限不应低于1.00h。步行街内不应布置可燃物。

(7)步行街的顶棚下檐距地面的高度不应小于6.0m,顶棚应设置自然排烟设施并宜采用常开式的排烟口,且自然排烟口的有效面积不应小于步行街地面面积的25%。常闭式自然排烟设施应能在火灾时手动和自动开启。

(8)步行街两侧建筑的商铺外应每隔30m设置DN65的消火栓,并应配备消防软管卷盘或消防水龙,商铺内应设置自动喷水灭火系统和火灾自动报警系统;每层回廊均应设置自动喷水灭火系统。步行街内宜设置自动跟踪定位射流灭火系统。

(9)步行街两侧建筑的商铺内外均应设置疏散照明、灯光疏散指示标志和消防应急广播系统。

七、工业建筑附属用房布置

(一)办公室、休息室

(1)员工宿舍严禁设置在厂房、仓库内,如图5-11所示。

(2)办公室、休息室等不应设置在甲、乙类厂房内,确需贴邻本厂房时,其耐火等级不应低于二级,并应采用耐火极限不低于3.00h的防爆墙与厂房分隔,且应设置独立的安全出口,如图5-12所示。

甲、乙类生产过程中发生的爆炸,冲击波有很大的摧毁力,用普通的砖墙很难抗御,即使原来墙体耐火极限很高,也会因墙体破坏失去防护作用。为保证人身安全,要求有爆炸危险的厂房内不应设置休息室、办公室等,确因条件限制需要设置时,应采用能够抵御相应爆炸

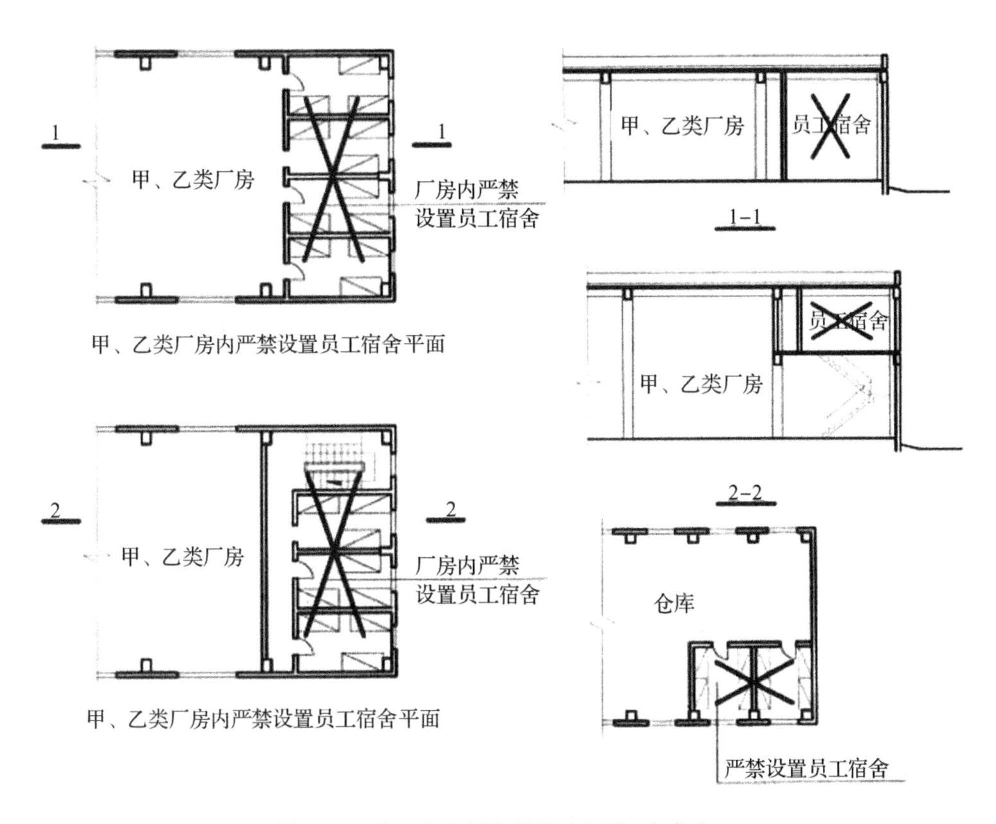

图 5-11 员工宿舍严禁设置在厂房、仓库内

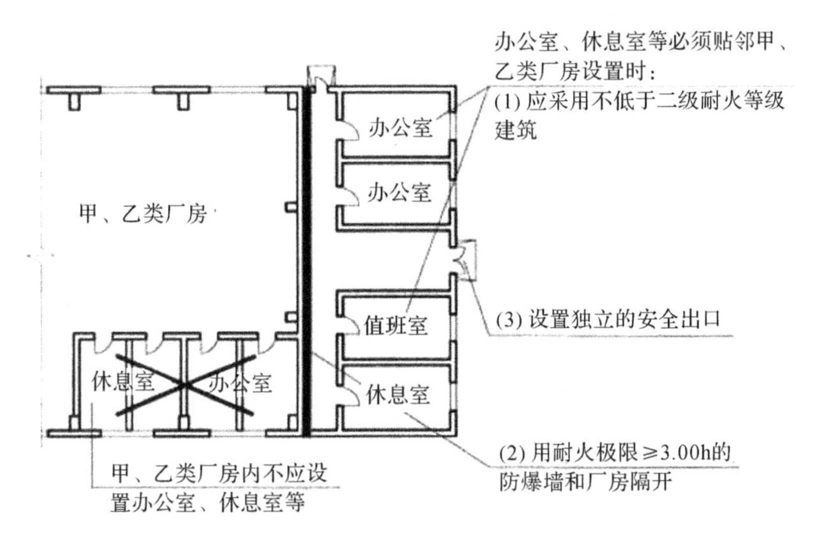

图 5-12 办公室、休息室贴邻甲、乙类厂房设置平面

作用的墙体分隔。

防爆墙为在墙体任意一侧受到爆炸冲击波作用并达到设计压力时，能够保持设计所要求的防护性能的实体墙体。防爆墙的通常做法有：钢筋混凝土墙、砖墙配筋和夹砂钢木板。防爆墙的设计，应根据生产部位可能产生的爆炸超压值、地压面积大小、爆炸的概率，结合工

艺和建筑中采取的其他防爆措施与建造成本等情况综合考虑进行。

(3)办公室、休息室设置在丙类厂房内时，应采用耐火极限不低于 2.00h 的防火隔墙和 1.00h 的楼板与其他部位分隔，并应至少设置 1 个独立的安全出口。如隔墙上需开设相互连通的门时，应采用乙级防火门。

在丙类厂房内设置用于管理、控制或调度生产的办公房间以及工人的中间临时休息室，要采用规定的耐火构件与生产部分隔开，并设置不经过生产区域的疏散楼梯、疏散门等直通厂房外，为方便沟通而设置的、与生产区域相通的门要采用乙级防火门，如图 5-13 所示。

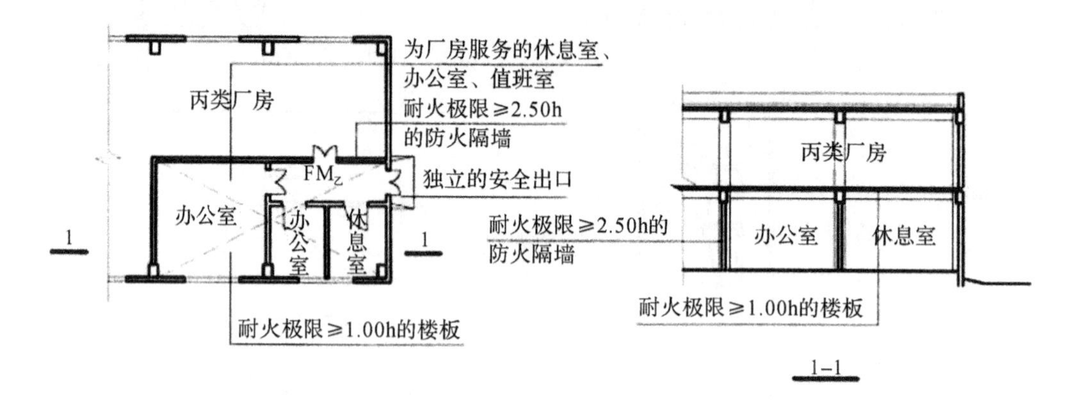

图 5-13　丙类厂房内设置办公室、休息室平面

(4)办公室、休息室等严禁设置在甲、乙类仓库内，也不应贴邻，如图 5-14 所示。

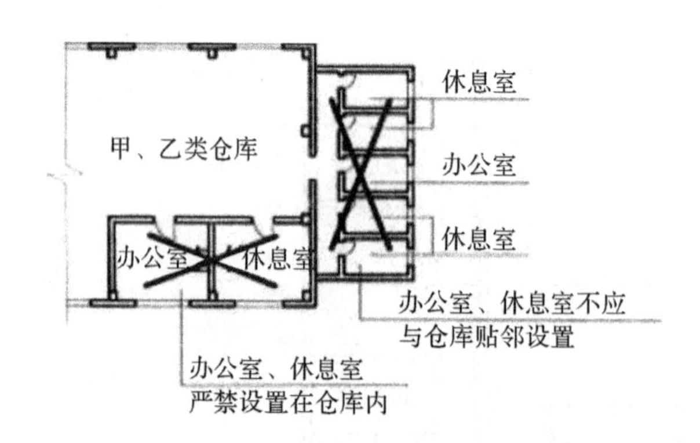

图 5-14　办公室、休息室与甲、乙类仓库设置平面

(5)办公室、休息室设置在丙、丁类仓库内时，应采用耐火极限不低于 2.00h 的防火隔墙和 1.00h 的楼板与其他部位分隔，并应设置独立的安全出口。隔墙上需开设相互连通的门时，应采用乙级防火门，如图 5-15 所示。

(二)中间仓库

中间仓库是指为满足日常连续生产需要，在厂房内存放从仓库或上道工序的厂房(或车间)取得的原材料、半成品、辅助材料的场所。

厂房内设置中间仓库时，应符合下列规定，如图 5-16 所示。

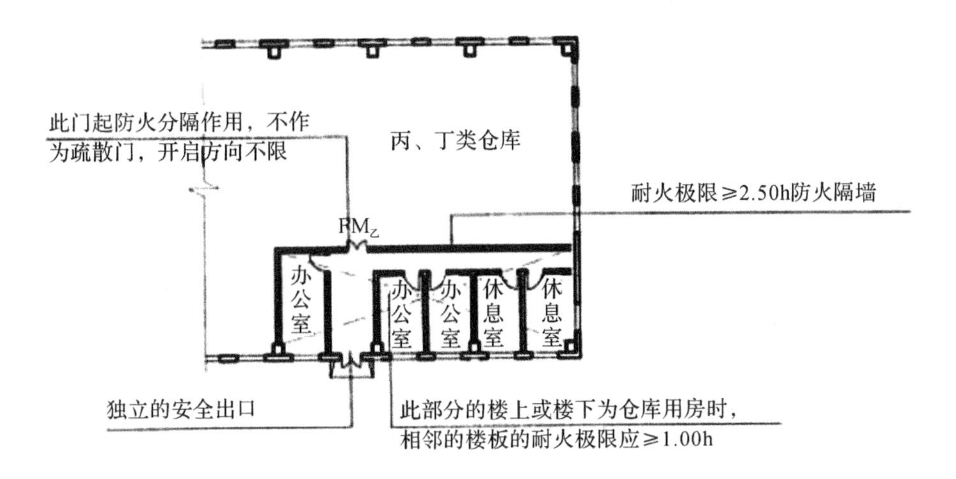

图 5-15　丙、丁类仓库内设置办公室、休息室平面

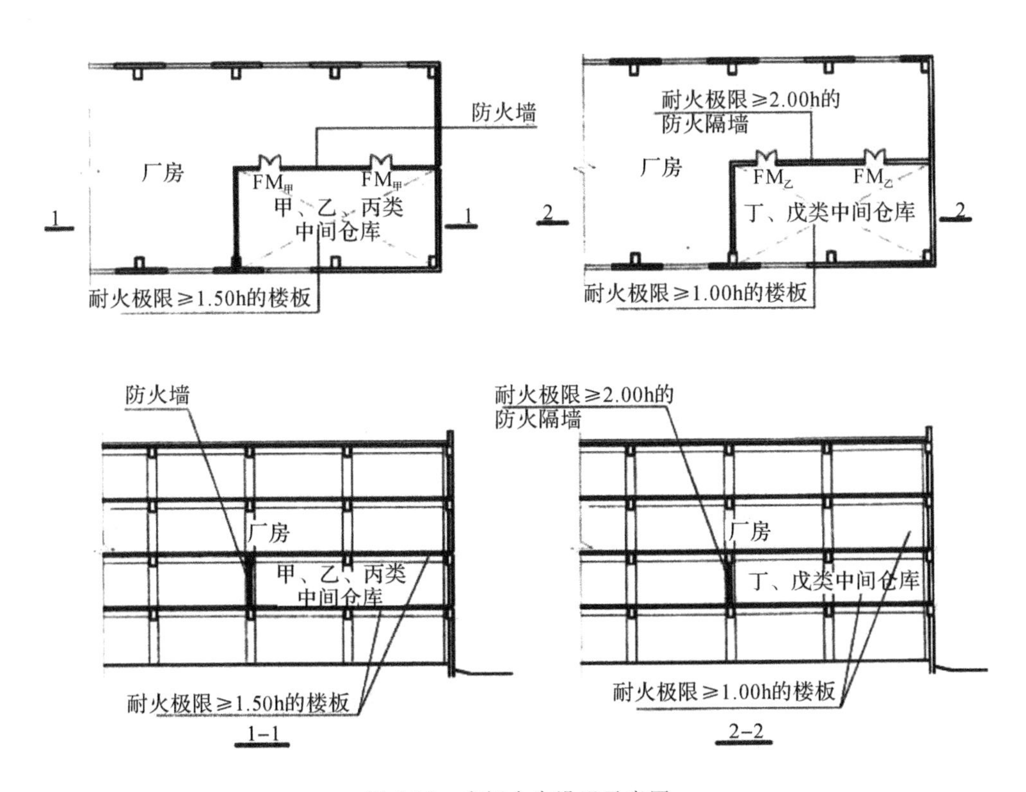

图 5-16　中间仓库设置示意图

(1)甲、乙类中间仓库应靠外墙布置，其储量不宜超过一昼夜的需要量。

中间仓库不仅要求靠外墙设置，有条件时，中间仓库还要尽量设置直通室外的出口。

对于甲、乙类物品中间仓库，由于工厂规模、产品不同，一昼夜需用量的绝对值有大有小，难以规定一个具体的限量数据，中间仓库的储量要尽量控制在一昼夜的需用量内。需用量较少的厂房，如有的手表厂用于清洗的汽油，每昼夜需用量只有 20kg，可适当调整到存放

1～2昼夜的用量；如一昼夜需用量较大，则要严格控制为一昼夜用量。

(2)甲、乙、丙类中间仓库应采用防火墙和耐火极限不低于1.50h的不燃性楼板与其他部位分隔。

甲、乙、丙类仓库的火灾危险性和危害性大，故厂房内的这类中间仓库要采用防火墙进行分隔，甲、乙类仓库还需考虑墙体的防爆要求，保证发生火灾或爆炸时，不会危及生产区。

(3)丁、戊类中间仓库应采用耐火极限不低于2.00h的防火隔墙和1.00h的楼板与其他部位分隔。

对于丙、丁、戊类物品中间仓库，为减小库房火灾对建筑的危害，火灾危险性较大的物品库房要尽量设置在建筑的上部。

(4)仓库的耐火等级和面积应符合《建筑设计防火规范》(GB 50016)的规定。

(三)液体中间储罐

厂房中的丙类液体中间储罐应设置在单独房间内，其容积不应大于$5m^3$。设置中间储罐的房间，应采用耐火极限不低于3.00h的防火隔墙和1.50h的楼板与其他部位分隔，房间的门应采用甲级防火门。

八、物流建筑

物流建筑的类型主要有作业型、存储型和综合型，以丙、丁类物品收发、储存、装卸、搬运、分拣、物流加工等活动为主。不同类型物流建筑的防火要求也要有所区别，其防火设计应符合下列规定：

(1)当建筑功能以分拣、加工等作业为主时，应按有关厂房的规定确定，其中仓储部分应按中间仓库确定。

(2)当建筑功能以仓储为主或建筑难以区分主要功能时，应按有关仓库的规定确定，但当分拣等作业区采用防火墙与储存区完全分隔时，作业区和储存区的防火要求可分别按有关厂房和仓库的规定确定。其中，当分拣等作业区采用防火墙与储存区完全分隔且符合下列条件时，除自动化控制的丙类高架仓库外，储存区的防火分区最大允许建筑面积和储存区部分建筑的最大允许占地面积，可按表5-4(不含注)的规定增加3.0倍：

①储存除可燃液体、棉、麻、丝、毛及其他纺织品、泡沫塑料等物品外的丙类物品且建筑的耐火等级不低于一级；

②储存丁、戊类物品且建筑的耐火等级不低于二级；

③建筑内全部设置自动水灭火系统和火灾自动报警系统。

(3)丙、丁类物流建筑应符合下列规定：

①建筑的耐火等级不应低于二级；

②物流作业区域和辅助办公区域应分别设置独立的安全出口或疏散楼梯；

③物流作业区域与辅助办公区域之间应采用耐火极限不低于3.00h的防火隔墙和耐火极限不低于2.00h的楼板分隔。

第三节 防火分隔设施

对建筑物进行防火分区的划分是通过防火分隔构件来实现的。具有阻止火势蔓延的功能,能把整个建筑空间划分成若干较小防火空间的建筑构件称防火分隔构件。防火分隔构件可分为固定式和可开启关闭式两种。固定式包括普通砖墙、楼板、防火墙等,可开启关闭式包括防火门、防火窗、防火卷帘、防火水幕等。

一、水平防火分区分隔设施

(一)防火隔墙

防火隔墙(Fire Partition Wall)是指建筑内防止火灾蔓延至相邻区域且耐火极限不低于规定要求的不燃性墙体。

建筑内的防火隔墙应从楼地面基层隔断至梁、楼板或屋面板的底面基层。为有效控制火势和烟气蔓延,特别是烟气对人员安全的威胁,如旅馆、公共娱乐场所等人员密集场所内的防火隔墙,应注意将隔墙从地面或楼面砌至上一层楼板或屋面板底部。楼板与隔墙之间的缝隙、穿越墙体的管道及其缝隙、开口等应按照《建筑设计防火规范》(GB 50016)的规定采取防火措施。

住宅分户墙和单元之间的墙应隔断至梁、楼板或屋面板的底面基层,屋面板的耐火极限不应低于0.50h。在单元式住宅中,分户墙是主要的防火分隔墙体,户与户之间进行较严格的分隔,保证火灾不相互蔓延,也是确保住宅建筑防火安全的重要措施。要求单元之间的墙应无门窗洞口,单元之间的墙砌至屋面板底部,可使该隔墙真正起到防火隔断作用,从而把火灾限制在着火的一户内或一个单元之内。

(二)防火墙

防火墙(Fire Wall)是指防止火灾蔓延至相邻建筑或相邻水平防火分区且耐火极限不低于3.00h的不燃性墙体。防火墙是分隔水平防火分区或防止建筑间火灾蔓延的重要分隔构件,对于减少火灾损失发挥着重要作用。能在火灾初期和灭火过程中,将火灾有效地限制在一定空间内,阻断火灾在防火墙一侧而不蔓延到另一侧。在设置时应满足下列要求:

(1)防火墙应直接设置在建筑的基础或框架、梁等承重结构上,框架、梁等承重结构的耐火极限不应低于防火墙的耐火极限。

防火墙应从楼地面基层隔断至梁、楼板或屋面板的底面基层。当高层厂房(仓库)屋顶承重结构和屋面板的耐火极限低于1.00h,其他建筑屋顶承重结构和屋面板的耐火极限低于0.50h时,防火墙应高出屋面0.5m以上。

(2)防火墙横截面中心线水平距离天窗端面小于4.0m,且天窗端面为可燃性墙体时,应采取防止火势蔓延的措施。

(3)建筑外墙为难燃性或可燃性墙体时,防火墙应凸出墙的外表面0.4m以上,且防火墙两侧的外墙应为宽度不小于2.0m的不燃性墙体,其耐火极限不应低于外墙的耐火极限。

建筑外墙为不燃性墙体时,防火墙可不凸出墙的外表面,紧靠防火墙两侧的门、窗、洞口之间最近边缘的水平距离不应小于2.0m；采取设置乙级防火窗等防止火灾水平蔓延的措施时，该距离不限。

(4)建筑内的防火墙不宜设置在转角处，确需设置时，内转角两侧墙上的门、窗、洞口之间最近边缘的水平距离不应小于4.0m；采取设置乙级防火窗等防止火灾水平蔓延的措施时，该距离不限。

(5)防火墙上不应开设门、窗、洞口，确需开设时，应设置不可开启或火灾时能自动关闭的甲级防火门、窗。

可燃气体和甲、乙、丙类液体的管道严禁穿过防火墙。防火墙内不应设置排气道。

(6)除可燃气体和甲、乙、丙类液体的管道外的其他管道不宜穿过防火墙，确需穿过时，应采用防火封堵材料将墙与管道之间的空隙紧密填实，穿过防火墙处的管道保温材料，应采用不燃材料；当管道为难燃及可燃材料时，应在防火墙两侧的管道上采取防火措施。

(7)防火墙的构造应能在防火墙任意一侧的屋架、梁、楼板等受到火灾的影响而被破坏时，不会导致防火墙倒塌。

(三)防火门、窗

1. 防火门

防火门(Fire Door Set)是指由门框、门扇及五金配件等组成，具有一定耐火性能的门组件。所述的门组件中，还可以包括门框上面的亮窗、门扇中的视窗以及各种防火密封件等辅助材料。建筑中设置的防火门，应保证门的防火和防烟性能符合现行国家标准《防火门》(GB 12955)的有关规定，并经消防产品质量检测中心检测试验认证后才能使用。

防火门的分类、代号与标记如下。

(1)按材质分类及代号

①木质防火门，代号:MFM。用难燃木材或难燃木材制品作门框、门扇骨架、门扇面板，门扇内若填充材料，则填充对人体无毒无害的防火隔热材料，并配以防火五金配件所组成的防火门。

②钢质防火门，代号:GFM。用钢质材料制作门框、门扇骨架和门扇面板，门扇内若填充材料，则填充对人体无毒无害的防火隔热材料，并配以防火五金配件所组成的防火门。

③钢木质防火门，代号:GMFM。用钢质和难燃木质材料或难燃木材制品制作门框、门扇骨架、门扇面板，门扇内若填充材料，则填充对人体无毒无害的防火隔热材料，并配以防火五金配件所组成的防火门。

④其他材质防火门，代号:* *FM(* *代表其他材质的具体表述大写拼音字母)。采用除钢质、难燃木材或难燃木材制品之外的无机不燃材料或部分采用钢质、难燃木材、难燃木材制品制作门框、门扇骨架、门扇面板，门扇内若填充材料，则填充对人体无毒无害的防火隔热材料，并配以防火五金配件所组成的防火门。

(2)按门扇数量分类及代号

①单扇防火门，代号为1。

②双扇防火门，代号为2。

③多扇防火门(含有两个以上门扇的防火门)，代号为用数字表示的门扇数量。

(3)按结构形式分类及代号

①门扇上带防火玻璃的防火门，代号为b。

②防火门门框：门框双槽口代号为 s，单槽口代号为 d。

③带亮窗防火门，代号为 l。

④带玻璃带亮窗防火门，代号为 bl。

⑤无玻璃防火门，代号略。

(4)按耐火性能分类及代号

防火门按耐火性能的分类及代号如表 5-7 所示。

表 5-7　防火门按耐火性能分类及代号

名　称	耐火性能		代　号
隔热防火门 (A 类)	耐火隔热性≥0.50 h 耐火完整性≥0.50 h		A0.50(丙级)
	耐火隔热性≥1.00 h 耐火完整性≥1.00 h		A1.00(乙级)
	耐火隔热性≥1.50 h 耐火完整性≥1.50 h		A1.50(甲级)
	耐火隔热性≥2.00 h 耐火完整性≥2.00 h		A2.00
	耐火隔热性≥3.00 h 耐火完整性≥3.00 h		A3.00
部分隔热防火门 (B 类)	耐火隔热性≥0.50 h	耐火完整性≥1.00 h	B1.00
		耐火完整性≥1.50 h	B1.50
		耐火完整性≥2.00 h	B2.00
		耐火完整性≥3.00 h	B3.00
非隔热防火门 (C 类)	耐火完整性≥1.00 h		C1.00
	耐火完整性≥1.50 h		C1.50
	耐火完整性≥2.00 h		C2.00
	耐火完整性≥3.00 h		C3.00

(5)其他代号、标记

有下框的防火门代号为 k。

门扇顺时针方向关闭代号为 5。

门扇逆时针方向关闭代号为 6。

示例 1：GFM-0924-bslk5 A1.50(甲级)-1。表示隔热(A 类)钢质防火门，其洞口宽度为 900mm，洞口高度为 2400mm，门扇镶玻璃、门框双槽口、带亮窗、有下框，门扇顺时针方向关闭，耐火完整性和耐火隔热性的时间均不小于 1.50h 的甲级单扇防火门。

示例 2：MFM-1221-d6B1.00-2。表示半隔热(B 类)木质防火门，其洞口宽度为 1200mm，洞口高度为 2100mm，门扇无玻璃、门框单槽口、无亮窗、无下框，门扇逆时针方向关闭，其耐火完整性的时间不小于 1.00h、耐火隔热性的时间不小于 0.50h 的双扇防火门。

防火门的设置要求：

(1)疏散通道在防火分区处应设置常开甲级防火门，如图 5-17 所示。

(2)设置在建筑内经常有人通行处的防火门宜采用常开防火门。常开防火门应能在火灾时自行关闭，并应具有信号反馈的功能。

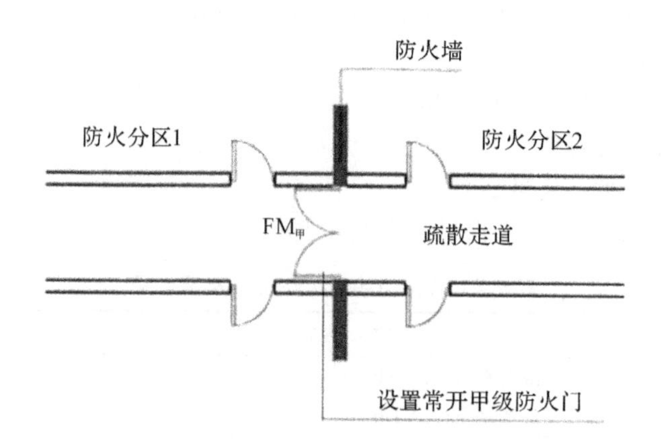

图 5-17 疏散通道在防火分区处设置常开甲级防火门

(3)除允许设置常开防火门的位置外,其他位置的防火门均应采用常闭防火门。常闭防火门应在其明显位置设置“保持防火门关闭”等提示标识。

(4)除管井检修门和住宅的户门外,防火门应具有自行关闭功能。双扇防火门应具有按顺序自行关闭的功能。

(5)除特殊规定外,防火门应能在其内外两侧手动开启。

(6)设置在建筑变形缝附近时,防火门应设置在楼层较多的一侧,并应保证防火门开启时门扇不跨越变形缝。

(7)防火门关闭后应具有防烟性能。

(8)甲、乙、丙级防火门应符合现行国家标准《防火门》(GB 12955)的规定。

下列部位的门应为甲级防火门:

(1)设置在防火墙上的门、疏散走道在防火分区处设置的门。

(2)设置在耐火极限要求不低于 3.00h 的防火隔墙上的门。

(3)电梯间、疏散楼梯间与汽车库连通的门。

(4)室内开向避难走道前室的门、避难间的疏散门。

(5)多层乙类仓库和地下、半地下及多、高层丙类仓库中从库房通向疏散走道或疏散楼梯间的门。

除建筑直通室外和屋面的门可采用普通门外,下列部位的门的耐火性能不应低于乙级防火门的要求,且其中建筑高度大于 100m 的建筑相应部位的门应为甲级防火门:

(1)甲、乙类厂房,多层丙类厂房,人员密集的公共建筑和其他高层工业与民用建筑中封闭楼梯间的门。

(2)防烟楼梯间及其前室的门。

(3)消防电梯前室或合用前室的门。

(4)前室开向避难走道的门。

(5)地下、半地下及多、高层丁类仓库中从库房通向疏散走道或疏散楼梯的门。

(6)歌舞娱乐放映游艺场所中的房间疏散门。

(7)从室内通向室外疏散楼梯的疏散门。

(8)设置在耐火极限要求不低于 2.00h 的防火隔墙上的门。

电气竖井、管道井、排烟道、排气道、垃圾道等竖井井壁上的检查门，应符合下列规定：

(1)对于埋深大于10m的地下建筑或地下工程，应为甲级防火门。

(2)对于建筑高度大于100m的建筑，应为甲级防火门。

(3)对于层间无防火分隔的竖井和住宅建筑的合用前室，门的耐火性能不应低于乙级防火门的要求。

(4)对于其他建筑，门的耐火性能不应低于丙级防火门的要求，当竖井在楼层处无水平防火分隔时，门的耐火性能不应低于乙级防火门的要求。

平时使用的人民防空工程中代替甲级防火门的防护门、防护密闭门、密闭门，耐火性能不应低于甲级防火门的要求，且不应用于平时使用的公共场所的疏散出口处。

2. 防火窗

防火窗(Fire Window Assembly)是由窗框、窗扇及五金配件等部件组成，具有一定耐火性能的窗组件，一般设置在防火间距不足部位的建筑外墙上的开口或天窗部位，建筑内的防火墙或防火隔墙上需要观察的部位以及需要防止火灾竖向蔓延的外墙开口部位。

(1)防火窗按照安装方法可分固定式防火窗与活动式防火窗。

固定式防火窗，无可开启窗扇的防火窗，不能开启，平时可以采光，遮挡风雨，发生火灾时可以阻止火势蔓延。

活动式防火窗，有可开启窗扇，且装配有窗扇启闭控制装置的防火窗，能够开启和关闭，起火时可以自动关闭，阻止火势蔓延，开启后可以排除烟气，平时还可以采光和通风。活动式防火窗中，控制活动窗扇开启、关闭的装置应具有手动控制启闭窗扇功能，且至少具有易熔合金件或玻璃球等热敏感元件自动控制关闭窗扇的功能。活动式防火窗的窗扇自动关闭时间不应大于60s。

(2)防火窗按照材质可分为：钢质防火窗、木质防火窗、钢木复合防火窗和其他材质防火窗。

(3)防火窗按耐火性能分为隔热防火窗和非隔热防火窗，如表5-8所示。

表5-8　防火窗按耐火性能分类及其代号

耐火性能分类	耐火等级代号	耐火性能
隔热防火窗，A	A0.50(丙级)	耐火隔热性≥0.50h，且耐火完整性≥0.50h
	A1.00(乙级)	耐火隔热性≥1.00h，且耐火完整性≥1.00h
	A1.50(甲级)	耐火隔热性≥1.50h，且耐火完整性≥1.50h
	A2.00	耐火隔热性≥2.00h，且耐火完整性≥2.00h
	A3.00	耐火隔热性≥3.00h，且耐火完整性≥3.00h
非隔热防火窗，C	C0.50	耐火完整性≥0.50h
	C1.00	耐火完整性≥1.00h
	C1.50	耐火完整性≥1.50h
	C2.00	耐火完整性≥2.00h
	C3.00	耐火完整性≥3.00h

设置在防火墙、防火隔墙上的防火窗，应采用不可开启的窗扇或具有火灾时能自行关闭

的功能。

防火窗应符合现行国家标准《防火窗》(GB 16809)的有关规定。

设置在防火墙和要求耐火极限不低于3.00h的防火隔墙上的窗应为甲级防火窗。下列部位的窗的耐火性能不应低于乙级防火窗的要求：

(1)歌舞娱乐放映游艺场所中房间开向走道的窗。

(2)设置在避难间或避难层中避难区对应外墙上的窗。

(3)其他要求耐火极限不低于2.00h的防火隔墙上的窗。

(四)防火卷帘

防火卷帘(Fire Shutter Assembly)是由卷轴、导轨、座板、门楣、箱体、可折叠或卷绕的帘面及卷门机、控制器等部件组成，具有一定耐火性能的卷帘门组件。

1. 防火卷帘分类

(1)按启闭方式，可分为垂直卷、侧向卷、水平卷。

(2)按材料，可分为以下几种：

钢质防火卷帘(Steel Fire Resistant Shutter)指用钢质材料做帘板、导轨、座板、门楣、箱体等，并配以卷门机和控制箱所组成的能符合耐火完整性要求的卷帘。

无机纤维复合防火卷帘(Mineral Fibre Compositus Fire Resistant Shutter)指用无机纤维材料做帘面(内配不锈钢丝或不锈钢丝绳)，用钢质材料做夹板、导轨、座板、门楣、箱体等，并配以卷门机和控制箱所组成的能符合耐火完整性要求的卷帘。

特级防火卷帘(Special Type Fire Resistant Shutter)指用钢质材料或无机纤维材料做帘面，用钢质材料做导轨、座板、夹板、门楣、箱体等，并配以卷门机和控制箱所组成的能符合耐火完整性、隔热性和防烟性能要求的卷帘。

(3)按耐火极限分类如表5-9所示。

表5-9 防火卷帘按耐火极限分类及代号

<table>
<tr><th>名称</th><th>名称符号</th><th>代号</th><th>耐火极限/h</th><th>帘面漏烟量
m³/(m²·min)</th></tr>
<tr><td rowspan="2">钢质防火卷帘</td><td rowspan="2">GFJ</td><td>F2</td><td>≥2.00</td><td rowspan="2"></td></tr>
<tr><td>F3</td><td>≥3.00</td></tr>
<tr><td rowspan="2">钢质防火、防烟卷帘</td><td rowspan="2">GFYJ</td><td>FY2</td><td>≥2.00</td><td rowspan="2">≤0.2</td></tr>
<tr><td>FY3</td><td>≥3.00</td></tr>
<tr><td rowspan="2">无机纤维复合防火卷帘</td><td rowspan="2">WFJ</td><td>F2</td><td>≥2.00</td><td rowspan="2"></td></tr>
<tr><td>F3</td><td>≥3.00</td></tr>
<tr><td rowspan="2">无机纤维复合防火、防烟卷帘</td><td rowspan="2">WFYJ</td><td>FY2</td><td>≥2.00</td><td rowspan="2">≤0.2</td></tr>
<tr><td>FY3</td><td>≥3.00</td></tr>
<tr><td>特级防火卷帘</td><td>TFJ</td><td>TF3</td><td>≥3.00</td><td>≤0.2</td></tr>
</table>

2. 性能要求

(1)耐风压性能

钢质防火卷帘的帘板应具有一定的耐风压强度。在规定的荷载下，帘板不允许从导轨中脱出，其帘板的挠度应符合现行国家标准《防火卷帘》(GB 14102)的规定。

为防止帘板脱轨，可以在帘面和导轨之间设置防脱轨装置。

室内使用的钢质防火卷帘及无机纤维复合防火卷帘可以不进行耐风压试验。

(2)防烟性能

防火防烟卷帘导轨和门楣的防烟装置应符合现行国家标准《防火卷帘》(GB 14102)的规定。

防火防烟卷帘帘面两侧差压为20Pa时，其在标准状态下(20℃，101325Pa)的漏烟量不应大于0.2m^3/(m^2·min)。

(3)运行平稳性能

防火卷帘装配完毕后，帘面在导轨内运行应平稳，不应有脱轨和明显的倾斜现象；双帘面卷帘的两个帘面应同时升降，两个帘面之间的高度差不应大于50mm。

(4)噪声

防火卷帘启、闭运行的平均噪声不应大于85dB。

(5)电动启闭和自重下降运行速度

垂直卷卷帘电动启、闭的运行速度应为2～7.5m/min。其自重下降速度不应大于9.5m/min。侧向卷卷帘电动启、闭的运行速度不应小于7.5m/min。水平卷卷帘电动启、闭的运行速度应为2～7.5m/min。

(6)两步关闭性能

安装在疏散通道处的防火卷帘应具有两步关闭性能，即控制箱接收到报警信号后，控制防火卷帘自动关闭至中位处停止，延时5～60s后继续关闭至全闭；或控制箱接收第一次报警信号后，控制防火卷帘自动关闭至中位处停止，接收第二次报警信号后继续关闭至全闭。

(7)温控释放性能

防火卷帘应装配温控释放装置，当释放装置的感温元件周围温度达到73±0.5℃时，释放装置动作，卷帘应依自重下降关闭。

3. 设置要求

防火卷帘主要用于需要进行防火分隔的墙体，特别是防火墙、防火隔墙上因生产、使用等需要开设较大开口而又无法设置防火门时的防火分隔。

防火分隔部位设置防火卷帘时，应符合下列规定：

(1)除中庭外，当防火分隔部位的宽度不大于30m时，防火卷帘的宽度不应大于10m；当防火分隔部位的宽度大于30m时，防火卷帘的宽度不应大于该部位宽度的1/3，且不应大于20m。

(2)防火卷帘应具有火灾时靠自重自动关闭功能。

(3)除本规范另有规定外，防火卷帘的耐火极限不应低于本规范对所设置部位墙体的耐火极限要求。

当防火卷帘的耐火极限符合现行国家标准《门和卷帘的耐火试验方法》(GB/T 7633)中有关耐火完整性和耐火隔热性的判定条件时，可不设置自动喷水灭火系统保护。

当防火卷帘的耐火极限仅符合现行国家标准《门和卷帘的耐火试验方法》(GB/T 7633)中有关耐火完整性的判定条件时，应设置自动喷水灭火系统保护。自动喷水灭火系统的设计应符合现行国家标准《自动喷水灭火系统设计规范》(GB 50084)的规定，但火灾延续时间不应小于该防火卷帘的耐火极限。

有关防火卷帘的耐火时间，由于设置部位不同，所处防火分隔部位的耐火极限要求不同，如在防火墙上设置或需设置防火墙的部位设置防火卷帘，则卷帘的耐火极限就至少需要达到3.00h；如是在耐火极限要求为2.00h的防火隔墙处设置，则卷帘的耐火极限就不能低于2.00h。如采用防火冷却水幕保护防火卷帘时，水幕系统的火灾延续时间也需按上述方法确定。

(4)防火卷帘应具有防烟性能，与楼板、梁、墙、柱之间的空隙应采用防火封堵材料封堵。

(5)需在火灾时自动降落的防火卷帘，应具有信号反馈的功能。

(6)其他要求，应符合现行国家标准《防火卷帘》(GB 14102)的规定。

(五)防火分隔水幕

根据水幕系统的工作特性，该系统可以用于防止火灾通过建筑开口部位蔓延或辅助其他防火分隔物实施有效分隔。水幕系统主要用于因生产工艺需要或使用功能需要而无法设置防火墙等的开口部位，也可用于辅助防火卷帘和防火幕作防火分隔。

下列部位宜设置水幕系统：

(1)特等、甲等剧场、超过1500个座位的其他等级的剧场、超过2000个座位的会堂或礼堂和高层民用建筑内超过800个座位的剧场或礼堂的舞台口及上述场所内与舞台相连的侧台、后台的洞口。

(2)应设置防火墙等防火分隔物而无法设置的局部开口部位。

(3)需要防护冷却的防火卷帘或防火幕的上部。舞台口也可采用防火幕进行分隔，侧台、后台的较小洞口宜设置乙级防火门、窗。

二、竖向防火分区及其分隔设施

(一)建筑幕墙防火分隔

现代建筑中，经常采用类似幕帘式的墙板。这种墙板一般都比较薄，最外层多采用玻璃、铝合金或不锈钢等观赏性较高的材料形成饰面，改变了框架结构建筑的艺术面貌。幕墙工程技术飞速发展，当前多以精心设计和高度工业化的型材体系为主。由于幕墙框料及玻璃均可预制，因此大幅度降低了工地上复杂细致的操作工作量；新型轻质保温材料、优质密封材料和施工工艺的较快发展，促使非承重轻质外墙的设计和构造发生了根本性改变。然而发生火灾时，玻璃幕墙在火灾初期即会爆裂，导致火灾在建筑物内蔓延，垂直的玻璃幕墙和水平楼板、隔墙间的缝隙是火灾扩散的途径。建筑外立面开口之间如未采取必要的防火分隔措施，易导致火灾通过开口部位相互蔓延。

建筑幕墙的防火措施有以下几方面要求：

(1)建筑外墙上、下层开口之间应设置高度不小于1.2m的实体墙或挑出宽度不小于1.0m、长度不小于开口宽度的防火挑檐；当室内设置自动喷水灭火系统时，上、下层开口之间的实体墙高度不应小于0.8m。当上、下层开口之间设置实体墙确有困难时，可设置防火玻璃墙，但高层建筑的防火玻璃墙的耐火完整性不应低于1.00h，多层建筑的防火玻璃墙的耐火完整性不应低于0.50h。外窗的耐火完整性不应低于防火玻璃墙的耐火完整性要求。

当上、下层开口之间的墙体采用实体墙确有困难时，允许采用防火玻璃墙，但防火玻璃墙和外窗的耐火完整性都要能达到规范规定的耐火完整性要求，其耐火完整性按照现行国家标准《镶玻璃构件耐火试验方法》(GB/T 12513)中对非隔热性镶玻璃构件的试验方法和判定标准进行测定。

国家标准《建筑用安全玻璃第一部分：防火玻璃》(GB 15763.1—2009)将防火玻璃按照耐火性能分为A、C两类，其中A类防火玻璃能够同时满足标准有关耐火完整性和耐火隔热性的要求，C类防火玻璃仅能满足耐火完整性的要求。火势通过窗口蔓延时需经过外部卷吸后作用到窗玻璃上，且火焰需突破着火房间的窗户经室外再蔓延到其他房间，满足耐火完整性的C类防火玻璃，可基本防止火势通过窗口蔓延。

(2)住宅建筑外墙上相邻户开口之间的墙体宽度不应小于1.0m；小于1.0m时，应在开口之间设置突出外墙不小于0.6m的隔板。实体墙、防火挑檐和隔板的耐火极限和燃烧性能，均不应低于相应耐火等级建筑外墙的要求。

(3)建筑幕墙应在每层楼板外沿处采取符合《建筑设计防火规范》(GB 50016—2014)规定的防火措施，幕墙与每层楼板、隔墙处的缝隙应采用防火封堵材料封堵。

采用幕墙的建筑，主要因大部分幕墙存在空腔结构，这些空腔上下贯通，在火灾时会产生烟囱效应，如不采取一定分隔措施，会加剧火势水平和竖向的迅速蔓延，导致建筑整体着火，难以实施扑救。幕墙与周边防火分隔构件之间的缝隙、与楼板或者隔墙外沿之间的缝隙、与相邻的实体墙洞口之间的缝隙等的填充材料常用玻璃棉、硅酸铝棉等不燃材料。实际工程中，存在受震动和温差影响易脱落、开裂等问题，故规定幕墙与每层楼板、隔墙处的缝隙，要采用具有一定弹性和防火性能的材料填塞密实。这种材料可以是不燃材料，也可以是难燃材料。如采用难燃材料，应保证其在火焰或高温作用下能发生膨胀变形，并具有一定的耐火性能。

(二)竖井防火分隔

楼梯间、电梯井、采光天井、通风管道井、电缆井、垃圾井等竖井串通各层的楼板，形成竖向连通孔洞，其烟囱效应十分危险。这些竖井应该单独设置，以防烟火在竖井内蔓延。否则烟火一旦侵入，就会形成火灾向上层蔓延的通道，后果将不堪设想。建筑内的电梯井等竖井应符合下列规定：

(1)电梯井应独立设置，井内严禁敷设可燃气体和甲、乙、丙类液体管道，不应敷设与电梯无关的电缆、电线等。电梯井的井壁除设置电梯门、安全逃生门和通气孔洞外，不应设置其他开口。

(2)电缆井、管道井、排烟道、排气道、垃圾道等竖向井道，应分别独立设置。井壁的耐火极限不应低于1.00h，井壁上的检查门应采用丙级防火门。

(3)建筑内的电缆井、管道井应在每层楼板处采用不低于楼板耐火极限的不燃材料或防火封堵材料封堵。建筑内的电缆井、管道井与房间、走道等相连通的孔隙时应采用防火封堵材料封堵。

(4)建筑内的垃圾道宜靠外墙设置，垃圾道的排气口应直接开向室外，垃圾斗应采用不燃材料制作，并应能自行关闭。

(5)电梯层门的耐火极限不应低于1.00h，并应符合现行国家标准《电梯层门耐火试验完整性、隔热性和热通量测定法》(GB/T 27903)规定的完整性和隔热性要求。

(三)建筑缝防火分隔

建筑变形缝是在建筑长度较长的建筑中或建筑中有较大高差部分之间，为防止温度变化、沉降不均匀或地震等引起的建筑变形而影响建筑结构安全和使用功能，将建筑结构断开为若干部分所形成的缝隙。特别是高层建筑的变形缝，因抗震等需要留得较宽，在火灾中具有很强的拔火作用，会使火灾通过变形缝内的可燃填充材料蔓延，烟气也会通过变形缝等竖向结构缝隙扩散到全楼。因此，变形缝内的填充材料和变形缝的构造基层应采用不燃材料。

电线、电缆、可燃气体和甲、乙、丙类液体的管道不宜穿过建筑内的变形缝，确需穿过时，应在穿过处加设不燃材料制作的套管或采取其他防变形措施，并应采用防火封堵材料封堵。

防烟、排烟、供暖、通风和空气调节系统中的管道及建筑内的其他管道，在穿越防火隔墙、楼板和防火墙处的孔隙时应采用防火封堵材料封堵。

风管穿过防火隔墙、楼板和防火墙时，穿越处风管上的防火阀、排烟防火阀两侧各2.0m范围内的风管应采用耐火风管或风管外壁应采取防火保护措施，且耐火极限不应低于该防火分隔体的耐火极限。

建筑内受高温或火焰作用易变形的管道，在贯穿楼板部位和穿越防火隔墙的两侧宜采取阻火措施。

思考题

1. 民用建筑的防火分区如何划分？
2. 中庭的防火设计要求是什么？
3. 汽车库的防火分区如何划分？
4. 设置在一、二级耐火等级的建筑内时，应布置在首层、二层或三层的建筑或场所有哪些？
5. 设置在三级耐火等级的建筑内时，应布置在首层或二层的建筑或场所有哪些？
6. 设置在四级耐火等级的建筑内时，应布置在首层的建筑或场所有哪些？
7. 办公室等与甲、乙类厂房可否贴邻建造？有哪些措施要求？
8. 设置防火墙时有何要求？
9. 防火门按耐火性能如何分类？

第六章　安全疏散设计

安全疏散是建筑防火设计的一项重要内容，对于确保火灾中人员的生命安全具有重要作用。安全疏散设计应根据建筑物的高度、规模、使用性质、耐火等级和人们在火灾事故中的心理状态与行为特点，确定安全疏散基本参数，合理设置安全疏散和避难设施，如疏散走道、疏散楼梯及楼梯间、避难层(间)、疏散门、疏散指示标志等，为人员的安全疏散创造有利条件。

第一节　安全疏散

一、人员疏散分析

通过对建筑物的具体功能定位，确定建筑物内部特定人员的状态及分布特点，并结合火灾场景和具体位置设计，计算分析得到紧急情况下各种阶段的人员疏散时间及疏散通行状况预测。而火灾场景下人员疏散所需时间则是性能化防火设计评估的重要组成要件。因此，对建筑物做出符合其实际情况和特点的人员疏散性能评估成为决定建筑物性能化设计评估结果好坏的关键性因素之一。由于影响建筑物内人员疏散安全性的因素众多，性能化人员疏散分析的重点就是要综合特定建筑条件下各方面影响因素，建立起或者合理选取符合实际的人员疏散量化分析模型，从而计算得到人员疏散时间，提出改进疏散性能的方案和措施。

(一)影响人员安全疏散的因素

与正常情况下人员在建筑物内行走的状态不同，人员在紧急情况下(如发生火灾)的疏散过程中，内在因素和外在环境因素都可能发生了变化，这些因素有可能对人员安全疏散造成影响。由于实际情况千差万别，影响人员安全疏散的因素亦复杂众多，总结起来可分为：人员内在影响因素、外在环境影响因素、环境变化影响因素、救援和应急组织影响因素四类。这些因素在紧急疏散情况下，有些不利于安全疏散，有些则有利于安全疏散，还有一些影响受到现场实际条件变化和人为因素的作用而不同。

1. 人员内在影响因素

人员内在影响因素主要包括：人员心理上的因素、生理上的因素、人员现场状态因素、人员社会关系因素等。

(1)人员心理因素

人员在紧急情况下的心理普遍会发生显著的变化，如感知到火灾、烟气时会恐慌，听到警铃或接收到火警信息时会紧张，众多人员疏散时在出口处排队等待的时间越长人群中紧张情绪越高等。这些心理变化因素一方面能够激发人的避险本能，另一方面也会导致人员理性判断能力降低、情绪失控。

(2)人员生理因素

人员生理因素包括人员自身的身体条件影响因素，如幼儿、成年、老年、健康、疾病等条件差异。不同的身体条件会显著影响人员的运动机能。此外，紧急情况下环境条件的变化也会对人员生理因素造成影响，如火灾时由于现场照明条件变暗、能见度降低使人的辨识能力受到影响；温度升高、烟雾刺激、有毒气体会影响人的运动能力等。

(3)人员现场状态因素

人员现场状态因素包括：清醒状态、睡眠状态、人员对周围环境的熟悉程度等。对于处于清醒状态并对周围环境十分熟悉的人来说，疏散速度会大大快于处于睡眠状态并对周围环境陌生的人。如果人们在进入一个陌生环境时首先有意识地查看安全出口位置及疏散路线则会大大改善人员的现场状态因素。

(4)人员社会关系因素

人是具有社会属性的高等动物，即使是在紧急情况下人们的社会关系因素仍然会对疏散产生一定影响。如火灾时，人们往往会首先想到通知、寻找自己的亲友；对于处在特殊岗位的人员，如核电站操作员，会首先想到自身的责任；一些人员在疏散前会首先收拾财物，这也是社会关系因素在起作用，这些因素总体上会影响人员开始疏散行动的时间。

2. 外在环境影响因素

外在环境影响因素主要是指建筑物的空间几何形状、建筑功能布局以及建筑内具备的防火条件等因素。例如，地上建筑或是地下建筑、高大空间或是低矮空间、影剧院或是办公建筑等；建筑物的耐火等级，建筑内安全出口设计是否足够合理，疏散通道是否保持畅通，消防设备是否处于良好运行状态，是否存在重大火灾隐患等。

3. 环境变化影响因素

火灾时现场环境条件势必要发生变化，从而对人员疏散造成影响，例如火灾时，正常照明电源将被切断，人们需要依靠应急照明和疏散指示寻找疏散出口；再如原有正常行走路线一旦被防火卷帘截断，人员需要重新选择疏散路线；又如自动喷水灭火系统启动后在控制火灾的同时也会对人员疏散产生影响。

4. 救援和应急组织影响因素

火灾时自救，外部救援和应急组织能力也会对安全疏散产生影响。通过建立完善的安全责任制，制定切实可行的疏散应急预案并认真落实消防应急演练，能够有效提高人的疏散能力；否则，容易引起人员拥挤和混乱。

在各种实际条件下，影响人员安全疏散的因素繁多，各种因素之间还存在相互联系和制约，某些产生主导作用的成为主要影响因素，而一些因素的变化会显著影响最终结果。

(二)人员安全疏散分析的目的及性能判定标准

1. 人员安全疏散分析的目的

人员安全疏散分析的目的是通过计算可用疏散时间(ASET)和必需疏散时间(RSET)，从而判定人员在建筑物内的疏散过程是否安全。

2. 人员安全疏散分析的性能判定标准

人员安全疏散分析的性能判定标准为：可用疏散时间(ASET)必须大于必需疏散时间

(RSET)。

计算 ASET 时,应重点考虑火灾时建筑物内影响人员安全疏散的烟气层高度、辐射热、对流热、烟气毒性和能见度。这些参数可以通过对建筑内特定的火灾场景进行火灾与烟气流动的模拟得到。

在计算 RSET 时,可按以下三种情况考虑:

①如果能够将火灾和烟气控制在着火房间内,则可只计算着火房间内人员的 RSET。

②如果火灾及其产生的烟气只在着火楼层蔓延,则可只计算着火楼层内人员的 RSET。

③如果火灾及其产生的烟气可能在垂直方向蔓延至其他楼层(如建筑内存在连通上下层的中庭),则需计算整个建筑内人员的 RSET。当建筑存在坍塌的危险时,也需要计算整个建筑内人员的 RSET。

二、人员疏散时间计算方法与分析参数

人员的疏散过程与火灾探测、警报措施、人员逃生行为特性和运动等因素有关。必需疏散时间按火灾报警时间、人员的疏散预动时间和人员从开始疏散至到达安全地点的行动时间之和计算:

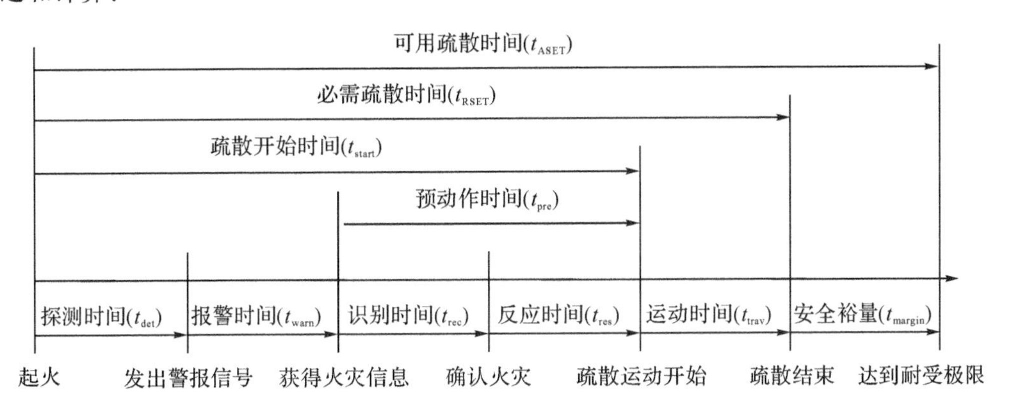

图 6-1 必需疏散时间与可用疏散时间

$$t_{RSET}=t_{det}+t_{warn}+(t_{pre}+t_{trav}) \tag{6-1}$$

式中:t_{det}——火灾探测时间;

t_{warn}——报警时间;

t_{pre}——预动作时间;

t_{trav}——运动时间。

如图 6-1 所示。

(一)火灾探测报警时间

对于安装了点式火灾探测报警装置以及闭式自动喷水灭火系统的场所,火灾探测报警时间应根据建筑内所采用的火灾探测与报警装置的类型及其布置、火灾的发展速度及其规模、着火空间的高度等条件,考虑设计火灾场景下火灾探测报警装置或自动喷水装置对火灾烟气的反应时间。可以通过相应的计算机模拟计算软件来分析计算确定,也可采用其他计算工具,如美国国家标准与技术研究院(NIST)开发的软件工具包中提供的 DETACT-QS

工具，预测特定火灾场景内感温元件的动作时间。

对于日常有人停留的房间并且人员处于清醒状态，可以采用特定经验公式算法预测人员发觉火灾征兆的时间。

（二）疏散预动作时间

疏散预动作时间包括识别时间和反应时间。人员在接收到火灾报警信号以后，有各种本能反应的时间如确认火灾警报、判别火情发展情况、通知亲友、收拾物品、确定疏散路线等，开始疏散行动时间往往因人而异。受到建筑类型、功能与用途、使用人员的性质及建筑火灾报警广播和物业管理系统等各种内在及外在因素的影响，疏散预动作时间的长短具有很大的不确定性。在管理相对完善的剧院、超市或办公建筑（有定期火灾训练）中，识别时间较短。在平面布置复杂或面积巨大的建筑以及旅馆、公寓、住宅和宿舍等建筑中，该时间可能较长。表 6-1 给出了各种不同类型的人员和报警系统的典型疏散预动作时间。

表 6-1　疏散预动作时间

建筑物用途及特性	人员响应时间/min		
	报警系统类型		
	W1	W2	W3
办公楼、商业或工业厂房、学校（居民处于清醒状态，对建筑物、报警系统和疏散措施熟悉）	<1	3	>4
商店、展览馆、博物馆、休闲中心等（居民处于清醒状态，对建筑物、报警系统和疏散措施不熟悉）	<2	3	>6
旅馆或寄宿学校（居民可能处于睡眠状态，但对建筑物、报警系统和疏散措施熟悉）	<2	4	>5
旅馆、公寓（居民可能处于睡眠状态，对建筑物、报警系统和疏散措施不熟悉）	<2	4	>6
医院、疗养院及其他社会公共机构（有相当数量的人员需要帮助）	<3	5	>8

表 6-1 中的报警系统类型为：

W1—实况转播指示，采用声音广播系统，例如带闭路电视设施的控制室；

W2—非直播（预录）声音系统和/或视觉信息警告播放系统；

W3—采用警铃、警笛或其他类似报警装置的报警系统。

在应用表 6-1 时，还要考虑火灾场景的影响，建议将表 6-1 中的识别时间根据人员所处位置的火灾条件作如下调整。

1. 人员处于较小着火房间/区域

人员可以清楚地发现烟气及火焰或感受到灼热，这种情况下可采用表 6-1 中给出的与 W1 报警系统相关的识别时间，即使安装了 W2 或 W3 报警系统。

2. 人员处于较大着火房间/区域

人员在一定距离外也可发现烟气及火焰时，如果没有安装 W1 报警系统，则采用表 6-1 中给出的与 W2 报警系统相关的识别时间，即使安装了 W3 报警系统。

3. 识别报警与向出口疏散之间没有延迟

例如办公室，则可以假设表 6-1 给出的识别时间为 0。

4. 识别时间很难确定的场所

可对上述可能时间段进行估计，如可以根据日常的观测记录提供某些文件证明所需要的时间。在反应时间阶段，人们会停止日常活动开始处理火灾。在反应时间内会采取的行动有：

(1)确定火源、火警的实际情况或火警与其他警报的重要性。

(2)停止机器或生产过程，保护重要文件或贵重物品等。

(3)寻找和召集儿童及其他家庭成员。

(4)灭火。

(5)决定合适的出口路径。

(6)警告其他人员。

(7)其他疏散行为。

(三)疏散行动时间

人员疏散行动时间是指建筑内的人员从疏散行动开始至疏散结束所需要的时间，包含行走时间和通过出口的时间两部分。

1. 行走时间

行走到疏散线路上安全出口的时间即行走时间。行走时间与人的行走速度以及达到出口的距离有关。行走速度与行走时间和人员密度有关，当人员密度较大时会出现拥挤，导致行走速度下降；当人员密度较小且人员行走不受阻时则代表最短的行走时间，用下式计算：

$$t_w = L/v \tag{6-2}$$

式中：t_w——行走时间，s；

L——人员从初始位置行走至疏散安全出口的距离，m；

v——人的行走速度，m/s。

2. 通过时间

人流通过出口或通道的时间。通过时间由出口的通行人数和出口的通行能力决定，出口的通行能力则与出口有效宽度和出口流量有关。用下式计算：

$$t_p = P/F \tag{6-3}$$

式中：t_p——通过出口或通道的时间，s；

P——在出口或通道处排队通过的总人数；

F——通过出口或通道的人流量，人/s。

通过出口或通道的人流量可用下式计算：

$$F = f \times W_e = DvW_e \tag{6-4}$$

$$f = Dv \tag{6-5}$$

式中：f——通过出口或通道的比流量，为单位时间内通过出口或通道单位宽度上的人数，即通行流速，人/(m·s)；

W_e——出口或通道最窄处的有效宽度；

D——出口或通道处排队人员单位面积上的人员密度，人/m^2；

v——人员通过出口或通道的行走速度，m/s。

当计算建筑内某区域的疏散行动时间时，需要考虑行走时间 t_w 和通过时间 t_p 之间的关系。

①当 $t_w < t_p$ 时，说明人员行走到达出口时，人员并没有全部通过出口，因此人员将会在

出口处出现滞留现象，此时该区域内疏散行动时间由通过出口或通道的时间 t_p 决定。

②当 $t_w>t_p$ 时，说明区域内人员在到达出口时，其他人员已经通过了出口，因而不必再在出口处排队等候，因此疏散行动时间由最远点的人员行走时间 t_w 决定。

人员疏散行动时间的计算可按照数学模拟计算进行。数学模拟计算方法主要有水力模型和人员行为模型两种。

(1)水力疏散计算模型。水力疏散计算模型将人在疏散通道内的走动模拟为水在管道内的流动状态，将人群的疏散作为一种整体运动，完全忽略人的个体特性。该模型对人员疏散过程做如下假设：

①疏散人员具有相同的特征，且均具有足够的身体条件疏散到安全地点。

②疏散人员是清醒的，在疏散开始的时刻同时井然有序地进行疏散，且在疏散过程中不会中途返回选择其他疏散路径。

③在疏散过程中，人流的流量与疏散通道的宽度成正比分配，即从某一出口疏散的人数按其宽度占出口总宽度的比例进行分配。

④人员从每个可用的疏散出口疏散且所有人的疏散速度一致并保持不变。

对于建筑的结构简单，布局规则、疏散路径容易辨别，建筑功能较为单一且人员密度较大的场所，宜采用水力模型来进行人员疏散的计算，其他情况则适于采用人员行为模型。

(2)人员行为疏散计算模型。人员行为疏散计算模型应综合考虑人与人、人与建筑物以及人与环境之间的相互作用，并能够从一定程度上反映火灾时人员疏散运动规律和个体特性对人员疏散的影响。当采用数学模型进行计算时，应注意结合有待解决的实际问题与模型的适用性来选择相适用的模型，并应首选经过实际疏散实验或演习验证的模型。

(四)疏散分析参数

在对人员疏散时间的预测计算中，必须确定人员疏散时有关人数、行走速度、比流量、有效宽度等相关参数。

1. 人员数量的确定

在确定起火建筑内需要疏散的人数时，通常根据建筑的使用功能首先确定人员密度(单位：人/m^2)，其次确定该人员密度下的空间使用面积，由人员密度与使用面积的乘积得到需要计算的人员数目。在有固定座椅的区域，则可以按照座椅数来确定人数。在业主和设计师能够确定未来建筑内的最大人数时，则按照该值确定疏散人数。否则，需要参考相关的统计资料，由相关各方协商确定。

(1)人员密度。在计算疏散时间时，人员密度可采用单位面积上分布的人员数目表示(人/m^2)，也可采用其倒数表示或单位面积地板上人员的水平投影面积所占百分比表示(m^2/人)。

对于所涉及建筑各个区域内的人员密度，应根据当地相应类型建筑内人员密度的统计数据或合理预测来确定。预测值应取建筑使用时间内该区域可预见的最大人员密度。当缺乏此类数据时，可以依据建筑防火设计规范中的相关规定确定各个楼层的人员密度。

其他国家和地区对各种使用功能的建筑中其人员密度的规定较为详细，如美国、英国、日本等。表 6-2列举出了一些国家对人员密度的规定。

表 6-2 各国关于建筑场所人员密度的规定

单位：人/m²

<table>
<tr><td rowspan="2">国家</td><td colspan="14">用途</td></tr>
<tr><td colspan="2">集会</td><td colspan="2">学校</td><td colspan="2">医院</td><td colspan="2">宿舍</td><td colspan="2">集合住宅</td><td colspan="2">商业场所</td><td colspan="2">办公室</td></tr>
<tr><td rowspan="4">美国（NFPA 101）</td><td>低密度（固定座位）</td><td>0.71</td><td>教室</td><td>0.53</td><td>病房</td><td>0.09</td><td colspan="2" rowspan="4">0.05</td><td colspan="2" rowspan="4">0.05</td><td>地上、下层</td><td>0.36</td><td colspan="2" rowspan="4">0.11</td></tr>
<tr><td rowspan="2">高密度（固定座位）
等待室</td><td rowspan="2">1.54
3.57</td><td rowspan="2">图书馆（书库）（阅览室）</td><td rowspan="2">0.11
0.22</td><td rowspan="3">处置室</td><td rowspan="3">0.04</td><td>复合街道</td><td>0.27</td></tr>
<tr><td>其他</td><td>0.18</td></tr>
<tr><td>图书馆（书库）（阅览室）</td><td>0.11
0.22</td><td>托儿所</td><td>0.30</td><td>仓库</td><td>0.04</td></tr>
<tr><td rowspan="7">英国（《建筑规范2000》）</td><td colspan="2" rowspan="7">2.0</td><td colspan="2" rowspan="7">—</td><td colspan="2" rowspan="7">—</td><td colspan="2" rowspan="7">0.125</td><td colspan="2" rowspan="7">0.033</td><td>超级市场（类似高密度场所）</td><td>0.5</td><td rowspan="2">阅览室、其他办公室</td><td rowspan="2">0.14</td></tr>
<tr><td>百货公司（主要卖场）</td><td>0.5</td></tr>
<tr><td>上述以外的店铺</td><td>0.14</td><td rowspan="5">仓库、车库</td><td rowspan="5">0.33</td></tr>
<tr><td>餐厅</td><td>1.0</td></tr>
<tr><td>酒吧</td><td>2.0</td></tr>
<tr><td>图书馆</td><td>0.17</td></tr>
<tr><td>展览</td><td>2.0</td></tr>
<tr><td rowspan="6">日本（《避难安全检证法》）</td><td>固定座位</td><td>座位数/地面面积</td><td>教室</td><td>0.7</td><td>病房</td><td>床铺数</td><td>客房</td><td>床位数</td><td rowspan="6">住户</td><td rowspan="6">0.06</td><td>卖场店铺</td><td>0.5</td><td>一般办公室高度</td><td>0.125</td></tr>
<tr><td rowspan="5">其他</td><td rowspan="5">1.5</td><td rowspan="5">研究室</td><td rowspan="5">一般办公室标准</td><td rowspan="5">其他部门</td><td rowspan="5">0.16</td><td rowspan="5">其他</td><td rowspan="5">0.16</td><td>饮食街</td><td>0.7</td><td rowspan="5">会议室</td><td rowspan="5">0.7</td></tr>
<tr><td>卖场通道</td><td>0.25</td></tr>
<tr><td>剧场</td><td>座位数/地面积</td></tr>
<tr><td>会议大厅</td><td>1.5</td></tr>
<tr><td>展览</td><td>2.0</td></tr>
</table>

(2)计算面积。人数的确定通过各使用功能区的人员密度与计算面积的乘积得到，因此，计算面积的确定是除人员密度之外计算疏散人数的另一个重要参数。规范在规定人员密度时，有些同时规定了计算面积的确定方法。

其他地区的相关规定大部分采用计算房间（区域）的地板面积作为计算面积。对于计算面积的界定可以考虑建筑的使用功能，根据建筑的实际使用情况来确定。

(3)人流量法。在一些公共使用场所，人员流动较快，停留时间较短，如机场安检、候机大厅、科技馆、展览厅等，其人数的确定可以采用人流量法。

人流量法，即设定人员在某个区域的平均停留时间，并根据该区域人员流量情况按式(6-6)计算瞬间时刻的楼内人员流量：

$$\text{人员数量}=\text{每小时人数}\times\text{停留时间(s)} \tag{6-6}$$

2. 人员的行走速度

人员自身的条件、人员密度和建筑的情况均对人员行走速度有一定的影响。

(1)人员自身条件的影响。根据大量统计资料，表 6-3 列出了若干人行走速度的参考值。但对于某些特殊人群，其行走速度可能会慢很多，如老年人、病人等。如果某建筑中火灾烟气的刺激性较大，或建筑物内缺乏足够的应急照明，人的行走速度也会受到较大影响。

表 6-3　不同人员不同状态下的行走速度举例　　(单位：m/s)

行走状态	男人	女人	儿童或老年人
紧急状态，水平行走	1.35	0.98	0.65
紧急状态，由上向下	1.06	0.77	0.4
正常状态，水平行走	1.04	0.75	0.5
正常状态，由上向下	0.4	0.3	0.2

(2)建筑情况的影响。不同的建筑中由于功能、构造、布置不同，对人员行走速度的影响不同。人员在不同建筑中步行速度的典型数值与建筑物使用功能的关系可参考表 6-4。

表 6-4　不同使用功能建筑中人员的步行速度

建筑物或房间的用途	建筑物的各部分分类	疏散方向	步行速度/(m/s)
剧场及其他具有类似用途的建筑	楼梯	上	0.45
		下	0.6
	座席部分	—	0.5
	楼梯及座席以外的部分	—	1.0
百货商店、展览馆及其他具有类似用途的建筑或公共住宅楼、宾馆及具有类似用途的其他建筑(医院、诊所及儿童福利设施室等除外)	楼梯	上	0.45
		下	0.6
	楼梯以外的其他部分	—	1.0
学校、办公楼及具有类似用途的其他建筑	楼梯	上	0.58
		下	0.78
	楼梯以外的其他部分	—	1.3

(3)人员密度的影响。人员在自由行走时受到自身条件及建筑情况等因素的影响而速度各有差异，当为疏散人群时，其步行速度将受到人员密度的影响。人员的行走速度将在很大程度上取决于人员密度。

通常情况下，人员的疏散速度随人员密度的增加而减小，人流密度越大，人与人之间的距离越小，人员移动越缓慢；反之，密度越小，人员移动越快。相关研究资料表明：一般人员密度小于 0.54 人/m^2 时，人员在水平地面上的行进速度可达 70m/min 并且不会发生拥挤，下楼梯的速度可达 48～63m/min。相反，当人员密度超过 3.8 人/m^2 时，人群将非常拥挤，基本上无法移动。一般认为，在 0.5～3.5 人/m^2 的范围内可以将人员密度和移动速度的关系描述成直线关系。

Fruin、Pauls、Predtechenskii、Milinskii 等人根据观测结果，整理出了一组分别在出口、水平通道、楼梯间内人员密度与人员行走速度的关系，如图 6-2 所示。

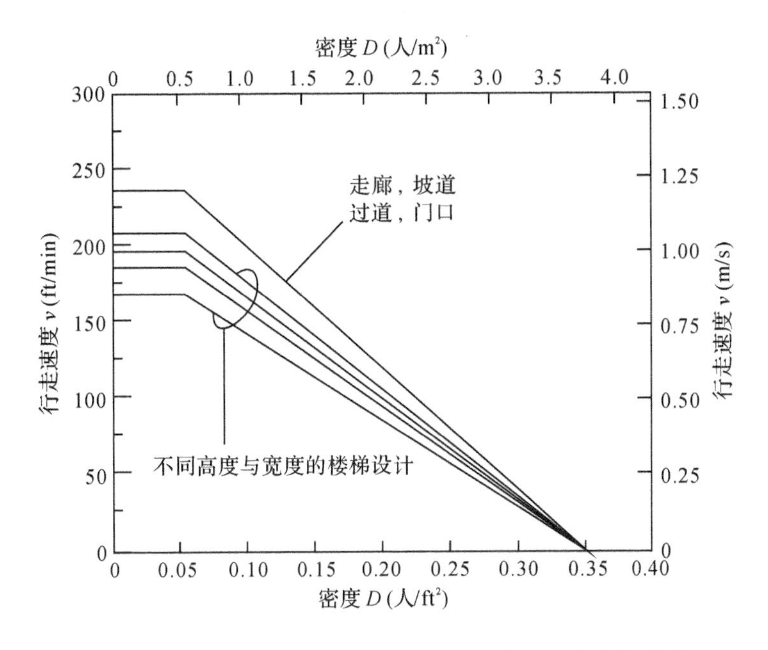

图 6-2　建筑内各疏散路径人员行走速度与人员密度的关系

同时，根据研究结果得到了人员行走速度与人员密度之间的关系式，不同密度下人员在平面的步行速度可根据下式计算得出：

$$V=k(1-0.266D) \tag{6-7}$$

式中：V ——人员步行速度，m/s；

D——人员密度，人/m^2；

k——水平疏散取 1.4。

不同密度下人员在楼梯行走速度的计算参见式(6-7)，其中系数 K 参见表 6-5。

表 6-5　人员在楼梯中的行走速度

踏步高度/m	踏步宽度/m	K
0.20	0.25	1.00
0.18	0.25	1.08
0.17	0.30	1.16
0.17	0.33	1.23

3. 出口处人流的比流量

建筑物的出口在人员疏散中占有至关重要的地位，出口宽度的合理设计能避免疏散时发生堵塞，有利于疏散顺利进行。我国目前的建筑规范中主要是通过控制建筑物的出口、楼梯、门等宽度来进行疏散设计，同时性能化防火设计中对建筑物安全性的评估同样需要考虑出口宽度的问题，以衡量火灾时能否保证人员通过这些出口顺利逃生。无论是规范的规定还是性能化设计的方式，一般都是根据总人数按单位宽度的人流通行能力及建筑物容许的疏散时间来控制建筑物的出口总宽度。因此，人员疏散参数确定中必须考虑出口处人流的比流量。

比流量是指建筑物出口在单位时间内通过单位宽度的人流数量[单位：人/(m·s)]。比流量反映了单位宽度的通行能力。根据对多种建筑的观测结果，比流量在水平出口、通道处和在楼梯处不同，而不同的人员密度也将影响比流量。

图 6-3 显示了不同的疏散走道上流出系数(比流量)与人员密度的关系，由图可以看出，首先，随着人员密度的增大，单位面积内的人员数目增大，从而单位时间内通过单位宽度疏散走道的人员数目也增大，当人员密度增大到一定程度，疏散走道内的人员就会过分拥挤，限制了人员行走速度，从而导致流出系数的减少。

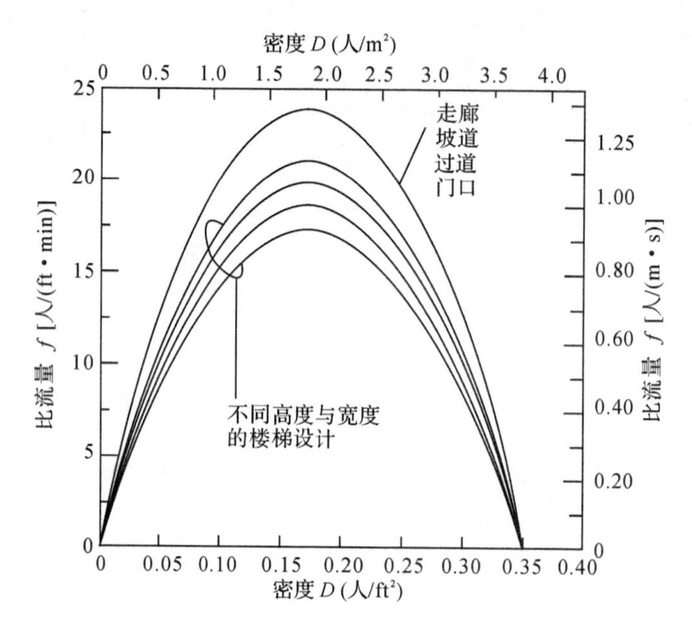

图 6-3　不同疏散走道比流量与人员密度的关系

4. 通道的有效宽度

大量的火灾演练实验表明，人群的流动依赖于通道的有效宽度而不是通道实际宽度，也就是说在人群和侧墙之间存在一个“边界层”。对于一条通道来说，每侧的边界层大约是0.15m，如果墙壁表面是粗糙的，那么这个距离可能会再大一些。而如果在通道的侧面有数排座位，例如在剧院或体育馆，这个边界层是可以忽略的。在工程计算中应从实际通道宽度中减去边界层的厚度，采用得到的有效宽度进行计算。表 6-6 给出了典型通道的边界层厚度。

表 6-6　典型通道的边界层厚度

类　型	减少的宽度指标/cm
楼梯间的墙	15
扶手栏杆	9
剧院座椅	0
走廊的墙	20
其他的障碍物	10
宽通道处的墙	46
门	15

疏散走道或出口的净宽度应按下列要求计算：

(1)对于走廊或过道，为从一侧墙到另一侧墙之间的距离；

(2)对于楼梯间，为踏步两扶手间的宽度；

(3)对于门扇，为门在其开启状态时的实际通道宽度；

(4)对于布置固定座位的通道，为沿走道布置的座位之间的距离或两排座位中间最狭窄处之间的距离。

三、疏散距离

安全疏散距离包括两个部分：一是房间内最远点到房门的疏散距离；二是从房门到疏散楼梯间或外部出口的距离。我国规范采用限制安全疏散距离的办法来保证疏散行动时间。

(一)住宅建筑安全疏散距离

住宅建筑直通疏散走道的户门至最近安全出口的距离应符合表 6-7 的规定。

表 6-7　住宅建筑直通疏散走道的户门至最近安全出口的距离　　(单位：m)

名称	位于两个安全出口之间的户门			位于袋形走道两侧或尽端的户门		
	耐火等级			耐火等级		
	一、二级	三级	四级	一、二级	三级	四级
单层或多层	40	35	25	22	20	15
高层	40	—	—	20	—	—

开向敞开式外廊的户门至最近安全出口的最大直线距离可按表 6-7 增加 5m。

住宅建筑内全部设置自动喷水灭火系统时，其安全疏散距离可比表 6-7 规定值增加 25%。

直通疏散走道的户门至最近敞开楼梯间的直线距离，当户门位于两个楼梯间之间时，应按表 6-7 的规定减少 5m；当户门位于袋形走道两侧或尽端时，应按表 6-7 的规定减少 2m。

跃廊式住宅户门至最近安全出口的距离，应从户门算起，小楼梯的一段距离可按其水平投影长度的1.5倍计算。

(二)公共建筑安全疏散距离

直通疏散走道的房间疏散门至最近安全出口的距离应符合表 6-8 的规定。

表 6-8　直通疏散走道的房间疏散门至最近安全出口的最大距离　　(单位：m)

<table>
<tr><th colspan="3" rowspan="3">名　称</th><th colspan="3">位于两个安全出口之间的疏散门</th><th colspan="3">位于袋形走道两侧或尽端的疏散门</th></tr>
<tr><th colspan="3">耐火等级</th><th colspan="3">耐火等级</th></tr>
<tr><th>一、二级</th><th>三级</th><th>四级</th><th>一、二级</th><th>三级</th><th>四级</th></tr>
<tr><td colspan="3">托儿所、幼儿园、老年人建筑</td><td>25</td><td>20</td><td>15</td><td>20</td><td>15</td><td>10</td></tr>
<tr><td colspan="3">歌舞娱乐放映游艺场所</td><td>25</td><td>20</td><td>15</td><td>9</td><td>—</td><td>—</td></tr>
<tr><td rowspan="3">医疗建筑</td><td colspan="2">单、多层</td><td>35</td><td>30</td><td>25</td><td>20</td><td>15</td><td>10</td></tr>
<tr><td rowspan="2">高层</td><td>病房部分</td><td>24</td><td>—</td><td>—</td><td>12</td><td>—</td><td>—</td></tr>
<tr><td>其他部分</td><td>30</td><td>—</td><td>—</td><td>15</td><td>—</td><td>—</td></tr>
</table>

续表

名称		位于两个安全出口之间的疏散门			位于袋形走道两侧或尽端的疏散门		
		耐火等级			耐火等级		
		一、二级	三级	四级	一、二级	三级	四级
教学建筑	单、多层	35	30	25	22	20	10
	高层	30	—	—	15	—	—
高层旅馆、展览建筑		30	—	—	15	—	—
其他建筑	单、多层	40	35	25	22	20	15
	高层	40	—	—	20	—	—

注：当建筑的外廊敞开时，其通风排烟、采光、降温等方面的情况较好，对安全疏散有利；建筑内部设置自动喷水灭火系统时，其安全性能也会有所提高，因此可根据实际情况调整安全疏散距离。当建筑内部设置自动喷水灭火系统时，安全疏散距离可按本表增加25%。

(1)建筑中开向敞开式外廊的房间疏散门至安全出口的距离可按表6-8规定增加5m。

(2)直通疏散走道的房间疏散门至最近敞开楼梯间的直线距离，当房间位于两个楼梯间之间时，应按表6-8的规定减少5m；当房间位于袋形走道两侧或尽端时，应按表6-8的规定减少2m。

(3)楼梯间应在首层直通室外，确有困难时，可在首层采用扩大的封闭楼梯间或防烟楼梯间前室。当层数不超过4层时，可将直通室外的安全出口设置在离楼梯间不大于15m处，如图6-4所示。

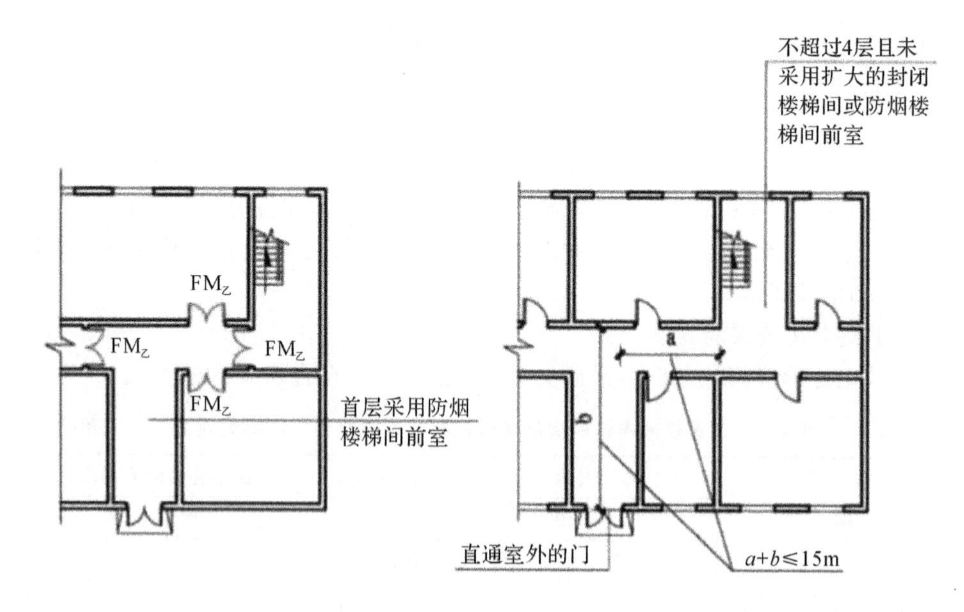

图6-4　首层楼梯间的疏散

(4)房间内任一点到该房间直通疏散走道的疏散门的距离，不应大于表6-8中规定的袋形走道两侧或尽端的疏散门至最近安全出口的距离。

(5)一、二级耐火等级建筑内疏散门或安全出口不少于2个的观众厅、展览厅、多功能厅、餐厅、营业厅，其室内任一点至最近疏散门或安全出口的直线距离不应大于30m；当该疏散门不能直通室外地面或疏散楼梯间时，应采用长度不大于 10m 的疏散道通至最近的安全出口。当该场所设置自动喷水灭火系统时，其安全疏散距离可增加 25%。

（三）厂房、仓库安全疏散距离

确定厂房的安全疏散距离，如图 6-5 所示。需要考虑楼层的实际情况（如单层、多层、高层），生产的火灾危险性类别及建筑物的耐火等级等。厂房内任一点到最近的安全出口的距离不应大于表 6-9 的规定。从表中可以看出，火灾危险性越大，安全疏散距离要求越严；厂房的耐火等级越低，安全疏散距离要求越严。而对于丁、戊类生产，当采用一、二级耐火等级的厂房时，其疏散距离可以不受限制。

表 6-9　厂房内任一点至最近安全出口的直线距离　　（单位：m）

生产类别	耐火等级	单层厂房	多层厂房	高层厂房	地下、半地下厂房或厂房的地下室、半地下室
甲	一、二级	30.0	25.0	—	—
乙	一、二级	75.0	50.0	30.0	—
丙	一、二级	80.0	60.0	40.0	30.0
	三 级	60.0	40.0	—	—
丁	一、二级	不限	不限	50.0	45.0
	三 级	60.0	50.0	—	—
	四级	50.0	—	—	—
戊	一、二级	不限	不限	75.0	60.0
	三 级	100.0	75.0	—	—
	四级	60.0	—	—	—

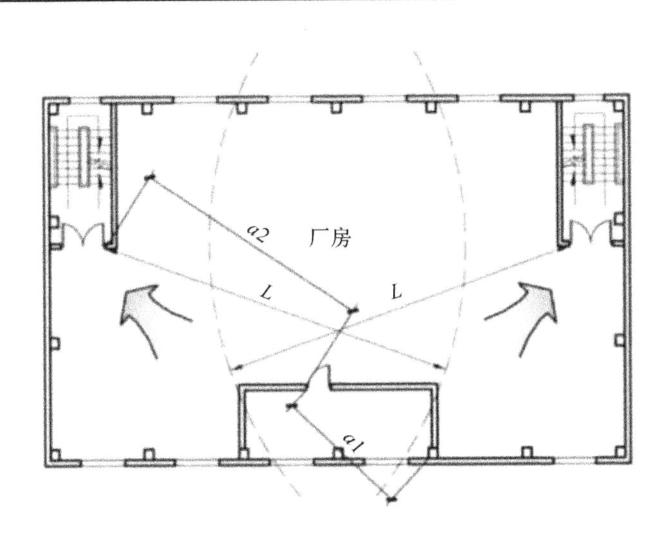

图 6-5　厂房疏散距离平面示意图

仓库内任一点到最近安全出口的距离不宜大于表 6-10 规定。

表 6-10 仓库内的最大安全疏散距离 (单位:m)

仓库类别	耐火等级	单层仓库	多层仓库	高层仓库	地下、半地下仓库或仓库的地下室、半地下室
甲	一、二级	30.0	25.0	—	—
乙	一、二级	75.0	50.0	30.0	—
丙	一、二级	80.0	60.0	40.0	30.0
	三 级	60.0	40.0	—	—
丁	一、二级	不限	不限	50.0	45.0
	三 级	60.0	50.0	—	—
	四 级	50.0	—	—	—
戊	一、二级	不限	不限	75.0	60.0
	三 级	100.0	75.0	—	—
	四 级	60.0	—	—	—

(四)木结构建筑安全疏散距离

木结构民用建筑房间直通疏散走道的疏散门至最近安全出口的距离不应大于表 6-11 的规定。

表 6-11 木结构房间直通疏散走道的疏散门至最近安全出口的距离 (单位:m)

名 称	位于两个安全出口之间的疏散门	位于袋形走道两侧或尽端的疏散门
托儿所、幼儿园、老年人建筑	15	10
歌舞娱乐放映游艺场所	15	6
医院和疗养院建筑、教学建筑	25	12
其他民用建筑	30	15

房间内任一点至该房间直通疏散走道的疏散门的距离,不应大于表 6-11 规定的袋形走道两侧或尽端的疏散门至最近安全出口的距离。

木结构工业建筑中的丁、戊类厂房内任意一点至最近安全出口的疏散距离分别不应大于 50m 和 60m。

(五)汽车库的安全疏散距离

汽车库室内任一点至最近人员安全出口的疏散距离不应大于 45m,当设置自动喷水灭火系统时,其距离不应大于 60m,对于单层或设置在建筑首层的汽车库,室内任一点至室外最近出口的疏散距离不应超过 60m。

第二节 安全出口

安全出口的位置、数量、宽度对人员安全疏散至关重要。建筑的使用性质、高度、区域的面积及内部布置、室内空间高度均对疏散出口的设计有密切影响。设计时应区别对待,充分考虑区域内使用人员的特性，合理确定相应的疏散设施，为人员疏散提供安全的条件。

一、人员密度计算

(一)办公建筑

办公建筑包括办公室用房、公共用房、服务用房和设备用房等部分。办公室用房包括普通办公室和专用办公室。专用办公室指设计绘图室和研究工作室等。人员密度可按普通办公室每人使用面积 4m²，设计绘图室每人使用面积 6m²，研究工作室每人使用面积 5m² 计算。公共用房包括会议室、对外办事厅、接待室、陈列室、公用厕所、开水间等。会议室分中小会议室和大会议室，中小会议室每人使用面积为：有会议桌的不应小于 1.80m²，无会议桌的不应小于 0.80m²。

(二)商场

商店的疏散人数应按每层营业厅的建筑面积乘以表 6-12 规定的人员密度计算。对于建材商店、家具和灯饰展示建筑，其人员密度可按表 6-12 规定值的 30%确定。

表 6-12　商店营业厅内的人员密度　　(单位：人/m²)

楼层位置	地下第二层	地下第一层	地上第一、二层	地上第三层	地上第四层及以上各层
人员密度	0.56	0.60	0.43～0.60	0.39～0.54	0.30～0.42

(三)歌舞娱乐放映游艺场所

录像厅、放映厅的疏散人数，应根据厅、室的建筑面积按 1.0 人/m² 计算；其他歌舞娱乐放映游艺场所的疏散人数，应根据厅、室的建筑面积按 0.5 人/m² 计算。

(四)餐饮场所

餐馆、饮食店、食堂等餐饮场所由餐厅或饮食厅、公用部分、厨房或饮食制作间和辅助部分组成。100 座及 100 座以上餐馆、食堂中的餐厅与厨房(包括辅助部分)的面积比(简称餐厨比)应符合：餐馆的餐厨比宜为 1∶1.1；食堂餐厨比宜为 1∶1。餐馆、饮食店、食堂的餐厅与饮食厅每座最小使用面积可按表 6-13 取值。

表 6-13　餐厅与饮食厅每座最小使用面积　　(单位：m²/座)

等级	类别		
	餐馆餐厅	饮食店饮食厅	食堂餐厅
一	1.30	1.30	1.10
二	1.10	1.10	0.85
三	1.00	—	—

有固定座位的场所，其疏散人数可按实际座位数的 1.1 倍计算。展览厅的疏散人数应根据展览厅的建筑面积按 0.75 人/m² 计算。

二、安全出口的宽度

安全出口的宽度设计不足，会在出口前出现滞留，延长疏散时间，影响安全疏散。我国现行规范根据允许疏散时间来确定疏散通道的百人宽度指标，从而计算出安全出口的总宽度，即实际需要设计的最小宽度。

（一）百人宽度指标

百人宽度指标是每百人在允许疏散时间内，以单股人流形式疏散所需的疏散宽度。

$$百人宽度指标=\frac{N}{A \cdot t} \cdot b \tag{6-8}$$

式中：N——疏散人数（即100人）；

t——允许疏散时间，min；

A——单股人流通行能力（平、坡地面为43人/min，阶梯地面为37人/min）；

b——单股人流宽度，0.55～0.60m。

【例6-1】已知一、二级耐火等级建筑中观众厅的允许疏散时间为2min，请计算100人所需的疏散宽度（即百人宽度指标）。

门和平坡地面：

$$百人宽度指标=\frac{100}{2\times 43}\times 0.55=0.64\text{m，取 }0.65\text{m}$$

阶梯地面和楼梯：

$$百人宽度指标=\frac{100}{2\times 37}\times 0.55=0.74\text{m，取 }0.75\text{m}$$

影响安全出口宽度的因素很多，如建筑物的耐火等级与层数、使用人数、允许疏散时间、疏散路线是平地还是阶梯等。防火规范中规定的百人宽度指标，是根据式（6-8）并考虑其影响因素后，通过计算、调整得出的。

（二）疏散宽度

在疏散通道、疏散走道、疏散出口处，不应有任何影响人员疏散的物体，并应在疏散通道、疏散走道、疏散出口的明显位置设置明显的指示标志。疏散通道、疏散走道、疏散出口的净高度均不应小于2.1m。疏散走道在防火分区分隔处应设置疏散门。

当建筑物使用人数不多，其安全出口的宽度经计算数值又很小时，为便于人员疏散，首层疏散外门、楼梯和走道应满足最小宽度的要求。

（1）公共建筑内疏散走道和楼梯的净宽度不应小于1.1m，安全出口和疏散出口的净宽度不应小于0.8m。

（2）人员密集的公共场所，如营业厅、观众厅、礼堂、电影院、剧场和体育场的观众厅，公共娱乐场所中的出入大厅，舞厅，候机（车、船）厅及医院的门诊大厅等面积较大，同一时间聚集人数较多的场所，疏散门的净宽度不应小于1.4m，且紧靠门口内外各1.4m范围内不应设置踏步。室外疏散通道的净宽度不应小于3.0m，并应直接通向宽敞地带。

1. 高层公共建筑疏散宽度

高层公共建筑的疏散楼梯和首层楼梯间的疏散门、首层疏散外门和疏散走道的最小净宽度应符合表6-14的要求。

表 6-14　高层公共建筑的疏散楼梯和首层楼梯间的疏散门、首层疏散外门和疏散走道的最小净宽度

（单位：m/百人）

建筑类别	楼梯间的首层疏散门、首层疏散外门	走道宽度		疏散楼梯
		单面布房	双面布房	
高层医疗建筑	1.30	1.40	1.50	1.30
其他高层公共建筑	1.20	1.30	1.40	1.20

2. 电影院、礼堂、剧场疏散宽度

剧院、电影院、礼堂、体育馆等人员密集的公共场所的疏散走道、疏散楼梯、疏散出口或安全出口的各自总宽度应根据其通过人数和表 6-15 所示的疏散净宽度指标计算确定，如图 6-6所示，并应符合下列规定：

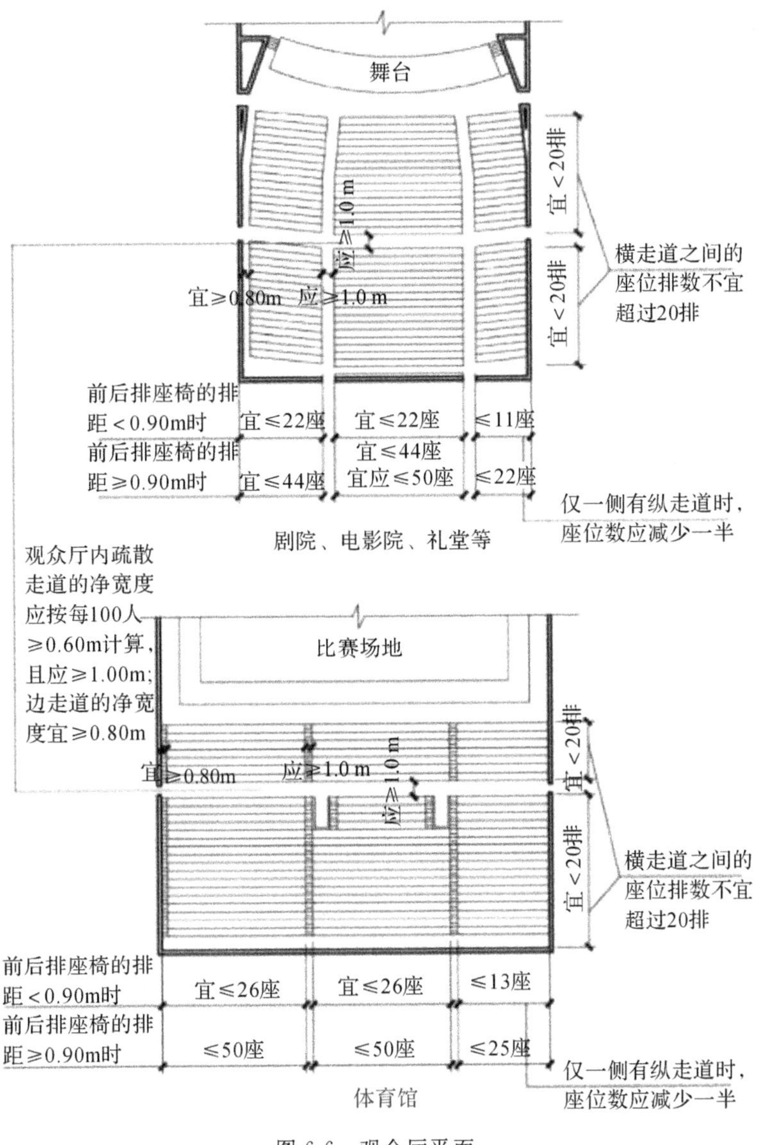

图 6-6　观众厅平面

表 6-15 剧场、电影院、礼堂等场所每百人所需最小疏散净宽度（单位：m/百人）

观众厅座位数(座)			≤2500	≤1200
耐火等级			一、二级	三级
疏散部位	门和走道	平坡地面	0.65	0.85
		阶梯地面	0.75	1.00
	楼　梯		0.75	1.00

观众厅内疏散走道的净宽度，应按每百人不小于 0.60m 的净宽度计算，且不应小于 1.00m；边走道的净宽度不宜小于 0.80m。

在布置疏散走道时，横走道之间的座位排数不宜超过 20 排；纵走道之间的座位数，剧院、电影院、礼堂等每排不宜超过 22 个，体育馆每排不宜超过 26 个，前后排座椅的排距不小于 0.9m 时，可增加一倍，但不得超过 50 个，仅一侧有纵走道时，座位数应减少一半。如图 6-7所示。

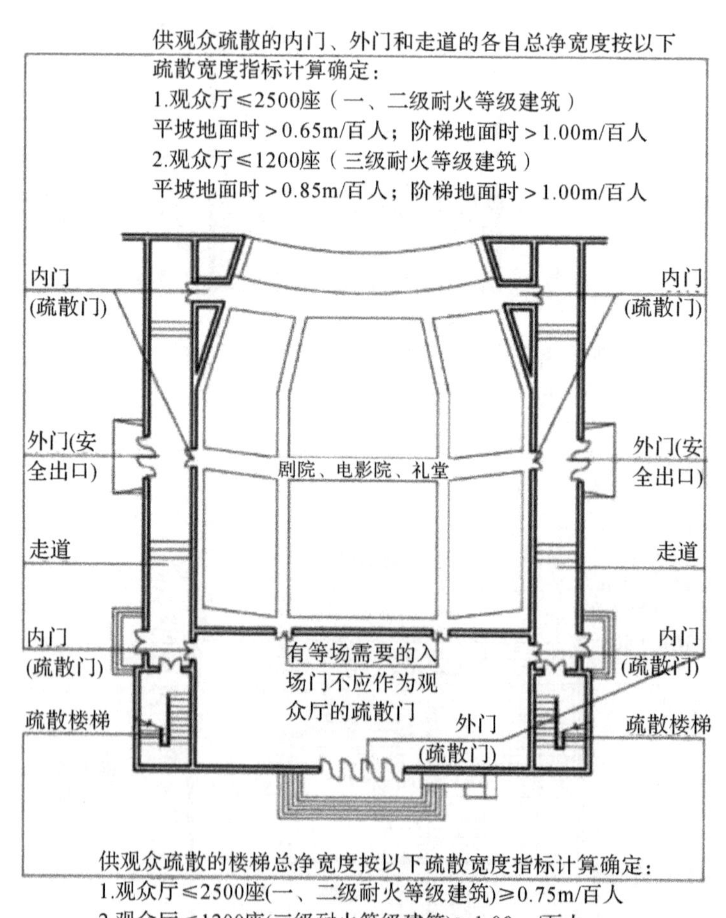

图 6-7　剧院(电影院、礼堂)平面

3. 体育馆疏散宽度

体育馆供观众疏散的所有内门、外门、楼梯和走道的各自总宽度，应按表 6-16 的规定计算确定，如图 6-8 所示。

表 6-16　体育馆每百人所需最小疏散净宽度　　(单位:m/百人)

观众厅座位数档次(座)			3000～5000	5001～10000	10001～20000
疏散部位	门和走道	平坡地面	0.43	0.37	0.32
		阶梯地面	0.50	0.43	0.37
	楼　梯		0.50	0.43	0.37

注:本表中对应较大座位数范围按规定计算的疏散总净宽度，不应小于对应相邻较小座位数范围按其最多座位数计算的疏散总净宽度。对于观众厅座位数小于 3000 个的体育馆，计算供观众疏散的所有内门、外门、楼梯和走道的各自总净宽度时，每百人的最小疏散净宽度不应小于表 6-15 的规定。

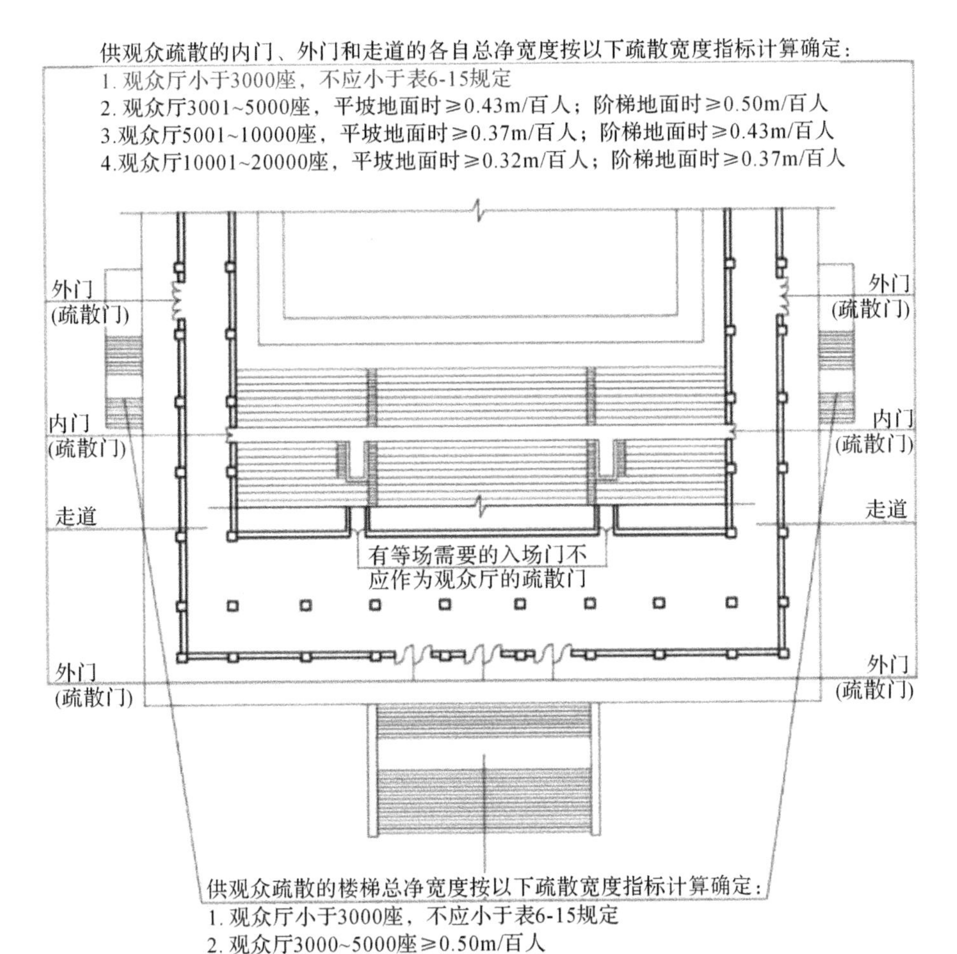

图 6-8　观众厅疏散

4. 其他公共建筑

除剧场、电影院、礼堂、体育馆外的其他公共建筑的房间疏散门、疏散走道、疏散楼梯和安全出口的各自总宽度,应按表 6-17 的要求计算确定。当疏散人数不等时,疏散楼梯总净宽度应按本层及以上各楼层人数最多的一层人数计算,地下建筑中上层楼梯的总宽度应按其下层人数最多一层的人数计算。

地下或半地下人员密集的厅、室和歌舞娱乐放映游艺场所,其疏散走道、安全出口、疏散楼梯和房间疏散门的各自总宽度,应按其通过人数每百人不小于 1.00m 计算确定。

首层外门的总净宽度应按建筑疏散人数最多的一层人数计算确定,不供其他楼层疏散的外门,可按本层疏散人数计算确定。

表 6-17 其他公共建筑中疏散楼梯、疏散出口和疏散走道的每百人净宽度

(单位:m/百人)

建筑层数		耐火等级		
		一、二级	三级	四级
地上楼层	1~2 层	0.65	0.75	1.00
	3 层	0.75	1.00	—
	≥4 层	1.00	1.25	—
地下楼层	与地面出入口地面的高差≤10m	0.75	—	—
	与地面出入口地面的高差>10m	1.00	—	—

5. 住宅建筑疏散宽度

住宅建筑的户门、安全出口、疏散走道和疏散楼梯的各自总净宽度应经计算确定,且户门和安全出口的净宽度不应小于 0.8m,疏散走道、疏散楼梯和首层疏散外门的净宽度不应小于 1.10m。建筑高度不大于 18m 的住宅中一边设置栏杆的疏散楼梯,其净宽度不应小于 1.00m。

6. 木结构建筑疏散宽度

木结构建筑内疏散走道、安全出口、疏散楼梯和房间疏散门的净宽度,应根据疏散人数按每百人的最小疏散净宽度不小于表 6-18 的规定计算确定。

表 6-18 疏散走道、安全出口、疏散楼梯和房间疏散门每百人的最小疏散净宽度

(单位:m/百人)

层 数	地上 1~2 层	地上 3 层
每百人的疏散净宽度	0.75	1.00

7. 厂房疏散宽度

厂房内疏散出口的最小净宽度不宜小于 0.9m;疏散走道的净宽度不宜小于 1.4m;疏散楼梯最小净宽度不宜小于 1.1m。厂房内的疏散楼梯、走道、门的总净宽度应根据疏散人数,按表 6-19 的规定计算确定。首层外门的总净宽度应按该层及以上疏散人数最多一层的疏散人数计算,且该门的最小净宽度应不小于 1.20m。

表 6-19 厂房疏散楼梯、走道和门的净宽度指标 （单位：m/百人）

厂房层数	一、二层	三层	≥四层
宽度指标	0.6	0.8	1.0

三、安全出口数量及设置要求

为了在发生火灾时能够迅速安全地疏散人员，在建筑防火设计时必须设置足够数量的安全出口。建筑内的安全出口和疏散门应分散布置，且建筑内每个防火分区或一个防火分区的每个楼层、每个住宅单元每层相邻两个安全出口以及每个房间相邻两个疏散门最近边缘之间的水平距离不应小于 5m，如图 6-9 所示。自动扶梯和电梯不应计作安全疏散设施。

高层建筑直通室外的安全出口上方，应设置挑出宽度不小于 1.0m 的防护挑檐。

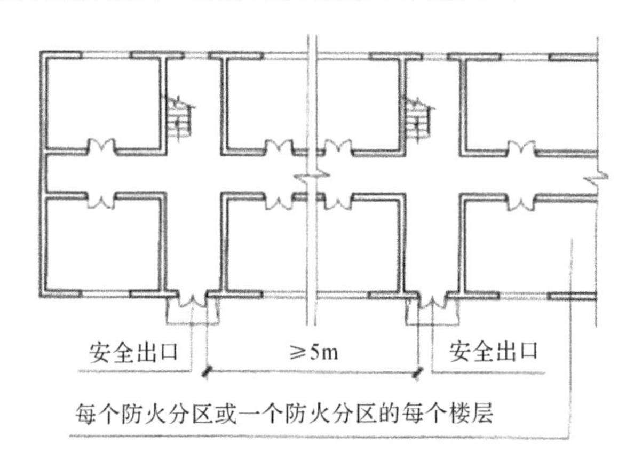

图 6-9 安全出口

一、二级耐火等级的建筑，当一个防火分区的安全出口全部直通室外确有困难时，符合下列规定的防火分区可利用设置在相邻防火分区之间向疏散方向开启的甲级防火门作为安全出口：

(1)应采用防火墙与相邻防火分区进行分隔。

(2)该防火分区的建筑面积大于 1000m^2 时，直通室外的安全出口数量不应少于 2 个；该防火分区的建筑面积小于等于 1000m^2 时，直通室外的安全出口数量不应少于 1 个。

(3)该防火分区通向相邻防火分区的疏散净宽度，不应大于计算所需总净宽度的 30%。

(一)公共建筑安全出口设置要求

公共建筑内每个防火分区或一个防火分区的每个楼层，其安全出口的数量应经计算确定，且不应少于 2 个；公共建筑内房间的疏散门数量应经计算确定且不应少于 2 个。

疏散门是人员安全疏散的主要出口。其设置应满足下列要求：

(1)民用建筑的疏散门，应采用向疏散方向开启的平开门，不应采用推拉门、卷帘门、吊门、转门和折叠门。除甲、乙类生产车间外，人数不超过 60 人且每樘门的平均疏散人数不超过 30 人的房间，其疏散门的开启方向不限。

(2)开向疏散楼梯或疏散楼梯间的门，当其完全开启时，不应减少楼梯平台的有效宽度。

(3)人员密集场所内平时需要控制人员随意出入的疏散门和设置门禁系统的住宅、宿舍、公寓建筑的外门，应保证火灾时不需使用钥匙等任何工具即能从内部打开，并应在显著位置设置具有使用提示的标识。

(4)除人员密集场所外，建筑面积不大于 500m² 、使用人数不超过 30 人且埋深不大于 10m 的地下或半地下建筑(室)需要设置 2 个安全出口时，其中一个安全出口可利用直通室外的金属竖向梯。

除歌舞娱乐放映游艺场所外，防火分区建筑面积不大于 200m² 的地下或半地下设备间，防火分区建筑面积不大于 50m² 且经常停留人数不超过 15 人的其他地下或半地下建筑(室)，可设置 1 个安全出口或 1 部疏散楼梯。

除规范另有规定外，建筑面积不大于 200m² 的地下或半地下设备间，建筑面积不大于 50m² 且经常停留人数不超过 15 人的其他地下或半地下房间，可设置 1 个疏散门。

1. 设置 1 个安全出口或 1 部疏散楼梯的公共建筑

符合下列条件之一的公共建筑，可设置 1 个安全出口或 1 部疏散楼梯：

(1)除托儿所、幼儿园外，建筑面积不大于 200m² 且人数不超过 50 人的单层建筑或多层建筑的首层，如图 6-10 所示。

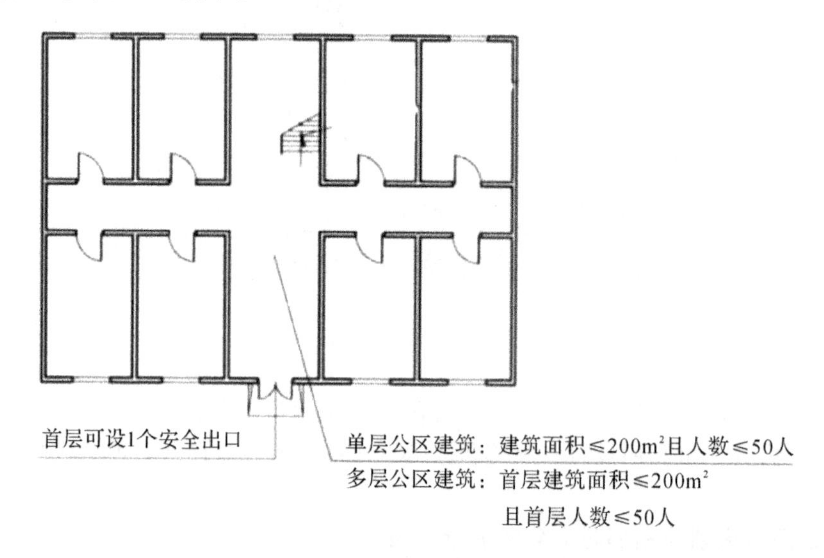

图 6-10 除托儿所、幼儿园外的单层公共建筑或多层公共建筑首层平面

(2)除医疗建筑、老年人建筑及托儿所、幼儿园的儿童用房和儿童游乐厅等儿童活动场所等外，符合表 6-20 规定的 2 或 3 层建筑。

表 6-20 公共建筑可设置一个安全出口的条件

耐火等级	最多层数	每层最大建筑面积(m²)	人 数
一、二级	3 层	200	第 2 层和第 3 层的人数之和不超过 50 人
三级	3 层	200	第 2 层和第 3 层的人数之和不超过 25 人
四级	2 层	200	第 2 层人数不超过 15 人

(3)一、二级耐火等级多层公共建筑，当设置不少于 2 部疏散楼梯且顶层局部升高层数

不超过2层、人数之和不超过50人、每层建筑面积不大于200m² 时，该局部高出部位可设置一部与下部主体建筑楼梯间直接连通的疏散楼梯，但至少应另设置一个直通主体建筑上人平屋面的安全出口，该上人屋面应符合人员安全疏散要求。

2. 设置1个疏散门的公共建筑

除托儿所、幼儿园、老年人建筑、医疗建筑、教学建筑内位于走道尽端的房间外，符合下列条件之一的房间可设置1个疏散门：

(1)位于两个安全出口之间或袋形走道两侧的房间，对于托儿所、幼儿园、老年人建筑，建筑面积不大于50m²；对于医疗建筑、教学建筑，建筑面积不大于75m²；对于其他建筑或场所，建筑面积不大于120m²。

(2)位于走道尽端的房间，建筑面积小于50m² 且疏散门的净宽度不小于0.90m，或由房间内任一点至疏散门的直线距离不大于15m、建筑面积不大于200m² 且疏散门的净宽度不小于1.40m。

(3)歌舞娱乐放映游艺场所内建筑面积不大于50m² 且经常停留人数不超过15人的厅、室。

3. 体育馆与剧场等公共建筑疏散门的设置

剧场、电影院、礼堂和体育馆的观众厅或多功能厅，其疏散门的数量应经计算确定且不应少于2个，并应符合下列规定：

(1)对于剧场、电影院、礼堂的观众厅或多功能厅，每个疏散门的平均疏散人数不应超过250人；当容纳人数超过2000人时，其超过2000人的部分，每个疏散门的平均疏散人数不应超过400人。

(2)对于体育馆的观众厅，每个疏散门的平均疏散人数不宜超过700人。

(二)住宅建筑安全出口设置要求

住宅建筑安全出口的设置应符合下列规定：

(1)建筑高度不大于27m的建筑，当每个单元任一层的建筑面积大于650m²，或任一户门至最近安全出口的距离大于15m时，每个单元每层的安全出口不应少于2个。

(2)建筑高度大于27m、不大于54m的建筑，每个单元任一层的建筑面积大于650m²，或任一户门至最近安全出口的距离大于10m时，每个单元每层的安全出口不应少于2个。

(3)建筑高度大于54m的单元建筑，每个单元每层的安全出口不应少于2个。

(4)建筑高度大于27m，但不大于54m的建筑，每个单元设置一座疏散楼梯时，疏散楼梯应通至屋面，且单元之间的疏散楼梯应能通过屋面连通，户门采用乙级防火门。当不能通至屋面或不能通过屋面连通时，应设置2个安全出口。

(三)厂房、仓库安全出口设置要求

厂房、仓库的疏散门应采用向疏散方向开启的平开门，但丙、丁、戊类仓库首层靠墙的外侧可采用推拉门或卷帘门。

厂房、仓库的安全出口应分散布置。每个防火分区或一个防火分区的每个楼层，相邻2个安全出口最近边缘之间的水平距离不应小于5m。厂房、仓库符合下列条件时，可设置一个安全出口：

(1)甲类厂房，每层建筑面积不超过100m²，且同一时间的生产人数不超过5人。

(2)乙类厂房，每层建筑面积不超过150m²，且同一时间的生产人数不超过10人。

(3)丙类厂房，每层建筑面积不超过 $250m^2$，且同一时间的生产人数不超过 20 人。

(4)丁、戊类厂房，每层建筑面积不超过 $400m^2$，且同一时间内的生产人数不超过 30 人。

(5)地下、半地下厂房或厂房的地下室、半地下室，其建筑面积不大于 $50m^2$ 且经常停留人数不超过 15 人。

(6)一座仓库的占地面积不大于 $300m^2$ 或防火分区的建筑面积不大于 $100m^2$。

(7)地下、半地下仓库或仓库的地下室、半地下室，建筑面积不大于 $100m^2$。

地下或半地下仓库(包括地下或半地下室)，当有多个防火分区相邻布置并采用防火墙分隔时，每个防火分区可利用防火墙上通向相邻防火分区的甲级防火门作为第二安全出口，但每个防火分区必须至少有 1 个直通室外的安全出口。

四、疏散走道

疏散走道贯穿整个安全疏散体系，是确保人员安全疏散的重要因素。其设计应简捷明了，便于寻找、辨别，避免布置成“S”形、“U”形或袋形。

(一)基本概念

疏散走道是指发生火灾时，建筑内人员从火灾现场逃往安全场所的通道。疏散走道的设置应保证逃离火场的人员进入走道后，能顺利地继续通行至楼梯间，到达安全地带。

(二)疏散走道设置基本要求

疏散走道的布置应满足以下要求：

(1)走道应简捷，并按规定设置疏散指示标志和诱导灯。

(2)在 1.8m 高度内不宜设置管道、门垛等突出物，走道中的门应向疏散方向开启。

(3)尽量避免设置袋形走道。

(4)疏散走道的宽度应符合表 6-21 的要求。办公建筑的走道最小净宽应满足表 6-21 的要求。

(5)疏散走道在防火分区处应设置常开甲级防火门。

表 6-21　办公建筑的走道最小净宽　　(单位：m/百人)

走道长度	走道净宽	
	单面布房	双面布房
≤40	1.30	1.50
>40	1.50	1.80

第三节　疏散楼梯与楼梯间

当建筑物发生火灾时，普通电梯没有采取有效的防火防烟措施，且供电中断，一般会停止运行，上部楼层的人员只有通过楼梯才能疏散到建筑物的外边，因此楼梯成为最主要的垂直疏散设施。

一、疏散楼梯布置原则

（一）平面布置

为了提高疏散楼梯的安全可靠程度，在进行疏散楼梯的平面布置时，应满足下列防火要求：

（1）疏散楼梯宜设置在标准层（或防火分区）的两端，以便于为人们提供两个不同方向的疏散路线。

（2）疏散楼梯宜靠近电梯设置。发生火灾时，人们习惯于利用经常走的疏散路线进行疏散，而电梯则是人们经常使用的垂直交通运输工具，靠近电梯设置疏散楼梯，可将常用疏散路线与紧急疏散路线相结合，有利于人们快速进行疏散。如果电梯厅为开敞式时，为避免因高温烟气进入电梯井而切断通往疏散楼梯的通道，两者之间应进行防火分隔。

（3）疏散楼梯宜靠外墙设置。这种布置方式有利于采用带开敞前室的疏散楼梯间，同时也便于自然采光、通风和进行火灾的扑救。

（二）竖向布置

（1）疏散楼梯应保持上、下畅通。高层建筑的疏散楼梯宜通至平屋顶，当向下疏散的路径发生堵塞或被烟气切断时，以便人员能上到屋顶暂时避难，等待消防部门利用举高车或直升机进行救援。

（2）应避免不同的人流路线相互交叉。高层部分的疏散楼梯不应和低层公共部分（指裙房）的交通大厅、楼梯间、自动扶梯混杂交叉，以免紧急疏散时两部分人流发生冲突，引起堵塞和意外伤亡。

二、疏散楼梯间的一般要求

疏散楼梯间应该符合下面要求，如图 6-11 所示。

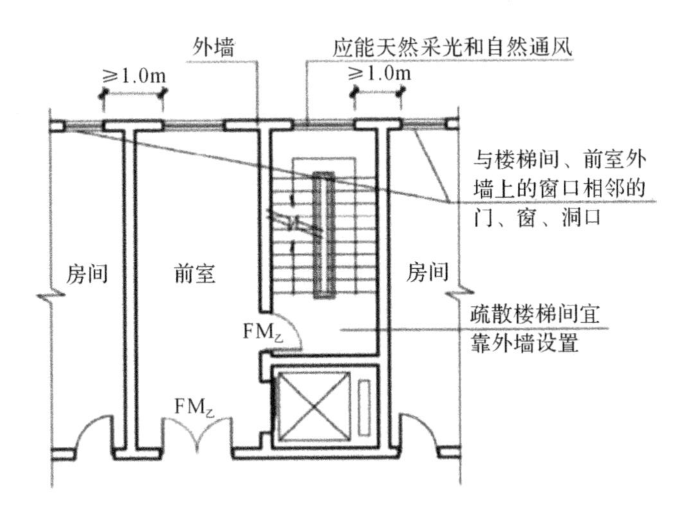

图 6-11　楼梯间设置

（1）楼梯间应能天然采光和自然通风，并宜靠外墙设置。靠外墙设置时，楼梯间及合用前室的窗口与两侧门、窗洞口最近边缘之间的水平距离不应小于1.0m。

(2)楼梯间内不应设置烧水间、可燃材料储藏室、垃圾道。

(3)封闭楼梯间、防烟楼梯间及其前室不应设置卷帘。

(4)楼梯间内不应有影响疏散的凸出物或其他障碍物,不应敷设或穿越甲、乙、丙类液体的管道。

(5)封闭楼梯间、防烟楼梯间及其前室内禁止穿过或设置可燃气体管道。敞开楼梯间内不应设置可燃气体管道,当住宅建筑的敞开楼梯间内确需设置可燃气体管道和可燃气体计量表时,应采用金属配管和设置切断气源的阀门。

(6)除通向避难层错位的疏散楼梯外,建筑中的疏散楼梯间在各层的平面位置不应改变。

(7)用作丁、戊类厂房内第二安全出口的楼梯可采用金属梯,但净宽度不应小于0.90m,倾斜角度不应大于45°。

丁、戊类高层厂房,当每层工作平台上的人数不超过2人且各层工作平台上同时工作的人数总和不超过10人时,其疏散楼梯可采用敞开楼梯或利用净宽度不小于0.90m、倾斜角度不大于60°的金属梯。

(8)疏散用楼梯和疏散通道上的阶梯不宜采用螺旋楼梯和扇形踏步。必须采用时,踏步上、下两级所形成的平面角度不应大于10°,且每级离扶手250mm处的踏步深度不应小于220mm。

(9)除住宅建筑套内的自用楼梯外,地下、半地下室与地上层不应共用楼梯间,必须共用楼梯间时,在首层应采用耐火极限不低于2.00h的不燃烧体隔墙和乙级防火门将地下、半地下部分与地上部分的连通部位完全分隔,并应有明显标志。

三、敞开楼梯间

敞开楼梯间是低、多层建筑常用的基本形式,也称普通楼梯间。该楼梯的典型特征是,楼梯与走廊或大厅都是敞开在建筑物内,在发生火灾时不能阻挡烟气进入,而且可能成为向其他楼层蔓延的主要通道。敞开楼梯间安全可靠程度不大,但使用方便、经济,适用于低、多层的居住建筑和公共建筑中。

四、封闭楼梯间

封闭楼梯间(Enclosed Staircase),指在楼梯间入口处设置门,以防止火灾的烟和热气进入的楼梯间。封闭楼梯间有墙和门与走道分隔,比敞开楼梯间安全。但因其只设有一道门,在火灾情况下进行人员疏散时难以保证不使烟气进入楼梯间,所以对封闭楼梯间的使用范围应加以限制。

(一)封闭楼梯间的适用范围

1. 公共建筑

多层公共建筑的疏散楼梯,除与敞开式外廊直接相连的楼梯间外,均应采用封闭楼梯间。具体如下:

(1)医疗建筑、旅馆及类似使用功能的建筑;

(2)设置歌舞娱乐放映游艺场所的建筑；

(3)商店、图书馆、展览建筑、会议中心及类似使用功能的建筑；

(4)6 层及以上的其他建筑；

(5)高层建筑的裙房和建筑高度不超过 32m 的二类高层公共建筑。

(6)除室内地面与室外出入口地坪高差大于 10m 或 3 层及以上的地下、半地下建筑(室)外的非住宅建筑套内的自用楼梯，其疏散楼梯应采用封闭楼梯间。

(7)老年人照料设施的疏散楼梯或疏散楼梯间宜与敞开式外廊直接连通，不能与敞开式外廊直接连通的室内疏散楼梯应采用封闭楼梯间。

建筑高度大于 32m 的老年人照料设施，宜在 32m 以上部分增设能连通老年人居室和公共活动场所的连廊，各层连廊应直接与疏散楼梯、安全出口或室外避难场地连通。疏散楼梯或疏散楼梯间与敞开式外廊相连通，具有较好的防止烟气进入的条件，有利于老年人的安全疏散。封闭楼梯间或防烟楼梯间可为人员疏散提供较安全的疏散环境，有更长的时间可供老年人安全疏散。老年人照料设施要尽量设置与疏散或避难场所直接连通的室外走廊，为老年人在火灾时提供更多的安全疏散路径。对于需要封闭的外走廊，则要具备在火灾时可以与火灾报警系统或其他方式联动自动开启外窗的功能。

2. 住宅建筑

建筑高度不大于 21m 的住宅建筑可采用敞开楼梯间；与电梯井相邻布置的疏散楼梯应采用封闭楼梯间；当户门采用乙级防火门时，仍可采用敞开楼梯间。建筑高度大于 21m、不大于 33m 的住宅建筑应采用封闭楼梯间；当户门采用乙级防火门时，可采用敞开楼梯间。

3. 厂房和仓库

甲、乙、丙类多层厂房、高层厂房和高层仓库的疏散楼梯应采用封闭楼梯间。

(二)封闭楼梯间的设置要求

封闭楼梯间除应满足楼梯间的设置要求外，还应满足以下几个方面：

(1)不能自然通风或自然通风不能满足要求时，应设置机械加压送风系统或采用防烟楼梯间。

(2)除楼梯间的出入口和外窗外，楼梯间的墙上不应开设其他门、窗、洞口。

(3)高层建筑、人员密集的公共建筑、人员密集的多层丙类厂房、甲和乙类厂房，其封闭楼梯间的门应采用乙级防火门，并应向疏散方向开启；其他建筑，可采用双向弹簧门。

(4)楼梯间的首层可将走道和门厅等包括在楼梯间内形成扩大的封闭楼梯间，但应采用乙级防火门等与其他走道和房间分隔，如图 6-12 所示。

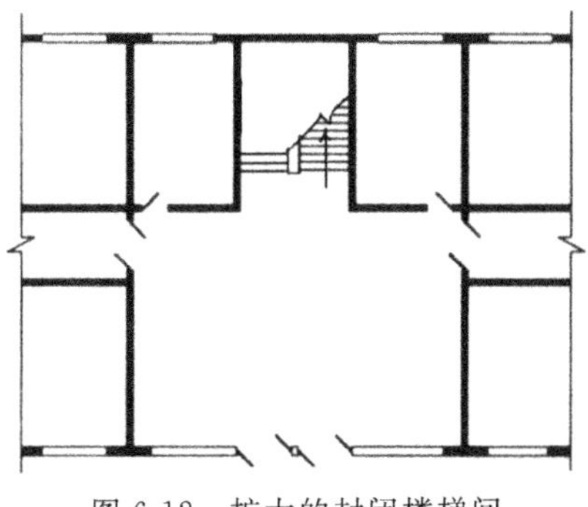

图 6-12　扩大的封闭楼梯间

五、防烟楼梯间

防烟楼梯间(Smoke-Proof Staircase),指在楼梯间入口处设置防烟的前室、开敞式阳台或凹廊(统称前室)等设施,且通向前室和楼梯间的门均为防火门,以防止火灾的烟和热气进入的楼梯间。防烟楼梯间设有两道防火门和防排烟设施,发生火灾时能作为安全疏散通道,是高层建筑等火灾危险等级高的场所常采用的楼梯间形式。

(一)防烟楼梯间的类型

1. 带阳台或凹廊的防烟楼梯间

带开敞阳台或凹廊的防烟楼梯间的特点是以阳台或凹廊作为前室,疏散人员须通过开敞的前室和两道防火门才能进入楼梯间内。如图 6-13 和图 6-14 所示。

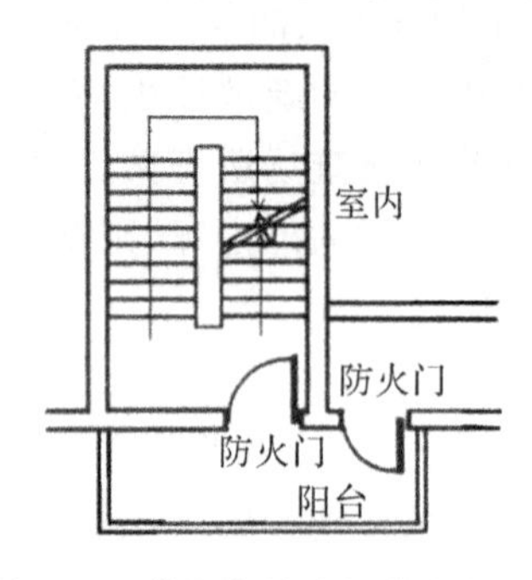

图 6-13　带阳台的防烟楼梯间

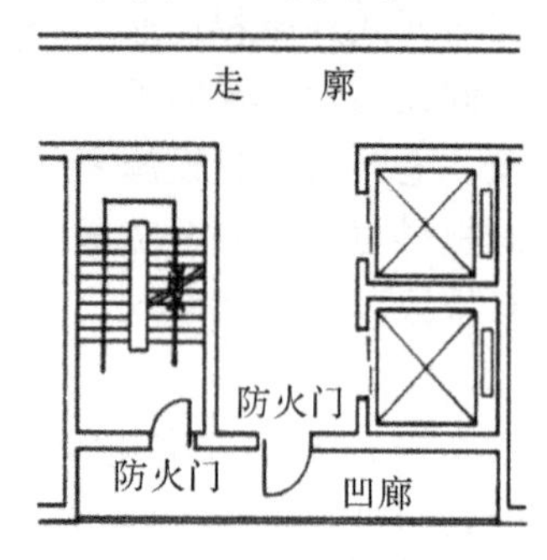

图 6-14　带凹廊的防烟楼梯间

2. 带前室的防烟楼梯间

(1)利用自然排烟的防烟楼梯间。在平面布置时,设靠外墙的前室,并在外墙上设有开启面积不小于 $2m^2$ 的窗户,平时可以是关闭状态,但发生火灾时窗户应全部开启。由走道进入前室和由前室进入楼梯间的门必须是乙级防火门,平时及火灾时乙级防火门处于关闭状态,如图 6-15 所示。

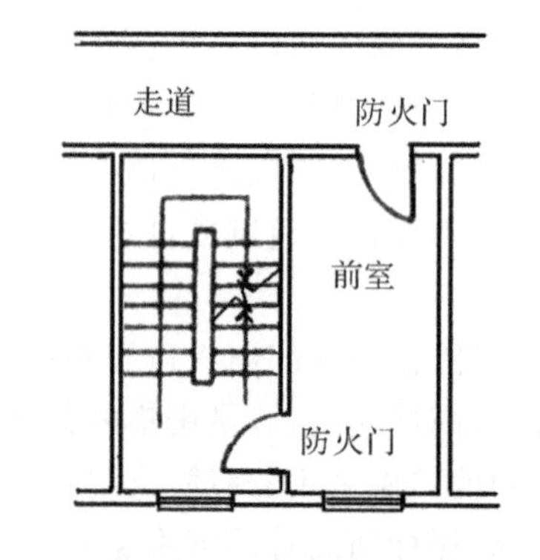

图 6-15　靠外墙的防烟楼梯间

(2)采用机械防烟的楼梯间。楼梯间位于建筑物的内部,为防止火灾时烟气侵入,采用机械加压方式进行防烟,如图 6-16 所示。加压方式有仅给楼梯间加压[见图 6-16(a)]、分别对楼梯间和前室加压[见图 6-16(b)]以及仅对前室或合用前室加压[(见图 6-16(c)]等不同方式。

(二)防烟楼梯间的适用范围

在下列情况下应设置防烟楼梯间:

(1)一类高层建筑及建筑高度大于 32m 的二类高层建筑。

(2)建筑高度大于 33m 的住宅建筑。

(3)建筑高度大于 24m 的老年人照料设施的室内疏散楼梯。

(4)建筑高度大于 32m 且任一层人数超过 10 人的高层厂房。

(5)除住宅建筑套内的自用楼梯外,室内地面与室外出入口地坪高差大于 10m 或 3 层

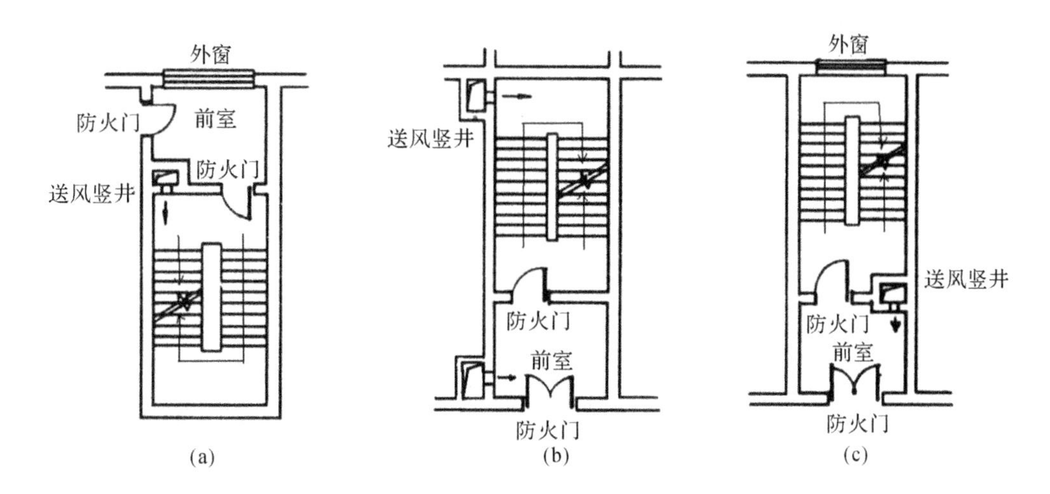

图 6-16　采用机械防烟的楼梯间

及以上的地下、半地下建筑(室)。

(三)防烟楼梯间的设置要求

防烟楼梯间除应满足疏散楼梯的设置要求外,还应满足以下要求:

(1)应设置防烟设施。

(2)前室可与消防电梯间前室合用。

(3)前室的使用面积:公共建筑、高层厂房(仓库),不应小于 6.0m²;住宅建筑,不应小于 4.5m²。与消防电梯间前室合用时,合用前室的使用面积:公共建筑、高层厂房(仓库),不应小于 10.0m²;住宅建筑,不应小于 6.0m²。

(4)疏散走道通向前室以及前室通向楼梯间的门应采用乙级防火门。

(5)除住宅建筑的楼梯间前室外,防烟楼梯间和前室内的墙上不应开设除疏散门和送风口外的其他门、窗、洞口。

(6)楼梯间的首层可将走道和门厅等包括在楼梯间前室内形成扩大的前室,但应采用乙级防火门等与其他走道和房间分隔。

六、室外疏散楼梯

在建筑的外墙上设置全部敞开的室外楼梯(见图 6-17),不易受烟火的威胁,防烟效果和经济性都较好。

(一)室外楼梯的适用范围

设置封闭楼梯间的高层厂房和甲、乙、丙类多层厂房及设置防烟楼梯间的建筑高度大于 32m 且任一层人数超过 10 人的厂房也可以设置室外楼梯间。

(二)室外楼梯的构造要求

室外楼梯作为疏散楼梯应符合下列规定(见图 6-18):

(1)栏杆扶手的高度不应小于 1.1m;楼梯的净宽度不应小于 0.9m。

(2)倾斜度不应大于 45°。

(3)楼梯和平台均应采取不燃材料制作。平台的耐火极限不应低于 1.00h,楼梯段的耐火极限不应低于 0.25h。

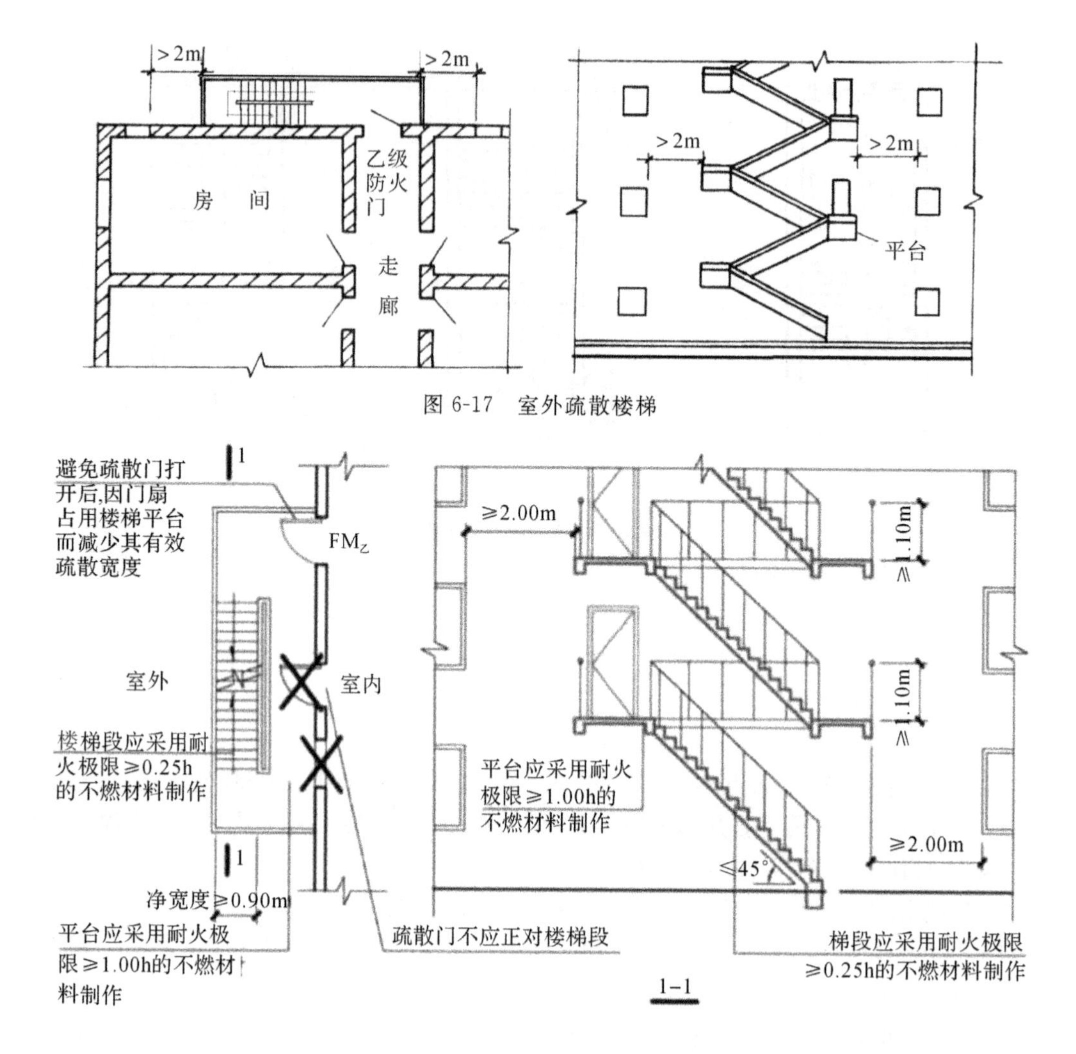

图 6-17 室外疏散楼梯

图 6-18 室外疏散楼梯设置

(4)通向室外楼梯的门宜采用乙级防火门,并应向室外开启。

(5)除疏散门外,楼梯周围 2.0m 内的墙面上不应设置其他门、窗洞口,疏散门不应正对楼梯段。

高度大于 10m 的三级耐火等级建筑应设置通至屋顶的室外消防梯。室外消防梯不应面对老虎窗,宽度不应小于 0.6m,且宜从离地面 3.0m 高处设置,如图 6-19 所示。

七、剪刀楼梯

剪刀楼梯,又名叠合楼梯或套梯,是在同一个楼梯间内设置了一对相互交叉又相互隔绝的疏散楼梯。剪刀楼梯在每层楼层之间的梯段一般为单跑梯段,如图 6-20 所示。剪刀楼梯的特点是,同一个楼梯间内设有两部疏散楼梯,并构成两个出口,有利于在较为狭窄的空间内组织双向疏散。

高层公共建筑的疏散楼梯,当分散设置确有困难且从任一疏散门至最近疏散楼梯间入口的距离不大于 10m 时,可采用剪刀楼梯间,但应符合下列规定:

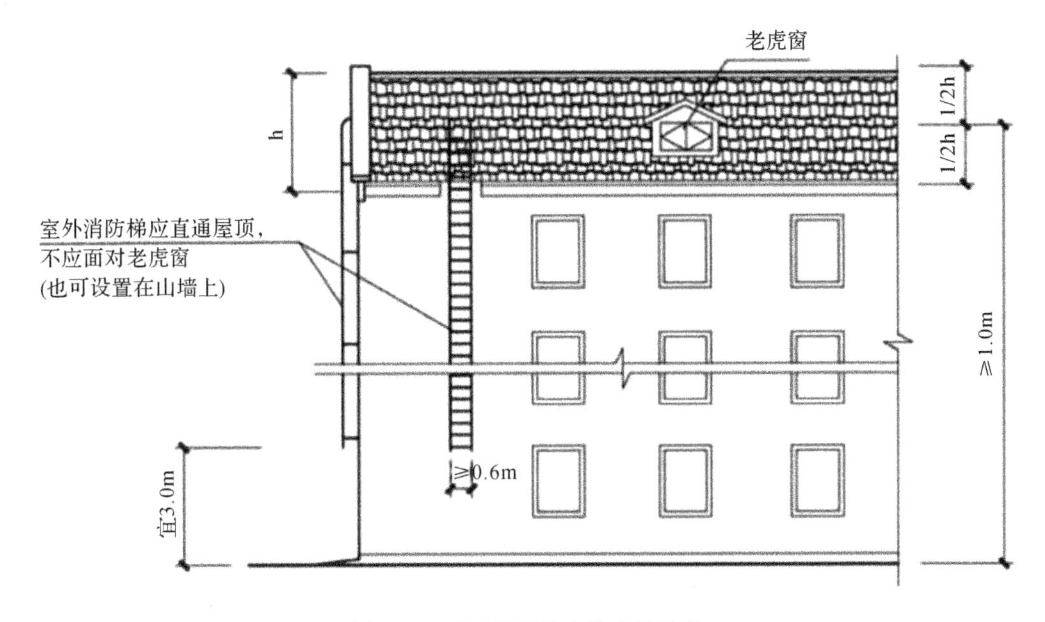

图 6-19　通至屋顶的室外疏散楼梯

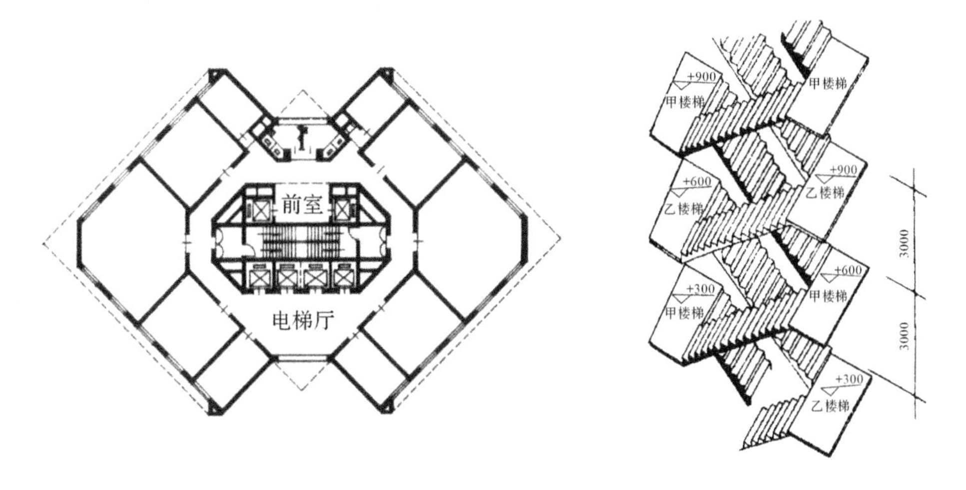

图 6-20　剪刀楼梯

(1)楼梯间应为防烟楼梯间。

(2)梯段之间应设置耐火极限不低于 1.00h 的防火隔墙。

(3)楼梯间的前室应分别设置。

住宅单元的疏散楼梯，当分散设置确有困难且任一户门至最近疏散楼梯间入口的距离不大于 10m 时，可采用剪刀楼梯间，但应符合下列规定：

(1)应采用防烟楼梯间。

(2)梯段之间应设置耐火极限不低于 1.00h 的防火隔墙。

(3)楼梯间的前室不宜共用；共用时，前室的使用面积不应小于 6.0m^2。

(4)楼梯间的前室或共用前室不宜与消防电梯的前室合用；楼梯间的共用前室与消防电梯的前室合用时，合用前室的使用面积不应小于 12.0m^2，且短边不应小于 2.4m。

第四节　避难层(间)

避难层(间)[Refuge Floor(Room)],指建筑内用于人员暂时躲避火灾及其烟气危害的楼层(房间)。避难层是超高层建筑中专供发生火灾时人员临时避难使用的楼层,如果作为避难使用的只有几个房间,则这几个房间称为避难间。

一、避难层(间)

1. 避难层(间)的设置条件及避难人员面积指标

(1)设置条件。建筑高度超过100m的公共建筑和住宅建筑应设置避难层。

(2)面积指标。避难层(间)的净面积应能满足设计避难人数避难的要求,可按5人/m^2计算。

2. 避难层(间)的设置数量

根据目前国内主要配备的50m高云梯车的操作要求,规范规定从首层到第一个避难层之间的高度不应大于50m,以便火灾时可将停留在避难层的人员由云梯车救援下来。结合各种机电设备及管道等所在设备层的布置需要和使用管理以及普通人爬楼梯的体力消耗情况,两个避难层之间的高度不大于50m。

3. 避难层(间)的防火构造要求

(1)为保证避难层具有较长时间抵抗火烧的能力,其耐火极限不应低于2.00h。

(2)为保证避难层下部楼层起火时不致使避难层地面温度过高,在楼板上宜设隔热层。

(3)避难层可兼做设备层。在设计时应注意,各种设备、管道竖井应集中布置,分隔成间,既方便设备的维护管理,又可使避难层的面积完整。易燃、可燃液体或气体管道应集中布置,并采用耐火极限不低于3.00h的防火隔墙与避难区分隔;管道井、设备间应采用耐火极限不低于2.00h的防火隔墙与避难区分隔,管道井和设备间的门不应直接开向避难区;确需直接开向避难区时,与避难层区出入口的距离不应小于5m,且应采用甲级防火门。

(4)避难间内不应设置易燃、可燃液体或气体管道,不应开设除外窗、疏散门之外的其他开口。

4. 避难层(间)的安全疏散

为保证避难层(间)在建筑物起火时能正常发挥作用,避难层(间)应至少有两个不同的疏散方向可供疏散。通向避难层(间)的防烟楼梯间,其上下层应同层错位或断开布置,这样楼梯间里的人都要经过避难层才能上楼或下楼,为疏散人员提供了继续疏散还是停留避难的选择机会。同时,使上、下层楼梯间不能相互贯通,减弱了楼梯间的“烟囱”效应。在避难层(间)进入楼梯间的入口处和疏散楼梯通向避难层(间)的出口处,应设置明显的指示标志。

为了保障人员安全,消除或减轻人们的恐惧心理,在避难层应设应急照明,其供电时间不应小于1.50h,照度不应低于3.00Lx。

避难层应设置消防电梯出口。消防电梯是供消防人员灭火和救援使用的设施,在避难层必须停靠。

5. 通风与防排烟系统

应设置直接对外的可开启窗口或独立的机械防烟设施，外窗应采用乙级防火窗。

6. 灭火设施

为了扑救超高层建筑及避难层的火灾，在避难层应配置消火栓和消防软管卷盘。

7. 消防专线电话和应急广播设备

避难层在火灾时停留为数众多的避难者，为了及时和防灾中心及地面消防部门互通信息，避难层应设置消防专线电话和应急广播。

二、医疗建筑的避难间

高层病房楼应在二层及以上的病房楼层和洁净手术部设置避难间。避难间应符合下列规定：

(1)避难间服务的护理单元不应超过2个，其净面积应按每个护理单元不小于25.0m^2确定。

(2)避难间兼做其他用途时，应保证人员的避难安全，且不得减少可供避难的净面积。

(3)应靠近楼梯间，并应采用耐火极限不低于2.00h的防火隔墙和甲级防火门与其他部位分隔。

(4)应设置消防专线电话和应急广播设备。

(5)在避难间进入楼梯间的入口处和疏散楼梯通向避难间的出口处，应设置明显的指示标志。疏散照明的地面最低水平照度不应低于10.0Lx。

(6)应设置直接对外的可开启窗口或独立的机械防烟设施，外窗应采用乙级防火窗。

三、老年人照料设施的避难间

3层及3层以上总建筑面积大于3000m^2(包括设置在其他建筑内三层及以上楼层)的老年人照料设施，应在二层及以上各层老年人照料设施部分的每座疏散楼梯间的相邻部位设置1间避难间；当老年人照料设施设置与疏散楼梯或安全出口直接连通的开敞式外廊、与疏散走道直接连通且符合人员避难要求的室外平台等时，可不设置避难间。

避难间内可供避难的净面积不应小于12m^2，避难间可利用疏散楼梯间的前室或消防电梯的前室，其他要求应符合医疗建筑避难间的规定。

供失能老年人使用且层数大于2层的老年人照料设施，应按核定使用人数配备简易防毒面具。

四、避难走道

(一)基本概念

避难走道(Exit Passageway)是指采取防烟措施且两侧设置耐火极限不低于3.00h的防火隔墙，用于人员安全通行至室外的走道。

(二)避难走道设置要求

避难走道的设置应符合下列规定：

(1)避难走道防火隔墙的耐火极限不应低于3.00h，楼板的耐火极限不应低于1.50h。

(2)走道直通地面的出口不应少于 2 个,并应设置在不同方向;当走道仅与一个防火分区相通且该防火分区至少有 1 个直通室外的安全出口时,可设置 1 个直通地面的出口;任一防火分区通向避难走道的门至该避难走道最近直通地面的出口距离不应大于 60m。

(3)走道的净宽度不应小于任一防火分区通向走道的设计疏散总净宽度。

(4)走道内部装修材料的燃烧性能应为 A 级。

(5)防火分区至避难走道入口处应设置防烟前室,前室的使用面积不应小于 6.0m^2,开向前室的门应采用甲级防火门,前室开向避难走道的门应采用乙级防火门。

(6)走道内应设置消火栓、消防应急照明、应急广播和消防专线电话。

第五节 辅助疏散设施

一、屋顶直升机停机坪

对于高层建筑,特别是建筑高度超过 100m 的高层建筑,人员疏散及消防救援难度大,设置屋顶直升机停机坪,可为消防救援提供条件。

(一)直升机停机坪的设置范围

建筑高度大于 100m 且标准层建筑面积大于 2000m^2 的公共建筑,宜在屋顶设置直升机停机坪或供直升机救助的设施。

(二)直升机停机坪的设置要求

1. 起降区

(1)起降区面积的大小。当采用圆形与方形平面的停机坪时,其直径或边长尺寸应等于直升机机翼直径的 1.5 倍;当采用矩形平面时,其短边尺寸大于或等于直升机的长度。如图 6-21所示。并在此范围 5 米内,不应设置设备机房、电梯机房、水箱间、共用天线、旗杆等突出物。如图 6-22 所示。

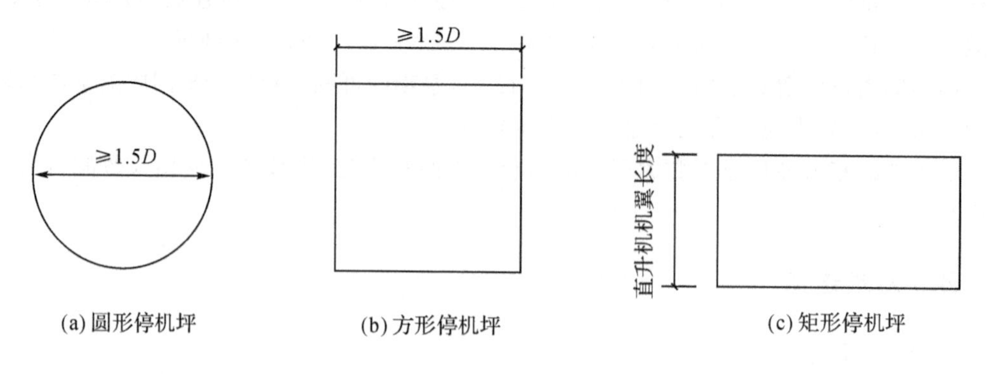

图 6-21 屋顶停机坪平面

(2)起降区场地的耐压强度。由直升机的动荷载、静荷载以及起落架的构造形式决定,同时考虑冲击荷载的影响,以防直升机降落控制不良,而破坏建筑物。通常,按所承受集中荷载不大于直升机总重的 75%考虑。

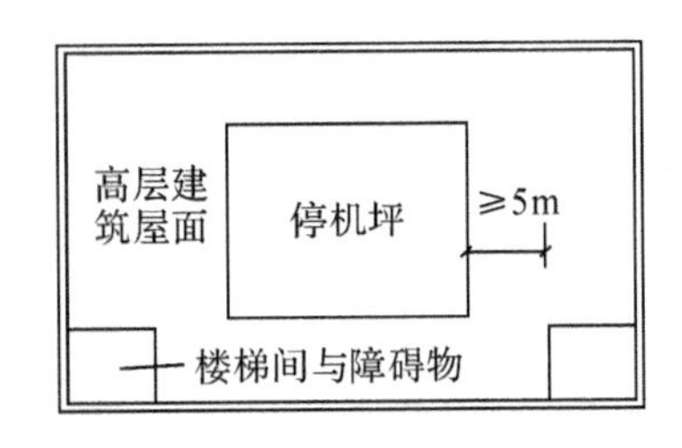

图 6-22 屋顶停机坪与其他突出物的尺寸

(3)起降区的标志。停机坪四周应设置航空障碍灯,并应设置应急照明。特别是当一幢大楼的屋顶层局部为停机坪时,这种停机坪标志尤为重要。停机坪起降区常用符号“H”表示(见图 6-23),符号所用色彩为白色,需与周围地区取得较好对比时亦可采用黄色,在浅色地面上时可加上黑色边框,使之更为醒目。

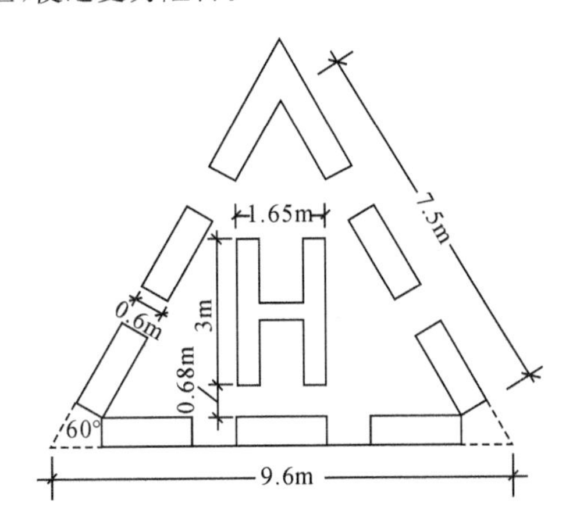

图 6-23 停机坪常用符号

2. 设置待救区与出口

设置待救区,以容纳疏散到屋顶停机坪的避难人员。用钢制栅栏等与直升机起降区分隔,防止避难人员涌至直升机处,延误营救时间或造成事故。待救区应设置不少于 2 个通向停机坪的出口,每个出口的宽度不宜小于 0.90m,其门应向疏散方向开启。

3. 夜间照明

停机坪四周应设置航空障碍灯,并应设置应急照明,以保障夜间的起降。

4. 设置灭火设备

在停机坪的适当位置应设置消火栓,用于扑救避难人员携带来的火种,以及直升机可能发生的火灾。

5. 其他要求

应符合国家现行航空管理有关标准的规定。

二、应急照明及疏散指示标志

在发生火灾时,为了保证人员的安全疏散以及消防扑救人员的正常工作,必须保持一定的电光源，据此设置的照明总称为火灾应急照明；为防止疏散通道在火灾下骤然变暗就要保证一定的亮度，抑制人们心理上的惊慌，确保疏散安全，以显眼的文字、鲜明的箭头标记指明疏散方向，引导疏散。这种用信号标记的照明，称为疏散指示标志。

（一）应急照明

1. 设置场所

除建筑高度小于27m的住宅建筑外，民用建筑、厂房和丙类仓库的下列部位应设置疏散照明：

（1）封闭楼梯间、防烟楼梯间及其前室、消防电梯间的前室或合用前室避难走道和避难层（间）。

（2）观众厅、展览厅、多功能厅和建筑面积大于200m^{2}的营业厅、餐厅、演播室等人员密集的场所。

（3）建筑面积大于100m^{2}的地下或半地下公共活动场所。

（4）公共建筑内的疏散走道。

（5）人员密集的厂房内的生产场所及疏散走道。

2. 设置要求

建筑内疏散照明的地面最低水平照度应符合下列规定：

（1）对于疏散走道，不应低于1.0Lx。

（2）对于人员密集场所、避难层（间），不应低于3.0Lx；对于老年人照料设施、病房楼或手术部的避难间，不应低于10.0Lx。

（3）对于楼梯间、前室或合用前室、避难走道，不应低于5.0Lx；对于人员密集场所、老年人照料设施、病房楼或手术部内的楼梯间、前室或会用前室、避难走道，不应低于10.0Lx。

（4）消防控制室、消防水泵房、自备发电机房、配电室、防排烟机房以及发生火灾时仍需正常工作的消防设备房应设置备用照明，其作业面的最低照度不应低于正常照明的照度。

（5）疏散照明灯具应设置在出口的顶部、墙面的上部或顶棚上；备用照明灯具应设置在墙面的上部或顶棚上。

（二）疏散指示标志

1. 设置场所

公共建筑，建筑高度大于54m的住宅建筑，高层厂房（库房）和甲、乙、丙类单、多层厂房，应设置灯光疏散指示标志。

下列建筑或场所应在疏散走道和主要疏散路径的地面上增设能保持视觉连续的灯光疏散指示标志或蓄光疏散指示标志：

（1）总建筑面积大于8000m^{2}的展览建筑。

（2）总建筑面积大于5000m^{2}的地上商店。

（3）总建筑面积大于500m^{2}的地下或半地下商店。

（4）歌舞娱乐放映游艺场所。

（5）座位数超过1500个的电影院、剧场，座位数超过3000个的体育馆、会堂或礼堂。

（6）车站、码头建筑和民用机场航站楼中建筑面积大于3000m^{2}的候车厅、候船厅和航站楼的公共区。

2. 设置要求

(1)应设置在安全出口和人员密集的场所的疏散门的正上方。

(2)应设置在疏散走道及其转角处距地面高度1.0m以下的墙面或地面上。灯光疏散指示标志的间距不应大于20m;对于袋形走道,不应大于10m;在走道转角区,不应大于1.0m。

(三)应急照明和疏散指示标志的共同要求

(1)建筑内设置的消防疏散指示标志和消防应急照明灯具,应符合《建筑防火设计规范》、现行国家标准《消防安全标志》(GB 13495)和《消防应急照明和疏散指示系统》(GB 17945)的有关规定。

(2)应急照明和疏散指示标志备用电源的连续供电时间,对于高度超过100m的民用建筑不应少于1.50h,医疗建筑、老年人照料设施、总建筑面积大于100000m^{2}的公共建筑和总建筑面积大于20000m^{2}的地下、半地下建筑,不应少于1.00h;对于其他建筑不应少于0.50h。

三、避难袋

避难袋的构造有三层,最外层由玻璃纤维制成,可耐800℃的高温;第二层为弹性制动层,束缚下滑的人体和控制下滑的速度;内层张力大而柔软,使人体以舒适的速度向下滑降。

避难袋可用在建筑物内部,也可用于建筑物外部。用于建筑内部时,避难袋设于防火竖井内,人员打开防火门进入按层分段设置的袋中,即可滑到下一层或下几层。用于建筑外部时,装设在低层建筑窗口处的固定设施内,失火后将其取出向窗外打开,通过避难袋滑到室外地面。

四、缓降器

缓降器是高层建筑的下滑自救器具,由于其操作简单,下滑平稳,是目前市场上应用最广泛的辅助安全疏散产品。消防队员还可带着一人滑至地面。对于伤员、老人、体弱者或儿童,可由地面人员控制从而安全降至地面。

缓降器由摩擦棒、套筒、自救绳和绳盒等组成,无须其他动力,通过制动机构控制缓降绳索的下降速度,让使用者在保持一定速度平衡的前提下,安全地缓降至地面。有的缓降器用阻燃套袋替代传统的安全带,这种阻燃套袋可以将逃生人员包括头部在内的全身保护起来,以阻挡热辐射,并缓解逃生人员下视地面的恐高情绪。缓降器根据自救绳的长度分为三种规格:绳长38m适用于6～10层;绳长53m适用于11～16层;绳长74m适用于16～20层。

使用缓降器时将自救绳和安全钩牢固地系在楼内的固定物上,把垫子放在绳子和楼房结构中间,以防自救绳磨损。疏散人员穿戴好安全带和防护手套后,携带好自救绳盒或将盒子抛到楼下,将安全带和缓降器的安全钩挂牢。然后一手握套筒,一手拉住由缓降器下引出的自救绳开始下滑。可用放松或拉紧自救绳的方法控制速度,放松为正常下滑速度,拉紧为减速直到停止。第一个人滑到地面后,第二个人方可开始使用。

五、避难滑梯

避难滑梯是一种非常适合病房楼建筑的辅助疏散设施。当发生火灾时病房楼中的伤病员、孕妇等行动缓慢的病人，可在医护人员的帮助下，由外连通阳台进入避难滑梯，靠重力下滑到室外地面或安全区域从而逃生。

避难滑梯是一种螺旋形的滑道，节省占地、简便易用、安全可靠、外观别致，能适应各种高度的建筑物，是高层病房楼理想的辅助安全疏散设施。

六、室外疏散救援舱

室外疏散救援舱由平时折叠存放在屋顶的一个或多个逃生救援舱和外墙安装的齿轨两部分组成。火灾时专业人员用屋顶安装的绞车将展开后的逃生救援舱引入建筑外墙安装的滑轨，逃生救援舱可以同时与多个楼层走道的窗口对接，将高层建筑内的被困人员送到地面，在上升时又可将消防队员等应急救援人员送到建筑内。

室外疏散救援舱比缩放式滑道和缓降器复杂，一次性投资较大，需要由受过专门训练的人员使用和控制，而且需要定期维护、保养和检查，作为其动力的屋顶绞车必须有可靠的动力保障。其优点是每往复运行一次可以疏散多人，尤其适合于疏散乘坐轮椅的残疾人和其他行动不便的人员，它在向下运行将被困人员送到地面后，还可以在向上运行时将救援人员输送到上部。

七、缩放式滑道

采用耐磨、阻燃的尼龙材料和高强度金属圈骨架制作成可缩放式的滑道，平时折叠存放在高层建筑的顶楼或其他楼层。火灾时可打开释放到地面，并将末端固定在地面事先确定的锚固点，被困人员依次进入后，滑降到地面。紧急情况下，也可以用云梯车在贴近高层建筑被困人员所处的窗口展开，甚至可以用直升机投放到高层建筑的屋顶，由消防人员展开后疏散屋顶的被困人员。

这类产品的关键指标是合理设置下滑角度，并通过滑道材料与使用者身体之间的摩擦有效控制下滑速度。

第六节　消防电梯

对于高层建筑，设置消防电梯能节省消防员的体力，使消防员能快速接近着火区域，提高战斗力和增强灭火救援效果。根据在正常情况下对消防员的测试结果，消防员从楼梯攀登的高度一般不大于23m，否则对人体的体力消耗很大。对于地下建筑，由于排烟、通风条件很差，受当前装备的限制，消防员通过楼梯进入地下的危险性较地上建筑要高，因此要尽量缩短到达火场的时间。由于普通的客、货电梯不具备防火、防烟、防水条件，火灾时往往电源没有保证，不能用于消防员的灭火救援。因此，要求高层建筑和埋深较大的地下建筑设置供消防员专用的消防电梯。

符合消防电梯的要求的客梯或货梯可以兼作消防电梯。

老年人照料设施内的非消防电梯应采取防烟措施，当火灾情况下需用于辅助人员疏散时，该电梯及其设置应符合有关消防电梯及其设置要求。

一、消防电梯的设置范围

(1)建筑高度大于33m的住宅建筑。

(2)一类高层公共建筑和建筑高度大于32m的二类高层公共建筑、5层及以上且总建筑面积大于3000m^2(包括设置在其他建筑内五层及以上楼层)的老年人照料设施。

(3)设置消防电梯的建筑的地下或半地下室,埋深大于10m且总建筑面积大于3000m^{2}的其他地下或半地下建筑(室)。

(4)建筑高度大于32m的丙类高层厂房应设置消防电梯,且每个防火分区可供使用的消防电梯不应少于1部;建筑高度大于32m且设置电梯的高层厂房(仓库),每个防火分区内宜设置1台消防电梯。

(5)符合下列条件的建筑可不设置消防电梯:建筑高度大于32m且设置电梯,任一层工作平台上的人数不超过2人的高层塔架;局部建筑高度大于32m,且局部高出部分的每层建筑面积不大于50m^{2}的丁、戊类厂房。

二、消防电梯的设置要求

(1)消防电梯应分别设置在不同防火分区内,且每个防火分区不应少于1台。

(2)除设置在仓库连廊、冷库穿堂或谷物筒仓工作塔内的消防电梯外,消防电梯应设置前室,并应符合下列规定:

①前室宜靠外墙设置,并应在首层直通室外或经过长度不大于30m的通道通向室外。

②前室的使用面积不应小于6.0m^2,前室的短边不应小于2.4m;与防烟楼梯间合用的前室,应符合防烟楼梯间与消防电梯前室合用的面积规定。

③除前室的出入口、前室内设置的正压送风口和符合规范要求的户门外,前室内不应开设其他门、窗、洞口。

④前室或合用前室的门应采用乙级防火门,不应设置卷帘。

(3)消防电梯井、机房与相邻电梯井、机房之间应设置耐火极限不低于2.00h的防火隔墙,隔墙上的门应采用甲级防火门。

(4)在扑救建筑火灾过程中,建筑内有大量消防废水流散,电梯井内外要考虑设置排水和挡水设施,并设置可靠的电源和供电线路,以保证电梯可靠运行。因此,在消防电梯的井底应设置排水设施,排水井的容量不应小于2m^3,排水泵的排水量不应小于10L/s,且消防电梯间前室的门口宜设置挡水设施。

(5)消防电梯的载重量及行驶速度。为了满足消防扑救的需要,消防电梯应选用较大的载重量,一般不应小于800kg。这样,火灾时可以将一个战斗班的(8人左右)消防队员及随身携带的装备运到火场,同时可以满足用担架抢救伤员的需要。对于医院建筑等类似建筑,消防电梯轿厢内的净面积尚需考虑对病人、残障人员等的救援以及方便对外联络的需要。消防电梯要层层停靠,包括地下室各层。为了赢得宝贵的时间,消防电梯从首层至顶层的运行时间不宜大于60s。

(6)消防电梯的电源及附设操作装置。消防电梯的供电应为消防电源并设备用电源,在最末级一级配电箱处设置自动切换装置,动力与控制电缆、电线、控制面板应采取防水措施;

在首层的消防电梯入口处应设置供消防队员专用的操作按钮,使之能快速回到首层或到达指定楼层;电梯轿厢内部应设置专用消防对讲电话,方便队员与控制中心联络。

(7)电梯轿厢的内部装修应采用不燃材料。

思考题

1. 人员安全疏散分析的性能判定标准是什么?
2. 安全疏散距离指什么?
3. 对公共建筑的安全疏散距离有何规定?
4. 汽车库的安全疏散距离是多少?
5. 疏散宽度的要求有哪些?
6. 安全出口的数量及设置要求有哪些?
7. 设置封闭楼梯间的场所或部位有哪些?
8. 设置防烟楼梯间的场所或部位有哪些?
9. 应急照明及疏散指示标志的设置场所与要求是什么?
10. 消防电梯的设置范围及设置要求是什么?

第七章　建筑防烟排烟系统

第一节　建筑防烟排烟系统概述

建筑内发生火灾时，烟气的危害十分严重。建筑中设置防排烟系统的作用是将火灾产生的烟气及时排除，防止和延缓烟气扩散，保证疏散通道不受烟气侵害，确保建筑物内人员顺利疏散、安全避难。同时，将火灾现场的烟和热量及时排除，减弱火势的蔓延，为火灾扑救创造有利条件。建筑火灾烟气控制分防烟和排烟两个方面。防烟采取自然通风和机械加压送风两种形式，排烟则包括自然排烟和机械排烟两种形式。设置防烟或排烟设施的具体方式多样，应结合建筑所处环境条件和建筑自身特点，按照有关规范的要求，进行合理的选择和组合。

一、相关概念

(1)防烟系统(Smoke Protection System)通过采用自然通风方式，防止火灾烟气在楼梯间、前室、避难层(间)等空间内积聚，或通过采用机械加压送风方式阻止火灾烟气侵入楼梯间、前室、避难层(间)等空间的系统，防烟系统分为自然通风系统和机械加压送风系统。

(2)排烟系统(Smoke Exhaust System)采用自然排烟或机械排烟的方式，将房间、走道等空间的火灾烟气排至建筑物外的系统，分为自然排烟系统和机械排烟系统。

(3)直灌式机械加压送风(Mechanical Pressurization Without Air Shaft)无送风井道，采用风机直接对楼梯间进行机械加压的送风方式。

(4)自然排烟(Natural Smoke Exhaust)利用火灾热烟气流的浮力和外部风压作用，通过建筑开口将建筑内的烟气直接排至室外的排烟方式。

(5)自然排烟窗(口)(Natural Smoke Vent)具有排烟作用的可开启外窗或开口，可通过自动、手动、温控释放等方式开启。

(6)烟羽流(Smoke Plume)火灾时烟气卷吸周围空气所形成的混合烟气流。烟羽流按火焰及烟的流动情形，可分为轴对称型烟羽流、阳台溢出型烟羽流、窗口型烟羽流。

(7)轴对称型烟羽流(Axisymmetric Plume)上升过程不与四周墙壁或障碍物接触，且不受气流干扰的烟羽流。

(8)阳台溢出型烟羽流(Balcony Spill Plume)从着火房间的门(窗)梁处溢出，并沿着着火房间外的阳台或水平突出物流动，至阳台或水平突出物的边缘向上溢出至相邻高大空间的烟羽流。

(9)窗口型烟羽流(Window Plume)从发生通风受限火灾的房间或隔间的门、窗等开口处溢出至相邻高大空间的烟羽流。

(10)挡烟垂壁(Draft Curtain)用不燃材料制成,垂直安装在建筑顶棚、梁或吊顶下,能在火灾时形成一定的蓄烟空间的挡烟分隔设施。

(11)储烟仓(Smoke Reservoir)位于建筑空间顶部,由挡烟垂壁、梁或隔墙等形成的用于蓄积火灾烟气的空间。储烟仓高度即设计烟层厚度。

(12)清晰高度(Clear Height)烟层下缘至室内地面的高度。

(13)烟羽流质量流量(Mass Flow Rate of Plume)单位时间内烟羽流通过某一高度的水平断面的质量,单位为 kg/s。

(14)防火阀(Fire Damper)是安装在通风、空气调节系统的送、回风管道上,平时呈开启状态,火灾时当管道内烟气温度达到 70℃时关闭,并在一定时间内满足漏烟量和耐火完整性要求,起隔烟阻火作用的阀门。其一般由阀体、叶片、执行机构和温感器等部件组成。

(15)排烟防火阀(Combination Fire and Smoke Damper)安装在机械排烟系统的管道上,平时呈开启状态,火灾时当排烟管道内烟气温度达到 280℃时关闭,并在一定时间内能满足漏烟量和耐火完整性要求,起隔烟阻火作用的阀门。一般由阀体、叶片、执行机构和温感器等部件组成。

(16)排烟阀(Smoke Damper)安装在机械排烟系统各支管端部(烟气吸入口)处,平时呈关闭状态并满足漏风量要求,火灾时可手动和电动启闭,起排烟作用的阀门。其一般由阀体、叶片、执行机构等部件组成。

(17)排烟口(Smoke Exhaust Inlet)机械排烟系统中烟气的入口。

(18)固定窗(Fixed Window for Fire Forcible Entry)设置在设有机械防烟排烟系统的场所中,窗扇固定、平时不可开启,仅在火灾时便于人工破拆以排出火场中的烟和热的外窗。

(19)可熔性采光带(窗)(Fusible Daylighting Band)采用在 120～150℃能自行熔化且不产生熔滴的材料制作,设置在建筑空间上部,用于排出火场中的烟和热的设施。

(20)独立前室(Independent Anteroom)只与一部疏散楼梯相连的前室。

(21)共用前室(Shared Anteroom)剪刀楼梯间的两个楼梯间共用同一前室时的前室。

(22)合用前室(Combined Anteroom)防烟楼梯间前室与消防电梯前室合用时的前室。

二、防烟分区

防烟分区是在建筑内部采用挡烟设施分隔而成,能在一定时间内防止火灾烟气向同一防火分区的其余部分蔓延的局部空间。

划分防烟分区的目的:一是为了在火灾时,将烟气控制在一定范围内;二是为了提高排烟口的排烟效果。防烟分区一般应结合建筑内部的功能分区和排烟系统的设计要求进行划分,不设排烟设施的部位(包括地下室)可不划分防烟分区。

(一)防烟分区面积划分

设置排烟系统的场所或部位应采用挡烟垂壁、结构梁及隔墙等划分防烟分区。防烟分区不应跨越防火分区。

公共建筑、工业建筑防烟分区的最大允许面积及其长边最大允许长度应符合表 7-1 的规定。当工业建筑采用自然排烟系统时,其防烟分区的长边长度不应大于建筑内空间净高的 8 倍,当公共建筑、工业建筑中的走道宽度不大于 2.5m 时,其防烟分区的长边长度不应大于 60m。

表 7-1　公共建筑、工业建筑防烟分区的最大允许面积及其长边最大允许长度

空间净高 H/m	最大允许面积/m^2	长边最大允许长度/m
$H \leqslant 3.0$	500	24
$3.0 < H \leqslant 6.0$	1000	36
$H > 6.0$	2000	60m；具有自然对流条件时，不应大于 75m

注：1. 公共建筑、工业建筑中的走道宽度不大于 2.5m 时，其防烟分区的长边长度不应大于 60m。

2. 当空间净高大于 9m 时，防烟分区之间可不设置挡烟设施。

3. 汽车库防烟分区的划分及其排烟量应符合现行国家规范《汽车库、修车库、停车场设计防火规范》(GB 50067)的相关规定。

除敞开式汽车库、建筑面积小于 1000m^2 的地下一层汽车库和修车库外，汽车库、修车库应设置排烟系统，并应划分防烟分区。防烟分区的建筑面积不宜大于 2000m^2，且防烟分区不应跨越防火分区。防烟分区可采用挡烟垂壁、隔墙或从顶棚下突出不小于 0.5m 的梁划分。

（二）防烟分区分隔设施

划分防烟分区的构件主要有挡烟垂壁、隔墙、防火卷帘、建筑横梁等，其中隔墙即非承重、只起分隔作用的墙体。

挡烟垂壁常设置在烟气扩散流动的路线上烟气控制区域的分界处，和排烟设备配合进行有效排烟。挡烟垂壁等挡烟分隔设施的深度不应小于 500mm，且不应小于规定的储烟仓厚度。对于有吊顶的空间，当吊顶开孔不均匀或开孔率≤25%时，吊顶内空间高度不得计入储烟仓厚度。

挡烟垂壁分固定式和活动式两种。固定式挡烟垂壁是指固定安装的、能满足设定挡烟高度的挡烟垂壁；活动式挡烟垂壁可从初始位置自动运行至挡烟工作位置，并满足设定挡烟高度的挡烟垂壁。

设置排烟设施的建筑内，敞开楼梯和自动扶梯穿越楼板的开口部应设置挡烟垂壁等设施。

当建筑横梁的高度超过 50cm 时，该横梁可作为挡烟设施使用。

三、设置防烟和排烟设施的场所或部位

（一）应设置防烟设施的场所或部位

(1)防烟楼梯间及其前室。

(2)消防电梯间前室或合用前室。

(3)避难走道的前室、避难层(间)。

建筑高度不大于 50m 的公共建筑、厂房、仓库和建筑高度不大于 100m 的住宅建筑，当其防烟楼梯间的前室或合用前室符合下列条件之一时，楼梯间可不设置防烟系统：

(1)前室或合用前室采用敞开的阳台、凹廊。

(2)前室或合用前室具有不同朝向的可开启外窗，且可开启外窗的面积满足自然排烟口的面积要求。

（二）厂房或仓库的下列场所或部位应设置排烟设施

(1)人员或可燃物较多的丙类生产场所，丙类厂房内建筑面积大于 $300m^2$ 且经常有人停留或可燃物较多的地上房间。

(2)建筑面积大于 $5000m^2$ 的丁类生产车间。

(3)占地面积大于 $1000m^2$ 的丙类仓库。

(4)高度大于 32m 的高层厂房(仓库)内长度大于 20m 的疏散走道，其他厂房(仓库)内长度大于 40m 的疏散走道。

（三）民用建筑的下列场所或部位应设置排烟设施

(1)设置在一、二、三层且房间建筑面积大于 $100m^2$ 的歌舞娱乐放映游艺场所，设置在四层及以上楼层、地下或半地下的歌舞娱乐放映游艺场所。

(2)中庭。

(3)公共建筑内建筑面积大于 $100m^2$ 且经常有人停留的地上房间。

(4)公共建筑内建筑面积大于 $300m^2$ 且可燃物较多的地上房间。

(5)建筑内长度大于 20m 的疏散走道。

地下或半地下建筑(室)、地上建筑内的无窗房间，当总建筑面积大于 $200m^2$ 或一个房间建筑面积大于 $50m^2$，且经常有人停留或可燃物较多时，应设置排烟设施。

第二节　自然通风与自然排烟

自然通风与自然排烟，是建筑火灾烟气控制中防烟排烟的方式之一，都是经济适用且有效的防烟排烟方式。系统设计时，应根据建筑高度、使用性质及平面布置等因素，优先采用自然通风与自然排烟方式。

一、自然通风方式

（一）自然通风的原理

自然通风是以热压和风压作用的、不消耗机械动力的、经济的通风方式。如果室内外存在空气温度差或者窗户开口之间存在高度差，则会产生热压作用下的自然通风。当室外气流遇到建筑物时，会产生绕流流动，在气流的冲击下，将在建筑迎风面形成正压区，在建筑屋顶上部和建筑背风面形成负压区，这种建筑物表面所形成的空气静压变化即为风压。当建筑物受到热压、风压同时作用时，外围护结构上的各窗孔就会产生因内外压差引起的自然通风。由于室外风的风向和风速经常变化，因此导致风压成为一个不稳定因素。

（二）自然通风方式的选择

建筑高度小于等于 50m 的公共建筑、工业建筑和建筑高度小于等于 100m 的住宅建筑，其防烟楼梯间、独立前室、合用前室、共用前室及消防电梯前室应采用自然通风系统；当不能设置自然通风系统时，应采用机械加压送风系统。由于这些建筑受风压作用影响较小，利用建筑本身的采光通风，也可基本起到防止烟气进一步进入安全区域的作用，因此，其防烟楼梯间、独立前室、合用前室、共用前室及消防电梯前室采用自然通风方式的防烟系统，简便易行。当采用敞开的凹廊、阳台作为防烟楼梯间的前室、合用前室、共用前室及消防电梯前室，或者防烟楼梯间前室、合用前室、共用前室及消防电梯前室具有两个不同朝向的可开启外窗且可开启窗面积符合规定时，如图 7-1 至图 7-3 所示，可以认为前室或合用前室自然通风，能及时排出前室的防火门开启时从建筑内漏入前室或合用前室的烟气，并可阻止烟气进入防烟楼梯间。当独立前室、合用前室及共用前室仅有一道门连通走道，且其机械加压送风口设置在前室的顶部或正对前室入口的墙面时，楼梯间可采用自然通风系统。

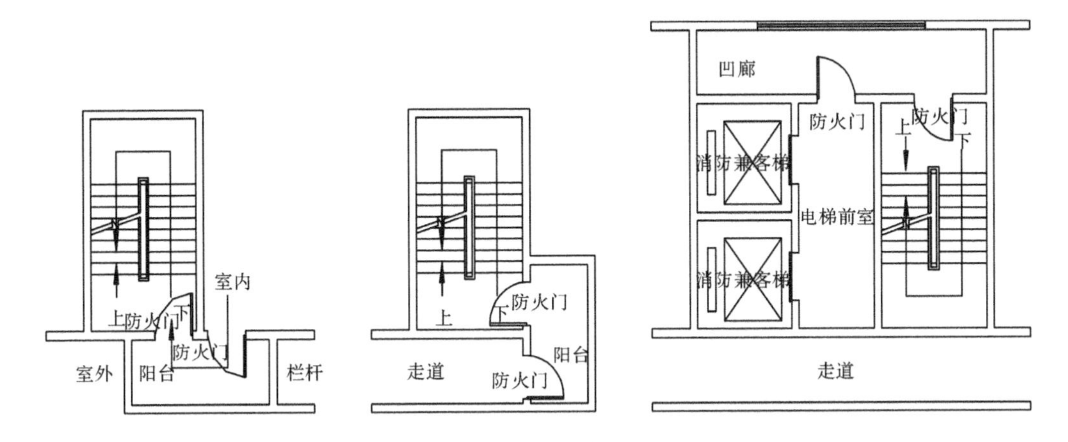

图 7-1　利用室外阳台或凹廊自然通风

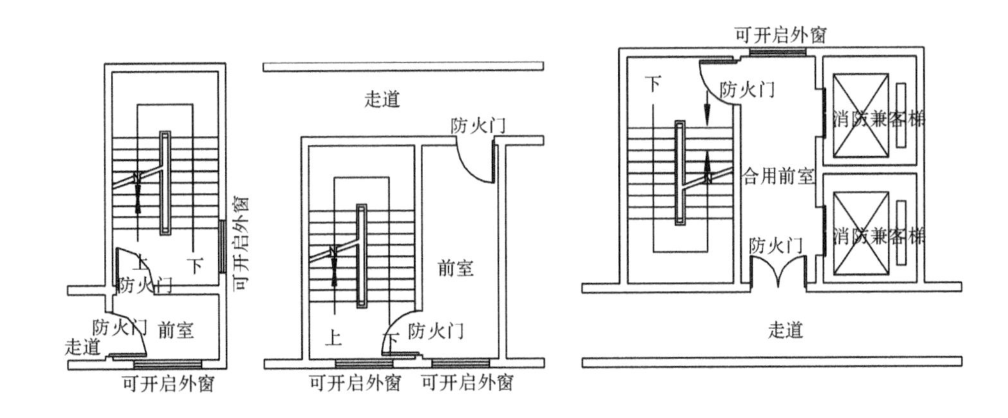

图 7-2　利用可开启外窗自然通风

封闭楼梯间应采用自然通风系统，不能满足自然通风条件的封闭楼梯间，应设置机械加压送风系统。当地下、半地下建筑（室）的封闭楼梯间不与地上楼梯间共用且地下仅为一层时，可不设置机械加压送风系统，但首层应设置有效面积不小于 1.2m^2 的可开启外窗或直通室外的疏散门。

（三）自然通风设施的设置

(1)采用自然通风方式的封闭楼梯间、防烟楼梯间，应在最高部位设置面积不小于 1.0m^2 的可开启外窗或开口；当建筑高度大于 10m 时，尚应在楼梯间的外墙上每 5 层内设置总面积不小于 2.0m^2 可开启外窗或开口，且布置间隔不大于 3 层。

(2)前室采用自然通风方式时，独立前室、消防电梯前室可开启外窗或开口的面积不应

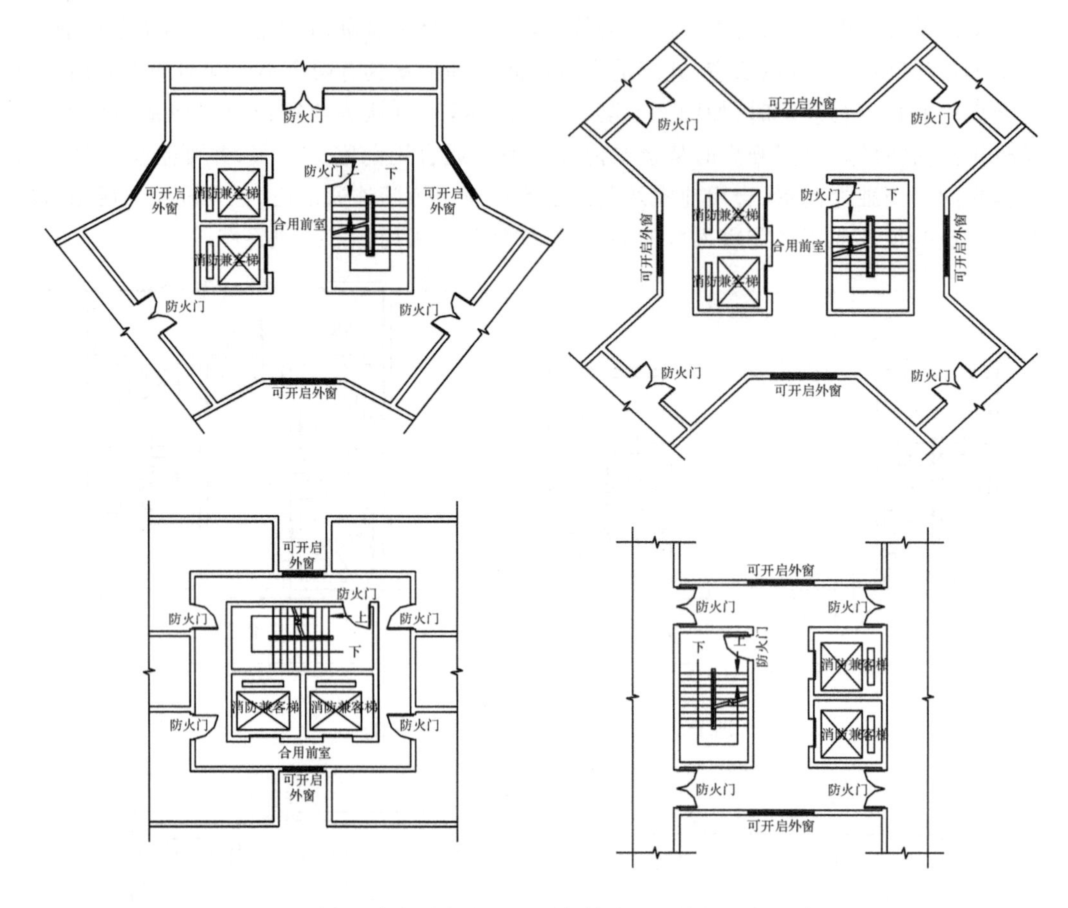

图 7-3　有两个不同朝向的可开启外窗防烟楼梯间合用前室

小于 2.0m²，合用前室、共用前室不应小于 3.0m²。

(3)采用自然通风方式的避难层(间)应设有不同朝向的可开启外窗，其有效面积不应小于该避难层(间)地面面积的 2%，且每个朝向的面积不应小于 2.0m²。

(4)可开启外窗应方便直接开启；设置在高处不便于直接开启的可开启外窗应在距地面高度为 1.3～1.5m 的位置设置手动开启装置。

(5)可开启外窗或开口的有效面积计算应按式(7-1)(见后)计算，与自然排烟相关要求相同。

二、自然排烟方式

(一)自然排烟的原理

自然排烟是充分利用建筑物的构造，在自然力的作用下，即利用火灾产生的热烟气流的浮力和外部风力作用，通过建筑物房间或走道的开口把烟气排至室外的排烟方式，如图 7-4 所示。这种排烟方式的实质是使室内外空气对流实现排烟。在自然排烟中，必须有冷空气的进口和热烟气的排出口。一般采用可开启外窗以及专门设置的排烟口进行自然排烟，这种排烟方式经济、简单、易操作，并具有不需使用动力及专用设备等优点，而且系统无复杂的控制及控制过程，因此，对于满足自然排烟条件的建筑，首先应考虑采取自然排烟方式。

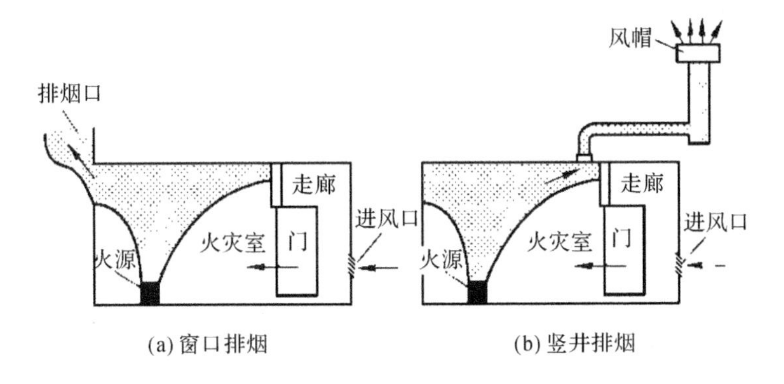

(a) 窗口排烟　　(b) 竖井排烟

1、4—火源　2—排烟口　3、6—进风口　5—风帽

图 7-4　自然排烟的方式

(二)自然排烟方式的选择

高层建筑受自然条件(如室外风速、风压、风向等)的影响较大,许多场所无法满足自然排烟条件,故一般采用机械排烟方式较多;多层建筑受外部条件影响较小,一般采用自然排烟方式较多。

工业建筑中,因生产工艺的需要,出现了许多无窗或设置固定窗的厂房和仓库,丙类及以上的厂房和仓库内可燃物荷载大,一旦发生火灾,烟气很难排放。设置排烟系统既可为人员疏散提供安全环境,又可在排烟过程中导出热量,防止建筑或部分构件在高温下出现倒塌等恶劣情况,为消防队员进行灭火救援提供较好的条件。考虑到厂房、库房建筑的外观要求没有民用建筑的要求高,因此可以采用可熔材料制作的采光带和采光窗进行排烟。为保证可熔材料在平时环境中不会熔化和熔化后不会产生流淌火引燃下部可燃物,要求制作采光带和采光窗的可熔材料必须是只在高温条件下(一般大于最高环境温度 50℃)自行熔化且不产生熔滴的可燃材料,其融化温度应为 120～150℃。

四类隧道和行人或非机动车辆的三类隧道,因长度较短、发生火灾的概率较低或火灾危险性较小,可不设置排烟设施。当隧道较短或隧道沿途顶部可开设通风口时可以采用自然排烟。根据《人民防空地下室设计防火规范》(GB 50038—2005)规定,当自然排烟口的总面积大于本防烟分区面积的 2%时,宜采用自然排烟方式。

现行国家标准《汽车库、修车库、停车场设计防火规范》(GB 50067—2014)对危险性较大的汽车库和修车库进行了统一的排烟要求。敞开式汽车库以及建筑面积小于 $1000m^2$ 的地下一层汽车库和修车库,其汽车进出口可直接排烟,且不大于一个防烟分区,可不设排烟系统,但汽车库和修车库内最不利点至汽车坡道口不应大于 30m。

(三)自然排烟设施的设置

1. 自然排烟窗(口)的设置要求

采用自然排烟系统的场所应设置自然排烟窗(口)。防烟分区内自然排烟窗(口)的面积、数量、位置应经计算确定,且防烟分区内任一点与最近的自然排烟窗(口)之间的水平距离不应大于 30m。当工业建筑采用自然排烟方式时,其水平距离尚不应大于建筑内空间净高的 2.8 倍;当公共建筑空间净高大于等于 6m,且具有自然对流条件时,其水平距离不应大于 37.5m。

自然排烟窗(口)应设置在排烟区域的顶部或外墙,并应符合下列要求:

(1)当设置在外墙上时,自然排烟窗(口)应在储烟仓以内,但走道、室内空间净高不大于3m的区域的自然排烟窗(口)可设置在室内净高度的1/2以上。

(2)自然排烟窗(口)的开启形式应有利于火灾烟气的排出。

(3)当房间面积不大于200m^{2}时,自然排烟窗(口)的设置高度及开启方向可不限。

(4)自然排烟窗(口)宜分散均匀布置,且每组的长度不宜大于3.0m。

(5)设置在防火墙两侧的自然排烟窗(口)之间最近边缘的水平距离不应小于2.0m。

(6)自然排烟窗(口)应设置手动开启装置,设置在高位不便于直接开启的自然排烟窗(口),应设置距地面高度1.3~1.5m的手动开启装置。净空高度大于9m的中庭,建筑面积大于2000m^{2}的营业厅、展览厅、多功能厅等场所,尚应设置集中手动开启装置和自动开启设施。

厂房、仓库的自然排烟窗(口)设置尚应符合下列要求:

(1)当设置在外墙时,自然排烟窗(口)应沿建筑物的两条对边均匀设置。

(2)当设置在屋顶时,自然排烟窗(口)应在屋面均匀设置且宜采用自动控制方式开启;当屋面斜度小于等于12°时,每200m^{2}的建筑面积应设置相应的自然排烟窗(口);当屋面斜度大于12°时,每400m^{2}的建筑面积应设置相应的自然排烟窗(口)。

2. 自然排烟窗(口)的有效面积

自然排烟系统是利用火灾热烟气的热浮力作为排烟动力,其排烟口的排放率在很大程度上取决于烟气的厚度和温度。自然排烟窗(口)的有效面积计算公式如下:

$$A_v C_v = \frac{M_\rho}{\rho_0}\left[\frac{T^2 + (A_v C_v / A_0 C_0)^2 T T_0}{2 g d_b \Delta T T_0}\right]^{\frac{1}{2}} \tag{7-1}$$

其中,$\Delta T = KQ_c / M_\rho C_p$;$Q_c = 0.7Q$;$Q = \alpha \cdot t^2$。可采用计算法计算 $A_v C_v$。

式中:A_v——自然排烟窗(口)的有效面积(m^2);

A_0——所有进气口总面积(m^2);

C_v——自然排烟窗(口)流量系数(通常选定在0.5~0.7);

C_0——进气口流量系数(通常约为0.6);

M_ρ——烟羽流质量流量(kg/s);

ρ_0——环境温度下的气体密度(kg/m^3),通常 $T_0 = 20$℃,$\rho_0 = 1.2$kg/m^3;

d_b——排烟系统吸入口最低点之下烟气层厚度(m);

T——烟层的平均绝对温度(K),$T = T_0 + \Delta T$;

T_0——环境的绝对温度(K);

ΔT——烟层平均温度与环境温度之差(℃);

Q_c——热释放速率的对流部分(kW);

Q——热释放速率(kW);

K——烟气中对流放热量因子。当采用机械排烟时,取 $K = 1.0$;当采用自然排烟时,取 $K = 0.5$;

C_p——空气的定压比热,一般取 $C_p = 1.01$kJ/(kg·K);

g——重力加速度(m/s^2);

t——自动灭火系统启动时间(s);

α——火灾增长系数(按表 7-7 取值)(kW/s^2)。

除另有规定外,自然排烟窗(口)开启的有效面积尚应符合下列要求:

(1)当采用开窗角大于 70°的悬窗时,其面积应按窗的面积计算;当开窗角小于或等于 70°时,其面积应按窗最大开启时的水平投影面积计算。

(2)当采用开窗角大于 70°的平开窗时,其面积应按窗的面积计算;当开窗角小于或等于 70°时,其面积应按窗最大开启时的竖向投影面积计算。

(3)当采用推拉窗时,其面积应按开启的最大窗口面积计算。

(4)当采用百叶窗时,其面积应按窗的有效开口面积计算。

(5)当平推窗设置在顶部时,其面积可按窗的 1/2 周长与平推距离乘积计算,且不应大于窗面积。

(6)当平推窗设置在外墙时,其面积可按窗的 1/4 周长与平推距离乘积计算,且不应大于窗面积。

3. 可熔性采光带(窗)的设置要求

除洁净厂房外,设置自然排烟系统的任一层建筑面积大于 2500m^2 的制鞋、制衣、玩具、塑料、木器加工储存等丙类工业建筑,除自然排烟所需排烟窗(口)外,尚宜在屋面上增设可熔性采光带(窗),其有效面积应按其实际面积计算且应符合下列要求:

(1)未设置自动喷水灭火系统的或采用钢结构屋顶或预应力钢筋混凝土屋面板的建筑,不应小于楼地面面积的 10%。

(2)其他建筑不应小于楼地面面积的 5%。

第三节 机械加压送风系统

在不具备自然通风条件时,机械加压送风系统是确保火灾中建筑疏散楼梯间及前室(合用前室)安全的主要措施。

一、机械加压送风系统的组成

机械加压送风系统主要由送风口、送风管道、送风机和吸风口组成。

二、机械加压送风系统的工作原理

机械加压送风方式是通过送风机所产生的气体流动和压力差来控制烟气的流动,即在建筑内发生火灾时,对着火区以外的有关区域进行送风加压,使其保持一定正压,以防止烟气侵入的防烟方式。

为保证疏散通道不受烟气侵害,使人员安全疏散,发生火灾时,从安全性的角度出发,高层建筑内可分为四个安全区:第一类安全区为防烟楼梯间、避难层;第二类安全区为防烟楼梯间前室、消防电梯间前室或合用前室;第三类安全区为走道;第四类安全区为房间。依据上述原则,加压送风时应使防烟楼梯间压力>前室压力>走道压力>房间压力,同时还要保证各部分之间的压差不要过大,以免造成开门困难,从而影响疏散。当火灾发生时,机械加压送风系统应能够及时开启，防止烟气侵入作为疏散通道的走廊、楼梯间及其前室，以确保有一个安全可靠、畅通无阻的疏散通道和环境，为安全疏散提供足够的时间。

三、机械加压送风系统的选择

(1)建筑高度小于等于50m的公共建筑、工业建筑和建筑高度小于等于100m的住宅建筑，当独立前室、合用前室及共用前室仅有一道门连通走道，且其机械加压送风口设置在前室的顶部或正对前室入口的墙面时，楼梯间可采用自然通风系统。当机械加压送风口未设置在前室的顶部或正对前室入口的墙面时，楼梯间应采用机械加压送风系统。将前室的机械加压送风口设置在前室的顶部，其目的是为了形成有效阻隔烟气的风幕；而将送风口设在正对前室入口的墙面上，是为了达到正面阻挡烟气侵入前室的效应。

(2)建筑高度小于等于50m的公共建筑、工业建筑和建筑高度小于等于100m的住宅建筑，当防烟楼梯间在裙房高度以上部分采用自然通风时，不具备自然通风条件的裙房的独立前室、合用前室及共用前室应采用机械加压送风系统，且独立前室、合用前室及共用前室送风口也应设置在前室的顶部或正对前室入口的墙面上。

(3)建筑高度大于50m的公共建筑、工业建筑和建筑高度大于100m的住宅建筑，其防烟楼梯间、独立前室、合用前室、共用前室及消防电梯前室应采用机械加压送风系统。

(4)建筑高度大于100m的建筑，其机械加压送风系统应竖向分段独立设置，且每段高度不应超过100m。

(5)建筑地下部分的防烟楼梯间前室及消防电梯前室，当无自然通风条件或自然通风不符合要求时，应采用机械加压送风系统。

(6)防烟楼梯间及其前室的机械加压送风系统的设置应符合下列要求：

① 当采用独立前室且其仅有一个门与走道或房间相通时，可仅在楼梯间设置机械加压送风系统；当独立前室有多个门时，楼梯间、独立前室应分别独立设置机械加压送风系统；

② 当采用合用前室时，楼梯间、合用前室应分别独立设置机械加压送风系统；

③ 当采用剪刀楼梯时，其两个楼梯间及其前室的机械加压送风系统应分别独立设置。

(7)封闭楼梯间应采用自然通风系统，不能满足自然通风条件的封闭楼梯间，应设置机械加压送风系统。当地下、半地下建筑(室)的封闭楼梯间不与地上楼梯间共用且地下仅为一层时，可不设置机械加压送风系统，但首层应设置有效面积不小于1.2m^2的可开启外窗或直通室外的疏散门。

(8)避难层的防烟系统可根据建筑构造、设备布置等因素选择自然通风系统或机械加压送风系统。

(9)避难走道应在其前室及避难走道分别设置机械加压送风系统，但下列情况可仅在前室设置机械加压送风系统：

① 避难走道一端设置安全出口，且总长度小于30m。

② 避难走道两端设置安全出口，且总长度小于60m。

(10)人防工程的防烟楼梯间及其前室或合用前室，避难走道的前室应设置机械加压送风防烟设施。

四、机械加压送风系统的主要设计参数

(一)加压送风量的计算

(1)楼梯间或前室的机械加压送风量应按下列公式计算：

楼梯间：
$$L_j=L_1+L_2 \tag{7-2}$$

前室：
$$L_s=L_1+L_3 \tag{7-3}$$

式中：L_j——楼梯间的机械加压送风量(m^3/s)；

L_s——前室的机械加压送风量(m^3/s)；

L_1——门开启时，达到规定风速值所需的送风量(m^3/s)；

L_2——门开启时，规定风速值下，其他门缝漏风总量(m^3/s)；

L_3——未开启的常闭送风阀的漏风总量(m^3/s)。

根据气体流动规律，如果正压送风系统缺少必要的风量，送风口没有足够的风速，则难以形成满足阻挡烟气进入安全区域的能量。烟气一旦进入设计安全区域，将严重影响人员的安全疏散。通过工程实测得知，加压送风系统的风量仅按保持该区域门洞处的风速进行计算是不够的。这是因为门洞开启时，虽然加压送风开门区域中的压力会下降，但远离门洞开启楼层的加压送风区域或管井仍具有一定的压力，存在着门缝、阀门和管道的渗漏风，使实际开启门洞风速达不到设计要求。因此，在计算系统送风量时，对于楼梯间、常开风口，按照疏散层的门开启时，其门洞达到规定风速值所需的送风量和其他门漏风总量之和计算。对于前室、常闭风口，按照其门洞达到规定风速值所需的送风量以及未开启常闭送风阀漏风总量之和计算。一般情况下，经计算后楼梯间窗缝或合用前室电梯门缝的漏风量，对总送风量的影响很小，在工程的允许范围内可以忽略不计。如果遇漏风量很大的情况，计算中可加上此部分漏风量。

(2)门开启时，达到规定风速值所需的送风量应按以下公式计算：

$$L_1=A_k v N_1 \tag{7-4}$$

式中：A_k——层内开启门的截面面积(m^2)，对于住宅楼梯前室，可按一个门的面积取值；

v——门洞断面风速：

① 当楼梯间和独立前室、共用前室、合用前室均为机械加压送风时，通向楼梯间和独立前室、合用前室疏散门的门洞断面风速均不应小于0.7m/s。

② 当楼梯间机械加压送风、只有一个开启门的独立前室不送风时，通向楼梯间疏散门的门洞断面风速不应小于1.0m/s。

③ 当消防电梯前室机械加压送风时，通向消防电梯前室门的门洞断面风速不应小于1.0m/s。

④ 当独立前室、共用前室或合用前室机械加压送风而楼梯间采用可开启外窗的自然通风系统时，通向独立前室、共用前室或合用前室疏散门的门洞风速不应小于$0.6(A_l/A_g+1)$ m/s；A_l 为楼梯间疏散门的总面积(m^2)；A_g 为前室疏散门的总面积(m^2)。

N_1——设计疏散门开启的楼层数量；

① 楼梯间：采用常开风口，当地上楼梯间为24m以下时，设计2层内的疏散门开启，取$N_1=2$；当地上楼梯间为24m及以上时，设计3层内的疏散门开启，取$N_1=3$；当地下楼梯间

时，设计1层内的疏散门开启，取 $N_1=1$。

② 前室：采用常闭风口，计算风量时取 $N_1=3$。

(3)门开启时，规定风速值下的其他门漏风总量应按以下公式计算：

$$L_2=0.827\times A\times \Delta P^{\frac{1}{n}}\times 1.25\times N_2 \tag{7-5}$$

式中：A——每个疏散门的有效漏风面积(m^2)，疏散门的门缝宽度取0.002～0.004m；

ΔP——漏风量的平均压力差(Pa)，当开启门洞处风速为0.7m/s时，取 $\Delta P=6.0$Pa；当开启门洞处风速为1.0m/s时，取 $\Delta P=12.0$Pa；当开启门洞处风速为1.2m/s时，取 $\Delta P=17.0$Pa；

n——指数(一般取 $n=2$)；

1.25——不严密处附加系数；

N_2——漏风疏散门的数量：楼梯间采用常开风口，取 N_2=加压楼梯间的总门数$-N_1$。

(4)未开启的常闭送风阀的漏风总量应按以下公式计算：

$$L_3=0.083\times A_f N_3 \tag{7-6}$$

式中：A_f——每个送风阀门的面积(m^2)；

0.083——阀门单位面积的漏风量($m^3/s\cdot m^2$)；

N_3——漏风阀门的数量：前室采用常闭风口，取 N_3=楼层数-3。

(二)加压送风量的确定

(1)机械加压送风系统的设计风量应充分考虑管道延程损耗和漏风量，且不应小于计算风量的1.2倍。防烟楼梯间、独立前室、合用前室、共用前室和消防电梯前室的机械加压送风的计算风量应由式(7-2)至式(7-6)规定的计算方法确定，当系统负担建筑高度大于24m时，防烟楼梯间、独立前室、合用前室和消防电梯前室应按计算值与表7-2至表7-5的值中的较大值确定。

表7-2 消防电梯前室加压送风的计算风量

系统负担高度 h/m	加压送风量/(m^3/h)
$24<h\leqslant 50$	35400～36900
$50<h\leqslant 100$	37100～40200

表7-3 楼梯间自然通风，独立前室、合用前室加压送风的计算风量

系统负担高度 h/m	加压送风量/(m^3/h)
$24<h\leqslant 50$	42400～44700
$50<h\leqslant 100$	45000～48600

表7-4 前室不送风，封闭楼梯间、防烟楼梯间加压送风的计算风量

系统负担高度 h/m	加压送风量/(m^3/h)
$24<h\leqslant 50$	36100～39200
$50<h\leqslant 100$	39600～45800

(2)设置机械加压送风系统的楼梯间的地上部分与地下部分，其机械加压送风系统应分别独立设置。当受建筑条件限制，且地下部分为汽车库或设备用房时，可共用机械加压送风

系统，并应符合下列要求：

① 应按式(7-2)至式(7-6)分别计算地上、地下部分的加压送风量，相加后作为共用加压送风系统风量。

表 7-5　　防烟楼梯间及独立前室、合用前室分别加压送风的计算风量

系统负担高度 h/m	送风部位	加压送风量/m^3/h
$24<h\leqslant50$	楼梯间	25300～27500
	独立前室、合用前室	24800～25800
$50<h\leqslant100$	楼梯间	27800～32200
	独立前室、合用前室	26000～28100

注：1. 表 7-2 至表 7-5 的风量按开启 1 个 2.0m×1.6m 的双扇门确定。当采用单扇门时，其风量可乘以 0.75 系数计算。

2. 表中风量按开启着火层及其上下两层，共开启三层的风量计算。

3. 表中风量的选取应按建筑高度或层数、风道材料、防火门漏风量等因素综合确定。

② 应采取有效措施分别满足地上、地下部分的送风量的要求。

(3)封闭避难层(间)、避难走道的机械加压送风量应按避难层(间)、避难走道的净面积每平方米不少于 $30m^3/h$ 计算。避难走道前室的送风量应按直接开向前室的疏散门的总断面积乘以 1.0m/s 门洞断面风速计算。

(4)人民防空工程的防烟楼梯间的机械加压送风量不应小于 $25000m^3/h$。当防烟楼梯间与前室或合用前室分别送风时，防烟楼梯间的送风量不应小于 $16000m^3/h$，前室或合用前室的送风量不应小于 $12000m^3/h$。

(三)风压的有关规定及计算方法

机械加压送风机的全压，除计算最不利管道压头损失外，尚应有余压。机械加压送风量应满足走廊至前室再至楼梯间的压力呈递增分布，余压值应符合下列要求：

(1)前室、封闭避难层(间)与走道之间的压差应为 25～30Pa。

(2)楼梯间与走道之间的压差应为 40～50Pa。

(3)当系统余压值超过最大允许压力差时应采取泄压措施。最大允许压力差的计算公式如下：

$$P=2(F'-F_{dc})(W_m-d_m)/(W_m\times A_m) \tag{7-7}$$

$$F_{dc}=M/(W_m-d_m)$$

式中：P——疏散门的最大允许压力差(Pa)；

A_m——门的面积(m^2)；

d_m——门的把手到门闩的距离(m)；

M——闭门器的开启力矩(N·m)；

F'——门的总推力(N)，一般取 110N；

F_{dc}——门把手处克服闭门器所需的力(N)；

W_m——单扇门的宽度(m)。

为了促使防烟楼梯间内的加压空气向走道流动，以发挥对着火层烟气的阻挡作用，因此要求在加压送风时，防烟楼梯间的空气压力要大于前室的空气压力，而前室的空气压力要大于走道的空气压力。根据相关研究成果，规定了防烟楼梯间、独立前室、合用前室、共用前室及消防电梯前室、避难层的正压值。给正压值规定一个范围是为了符合工程设计的实际情况，更易于掌握与检测。对于楼梯间及前室等空间，由于加压送风作用力的方向与疏散门开启方向相反，因此，如果压力过高，造成疏散门开启困难，则影响人员安全疏散；另外，疏散门开启所克服的最大压力差应大于前室或楼梯间的设计压力值，否则不能满足防烟的需要。

（四）送风风速

加压送风口的风速不宜大于 7m/s。当送风管道内壁为金属时，设计风速不应大于 20m/s；当送风管道内壁为非金属时，设计风速不应大于 15m/s。

五、机械加压送风的组件与设置要求

采用机械加压送风系统的防烟楼梯间及其前室应分别设置送风井（管）道、送风口（阀）和送风机。建筑高度小于等于 50m 的建筑，当楼梯间设置加压送风井（管）道确有困难时，楼梯间可采用直灌式加压送风系统，并应符合下列规定：

（1）建筑高度大于 32m 的高层建筑，应采用楼梯间两点部位送风的方式，送风口之间距离不宜小于建筑高度的 1/2。

（2）送风量应按计算值或规定的送风量增加 20%。

（3）加压送风口不宜设在影响人员疏散的部位。

（一）机械加压送风机

机械加压送风机宜采用轴流风机或中、低压离心风机，其设置应符合下列要求：

（1）送风机的进风口应直通室外，且应采取防止烟气被吸入的措施。

（2）送风机的进风口宜设在机械加压送风系统的下部。

（3）送风机的进风口不应与排烟风机的出风口设在同一面上。当确有困难时，送风机的进风口与排烟风机的出风口应分开布置，且竖向布置时，送风机的进风口应设置在排烟出口的下方，其两者边缘最小垂直距离不应小于 6.0m；水平布置时，两者边缘最小水平距离不应小于 20.0m。

（4）送风机宜设置在系统的下部，且应采取保证各层送风量均匀性的措施。

（5）送风机应设置在专用机房内，送风机房应符合现行国家标准《建筑设计防火规范》（GB 50016）的规定。

（6）当送风机出风管或进风管上安装单向风阀或电动风阀时，应采取火灾时自动开启阀门的措施。

（二）加压送风口

加压送风口分常开和常闭两种形式。在设置机械加压送风系统的场所中，楼梯间应设置常开风口，前室应设置常闭风口。除直灌式加压送风方式外，楼梯间宜每隔 2～3 层设一个常开式百叶送风口，前室应每层设一个常闭式加压送风口，并应设手动开启装置。

送风口不宜设置在被门挡住的部位，且风速不宜大于 7m/s。

（三）送风管道

机械加压送风系统应采用管道送风，且不应采用土建风道。送风管道应采用不燃材料制作且内壁应光滑。当送风管道内壁为金属时，设计风速不应大于 20m/s；当送风管道内壁为非金属时，设计风速不应大于 15m/s。

竖向设置的送风管道应独立设置在管道井内，当确有困难时，未设置在管道井内或与其他管道合用管道井的送风管道，其耐火极限不应低于1.0h。

水平设置的送风管道，当设置在吊顶内时，其耐火极限不应低于0.5h；当未设置在吊顶内时，其耐火极限不应低于1.0h。

机械加压送风系统的管道井应采用耐火极限不低于1.0h的隔墙与相邻部位分隔，当墙上必须设置检修门时应采用乙级防火门。

（四）余压阀

余压阀是控制压力差的阀门。为了保证防烟楼梯间及其前室、消防电梯间前室和合用前室的正压值，防止正压值过大而导致疏散门难以推开，应在防烟楼梯间与前室、前室与走道之间设置余压阀，控制余压阀两侧正压间的压力差不超过50Pa。

（五）机械加压送风系统的外窗设置要求

（1）采用机械加压送风的场所不应设置百叶窗，且不宜设置可开启外窗。

（2）设置机械加压送风系统的封闭楼梯间、防烟楼梯间，尚应在其顶部设置不小于$1m^2$的固定窗。靠外墙的防烟楼梯间，尚应在其外墙上每5层内设置总面积不小于$2m^2$的固定窗。

（3）设置机械加压送风系统的避难层（间），应在外墙设置固定窗，其有效面积不应小于该避难层（间）地面面积的1%。有效面积的计算应符合自然排烟窗（口）开启有效面积的规定。

第四节　机械排烟系统

在不具备自然排烟条件时，机械排烟系统能将火灾中建筑房间、走道中的烟气和热量排出建筑，为人员安全疏散和灭火救援行动创造有利条件。

一、机械排烟系统的组成

机械排烟系统由挡烟垂壁（活动式或固定式挡烟垂壁，或挡烟隔墙、挡烟梁）、排烟口、排烟阀、排烟防火阀、排烟管道和排烟风机等组成。

二、机械排烟系统的工作原理

当建筑物内发生火灾时，采用机械排烟系统，将房间、走道等空间的烟气排至建筑物外。当采用机械排烟系统时，通常由火场人员手动控制或由感烟探测装置将火灾信号传递给防排烟控制器，开启活动的挡烟垂壁将烟气控制在发生火灾的防烟分区内，并打开排烟口以及和排烟口联动的排烟防火阀，同时关闭空调系统和送风管道内的防火调节阀，防止烟气从空调和通风系统蔓延到其他非着火房间，最后由设置在屋顶的排烟机将烟气通过排烟管道排至室外。如图7-5所示。

目前常见的有机械排烟与自然补风组合、机械排烟与机械补风组合、机械排烟与排风合用、机械排烟与通风空调系统合用等形式，如图7-6和图7-7所示。一般要求如下：

（1）排烟系统与通风、空气调节系统应分开设置；除带回风循环管道的节能系统外，当确

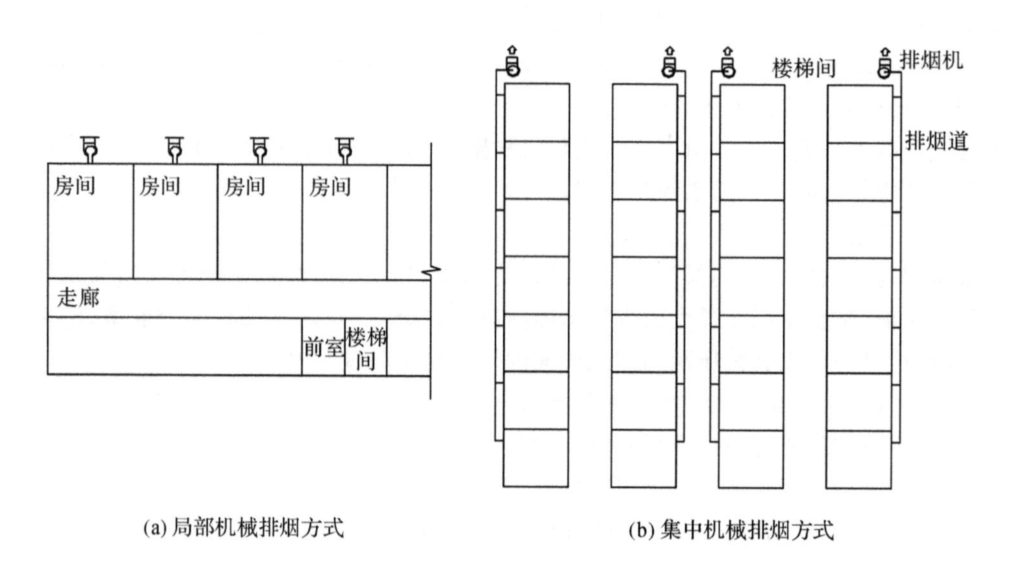

(a) 局部机械排烟方式　　(b) 集中机械排烟方式

图 7-5　机械排烟方式

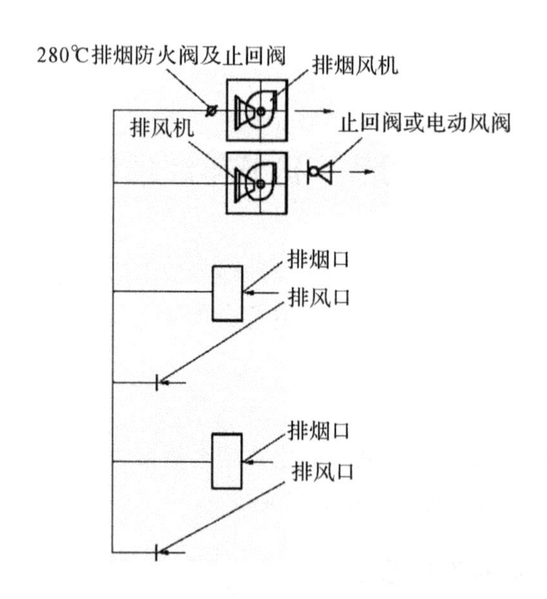

1—排风机　2—280℃排烟防火阀及止回阀　3—排烟风机　4—止回阀或电动风阀

5、7—排烟口　6、8—排风口

图 7-6　机械排烟和排风合用系统

有困难时，可以合用，但应符合排烟系统的要求，且当排烟口打开时，每台排烟风机承担的合用系统的管道上，需联动关闭的通风和空气调节系统的控制阀门不应大于 10 个。当火灾被确认后，应能开启排烟区域的排烟口和排烟风机，并应在 30s 内自动关闭与排烟无关的通风、空调系统。

(2)人防工程机械排烟系统宜单独设置或与工程排风系统合并设置。当合并设置时，应采取在火灾发生时能将排风系统自动转换为排烟系统的措施。

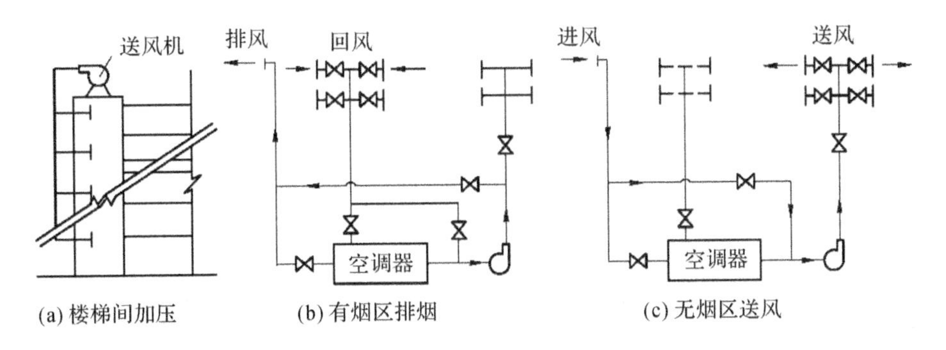

图 7-7　利用通风空调系统的机械送风与机械排烟组合式排烟系统

(3)车库机械排烟系统可与人防、卫生等排气和通风系统合用。

三、机械排烟系统的选择

(1)建筑内应设排烟设施，不具备自然排烟条件的房间、走道及中庭等，均应采用机械排烟方式。高层建筑受自然条件(如室外风速、风压、风向等)的影响会较大，一般采用机械排烟方式较多。同一个防烟分区应采用同一种排烟方式，因为自然排烟和机械排烟两种方式之间气流会造成干扰，影响排烟效果，尤其是在排烟时，自然排烟口还可能会在机械排烟系统动作后变成进风口，使其失去排烟作用。

(2)当建筑的机械排烟系统沿水平方向布置时，每个防火分区的机械排烟系统应独立设置。

(3)建筑高度超过 50m 的公共建筑和建筑高度超过 100m 的住宅，其排烟系统应竖向分段独立设置，且公共建筑每段高度不应超过 50m，住宅建筑每段高度不应超过 100m。

(4)人防工程以下位置应设置机械排烟设施：

① 建筑面积大于 $50m^2$，且经常有人停留或可燃物较多的房间和大厅。

② 丙、丁类生产车间。

③ 总长度大于 20m 的疏散走道。

④ 电影放映间和舞台等。

(5)除敞开式汽车库、建筑面积小于 $1000m^2$ 的地下一层汽车库和修车库外，汽车库和修车库应设置排烟系统(可选机械排烟系统)，并应划分防烟分区。

四、机械排烟系统的主要设计参数

(一)最小清晰高度的计算

走道、室内空间净高不大于 3m 的区域，其最小清晰高度不宜小于其净高的 1/2，其他区域的最小清晰高度应按下式计算。

$$H_q = 1.6 + 0.1 \cdot H \tag{7-8}$$

式中：H_q——最小清晰高度(m)；

H'——对于单层空间，取排烟空间的建筑净高度(m)；对于多层空间，取最高疏散楼层地面的高度(m)。

（二）排烟量的计算

（1）火灾热释放速率应按以下公式计算或查表 7-6 选取。

$$Q=\alpha \cdot t^2 \tag{7-9}$$

式中：Q——火灾热释放速率（kW）；

t——火灾增长时间（s）；

α——火灾增长系数（kW/s^2），按表 7-7 取值。

排烟系统的设计计算取决于火灾中的热释放速率，因此首先应明确设计的火灾规模。火灾规模取决于燃烧材料性质、时间等因素和自动灭火设置情况，为确保安全，一般按可能达到的最大火势确定火灾热释放速率。建筑空间净高大于 6m 的各类场所，其火灾热释放速率可按式（7-9）计算且不小于表 7-6 的值。设置自动喷水灭火系统（简称喷淋）的场所，当其室内净高大于 8m 时，应按无喷淋场所对待。

表 7-6　火灾达到稳态时的热释放速率

建筑类别		热释放量 Q/MW
办公室、教室、客房、走道	无喷淋	6.0
	有喷淋	1.5
商店、展览厅	无喷淋	10.0
	有喷淋	3.0
其他公共场所	无喷淋	8.0
	有喷淋	2.5
汽车库	无喷淋	3.0
	有喷淋	1.5
厂房	无喷淋	8.0
	有喷淋	2.5
仓库	无喷淋	20.0
	有喷淋	4.0

表 7-7　火灾增长系数

火灾类别	典型的可燃材料	火灾增长系数/kW/s^2
慢速火	硬木家具	0.00278
中速火	棉质、聚酯垫子	0.011
快速火	装满的邮件袋、木制货架托盘、泡沫塑料	0.044
超快速火	池火、快速燃烧的装饰家具、轻质窗帘	0.178

（2）烟羽流质量流量。

轴对称型烟羽流、阳台溢出型烟羽流、窗口型烟羽流为火灾情况下涉及的三种烟羽流形式。

① 轴对称型烟羽流如图 7-8 所示，计算公式如下：

$$M_\rho=0.071Q_c^{\frac{1}{3}}Z^{\frac{5}{3}}+0.0018Q_c \quad (Z>Z_1) \tag{7-10}$$

$$M_\rho=0.032Q_c^{\frac{3}{5}}Z \quad (Z\leqslant Z_1) \tag{7-11}$$

$$Z_1=0.166Q_c^{\frac{2}{5}} \tag{7-12}$$

式中：Q_c——热释放速率的对流部分，一般取值为 $Q_c=0.7Q$(kW)；

Z——燃料面到烟层底部的高度(m)(取值应大于或等于最小清晰高度与燃料面高度之差)；

Z_1——火焰极限高度(m)；

M_ρ——烟羽流质量流量(kg/s)。

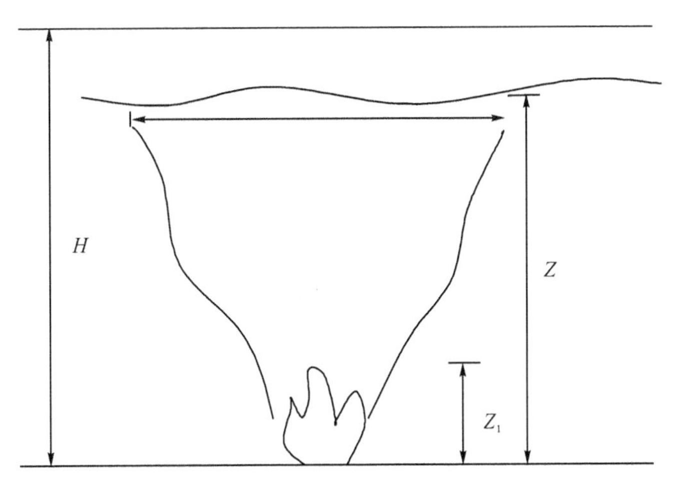

图 7-8　轴对称型烟羽流

② 阳台溢出型烟羽流如图 7-9 所示，计算公式如下：

$$M_\rho=0.36(QW^2)^{\frac{1}{3}}(Z_b+0.25H_1) \tag{7-13}$$

$$W=w+b \tag{7-14}$$

式中：H_1——燃料至阳台的高度(m)；

Z_b——从阳台下边缘至烟层底部的高度(m)；

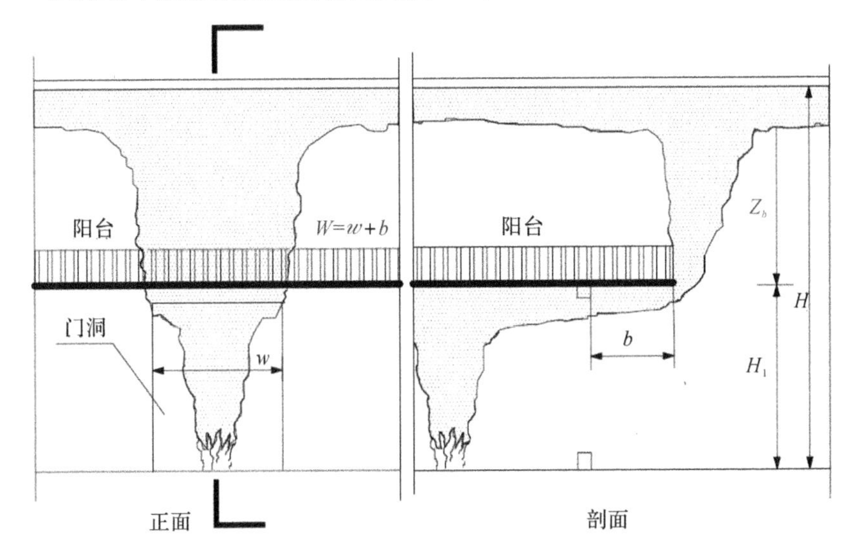

图 7-9　阳台溢出型烟羽流

W——烟羽流扩散宽度(m)；

w——火源区域的开口宽度(m)；

b——从开口至阳台边沿的距离(m)，$b \neq 0$。

当 $Z_b \geqslant 13W$ 时，阳台溢出型烟羽流的质量流量可使用公式(7-10)计算，但取值不应小于按本公式计算所得的值。

③ 窗口型烟羽流如图 7-10 所示，计算公式如下：

$$M_\rho = 0.68(A_w H_w^{\frac{1}{2}})^{\frac{1}{3}}(Z_w + \alpha_w)^{\frac{5}{3}} + 1.59 A_w H_w^{\frac{1}{2}} \tag{7-15}$$

$$\alpha_w = 2.4 A_w^{\frac{2}{5}} H_w^{\frac{1}{5}} - 2.1 H_w \tag{7-16}$$

式中：A_w——窗口开口的面积(m^2)；

H_w——窗口开口的高度(m)；

Z_w——开口的顶部到烟层底部的高度(m)；

α_w——窗口型烟羽流的修正系数(m)。

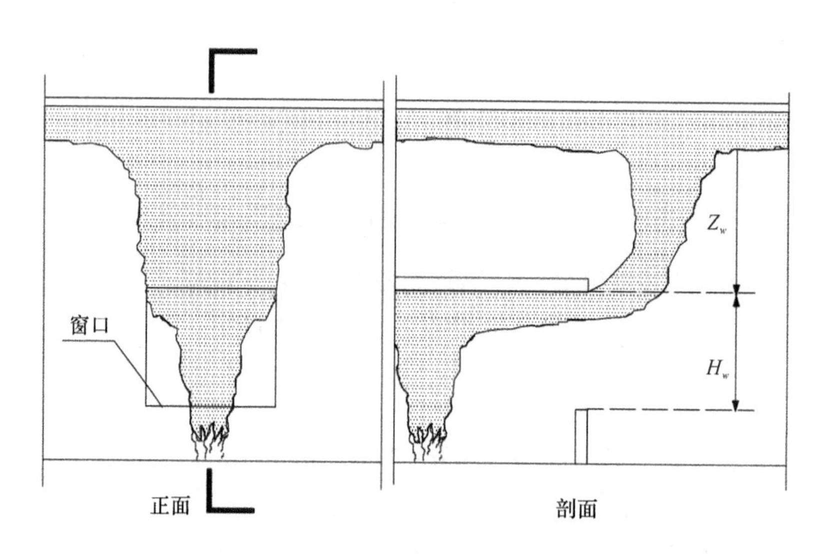

图 7-10　窗口型烟羽流

窗口型烟羽流的公式(7-15)适用于通风控制型火灾(即热释放速率由流进室内的空气量控制的火灾规模)和可燃物产生的火焰在窗口外燃烧的场景，并且仅适用于只有一个窗口的空间，不适用于有喷淋控制的火灾场景。

(3)烟层平均温度与环境温度的差应按以下公式计算或查表 7-8 选取。

$$\Delta T = KQ_c / M_\rho C_p \tag{7-17}$$

式中：ΔT——烟层平均温度与环境温度的差(K)；

C_p——空气的定压比热，一般取 $C_p = 1.01$kJ/(kg·K)；

K——烟气中对流放热量因子。当采用机械排烟时，取 $K=1.0$；当采用自然排烟时，取 $K=0.5$。

(4)每个防烟分区排烟量应按以下公式计算或查表 7-8 选取。

$$V = M_\rho T / \rho_0 T_0 \tag{7-18}$$

$$T=T_0+\Delta T \tag{7-19}$$

式中：V——排烟量(m^3/s)；

ρ_0——环境温度下的气体密度(kg/m^3)，通常 $t_0=20℃$，$\rho_0=1.2(kg/m^3)$；

T_0——环境的绝对温度(K)；

T——烟层的平均绝对温度(K)。

表 7-8　不同火灾规模下的排烟量

$Q=1MW$			$Q=1.5MW$			$Q=2.5MW$		
$M_\rho/(kg/s)$	$\Delta T/K$	$V/(m^3/s)$	$M\rho/(kg/s)$	$\Delta\rho/K$	$V/(m^3/s)$	$M\rho/(kg/s)$	$\Delta T/K$	$V/(m^3/s)$
4	175	5.32	4	263	6.32	6	292	9.98
6	117	6.98	6	175	7.99	10	175	13.31
8	88	6.66	10	105	11.32	15	117	17.49
10	70	10.31	15	70	15.48	20	88	21.68
12	58	11.96	20	53	19.68	25	70	25.8
15	47	14.51	25	42	24.53	30	58	29.94
20	35	18.64	30	35	27.96	35	50	34.16
25	28	22.8	35	30	32.16	40	44	38.32
30	23	26.9	40	26	36.28	50	35	46.6
35	20	31.15	50	21	44.65	60	29	54.96
40	18	35.32	60	18	53.1	75	23	67.43
50	14	43.6	75	14	65.48	100	18	88.5
60	12	52	100	10.5	86	120	15	105.1
$Q=3MW$			$Q=4MW$			$Q=5MW$		
$M\rho/(kg/s)$	$\Delta T/K$	$V/(m^3/s)$	$M\rho/(kg/s)$	$\Delta\rho/K$	$V/(m^3/s)$	$M\rho/(kg/s)$	$\Delta T/K$	$V/(m^3/s)$
8	263	12.64	8	350	14.64	9	525	21.5
10	210	14.3	10	280	16.3	12	417	24
15	140	18.45	15	187	20.48	15	333	26
20	105	22.64	20	140	24.64	18	278	29
25	84	26.8	25	112	28.8	24	208	34
30	70	30.96	30	93	32.94	30	167	39
35	60	35.14	35	80	37.14	36	139	43
40	53	39.32	40	70	41.28	50	100	55
50	42	49.05	50	56	49.65	65	77	67
60	35	55.92	60	47	58.02	80	63	79
75	28	68.48	75	37	70.35	95	53	91.5
100	21	89.3	100	28	91.3	110	45	103.5
120	18	106.2	120	23	107.88	130	38	120
140	15	122.6	140	20	124.6	150	33	136

续表

Q=6MW			Q=8MW			Q=20MW		
$M\rho$/(kg/s)	ΔT/K	V/(m^3/s)	$M\rho$/(kg/s)	$\Delta\rho$/K	V/(m^3/s)	$M\rho$/(kg/s)	ΔT/K	V/(m^3/s)
10	420	20.28	15	373	28.41	20	700	56.48
15	280	24.45	20	280	32.59	30	467	64.85
20	210	28.62	25	224	36.76	40	350	73.15
25	168	32.18	30	187	40.96	50	280	81.48
30	140	38.96	35	160	45.09	60	233	89.76
35	120	41.13	40	140	49.26	75	187	102.4
40	105	45.28	50	112	57.79	100	140	123.2
50	84	53.6	60	93	65.87	120	117	139.9
60	70	61.92	75	74	78.28	140	100	156.5
75	56	74.48	100	56	90.73			
100	42	98.1	120	46	115.7			
120	35	111.8	140	40	132.6			
140	30	126.7						

(5)机械排烟系统中，单个排烟口的最大允许排烟量 V_{max} 应按下式计算或按表 7-9 选取。

$$V_{max}=4.16\gamma d_b^{5/2}\left(\frac{T-T_0}{T_0}\right)^{1/2} \tag{7-20}$$

式中：V_{max}——排烟口最大允许排烟量(m^3/s)；

γ——排烟位置系数；当风口中心点到最近墙体的距离≥2 倍的排烟口当量直径时，取 γ=1.0；当风口中心点到最近墙体的距离<2 倍的排烟口当量直径时，取 γ=0.5；当吸入口位于墙体上时，取 γ=0.5；

d_b——排烟系统吸入口最低点之下烟气层厚度(m)；

T——烟层的平均绝对温度(K)；

T_0——环境的绝对温度(K)。

表 7-9　排烟口最大允许排烟量($\times10^4 m^3$/h)

热释放速率/MW	空间净高/m 烟层厚度/m	7	8	9
1.5	1.0	0.70	0.63	0.56
	1.5	2.06	1.82	1.63
	2.0	4.52	3.97	3.54
2.5	1.0	0.81	0.73	0.66
	1.5	2.38	2.12	1.91
	2.0	5.20	4.60	4.12

续表

热释放速率/MW	空间净高/m 烟层厚度/m	7	8	9
3	1.0	0.86	0.77	0.70
	1.5	2.50	2.23	2.01
	2.0	5.46	4.83	4.34
4	1.0	0.92	0.83	0.76
	1.5	2.70	2.41	2.18
	2.0	5.88	5.23	4.71
6	1.0	1.03	0.93	0.85
	1.5	2.98	2.69	2.44
	2.0	6.47	5.80	5.25
8	1.0	1.10	1.00	0.92
	1.5	3.19	2.89	2.64
	2.0	6.92	6.22	5.66
10	1.0	1.16	1.06	0.97
	1.5	3.36	3.05	2.79
	2.0	7.23	6.56	5.99
20	1.0	1.34	1.24	1.15
	1.5	3.86	3.55	3.31
	2.0	8.31	7.59	7.02

如果从一个排烟口排出太多的烟气，则会在烟层底部撕开一个“风洞”，使新鲜的冷空气卷吸进去，随烟气被排出，从而降低了实际排烟量，如图 7-11 所示。因此，这里规定了每个

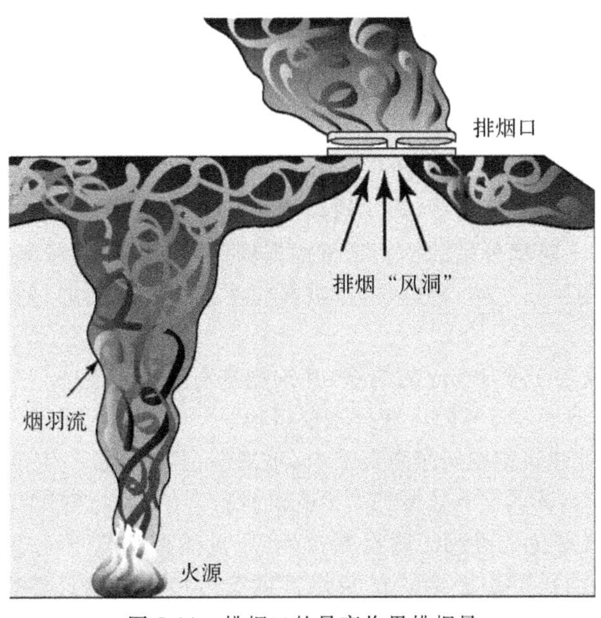

图 7-11　排烟口的最高临界排烟量

排烟口的最高临界排烟量。根据工程经验,排烟口的设置位置参考如图 7-12 所示。

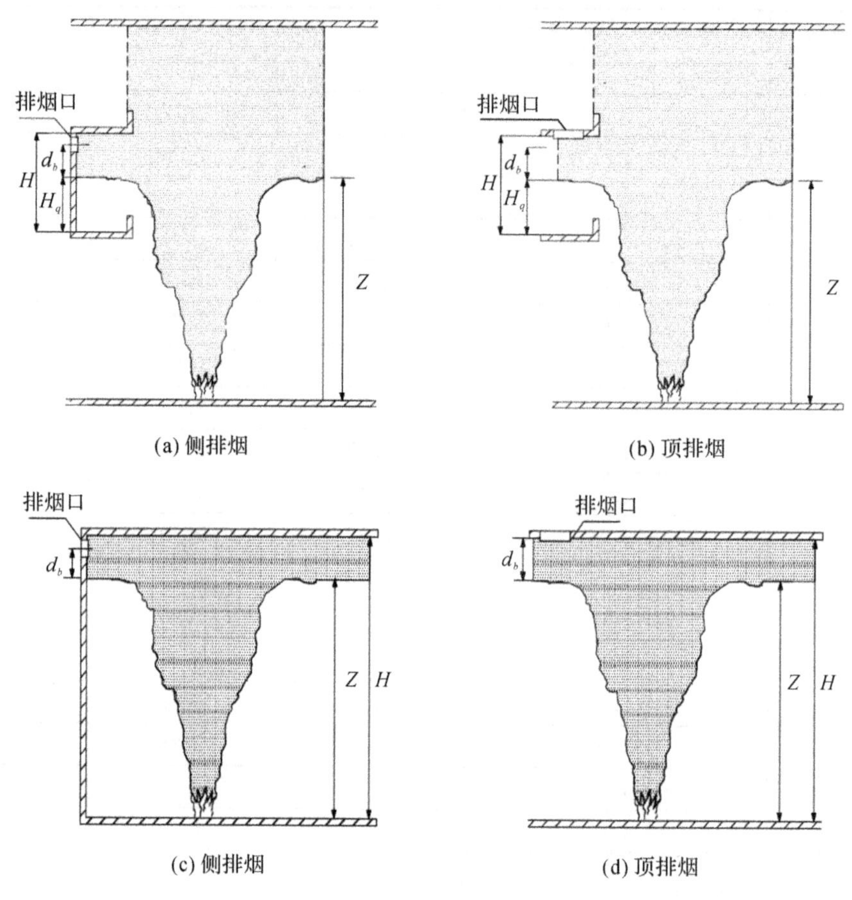

图 7-12 排烟口设置位置

(三)排烟量的确定

(1)机械排烟系统的设计风量应充分考虑管道沿程耗损和漏风量,排烟风机的设计风量不应小于计算量的 1.2 倍。

(2)当采用自然排烟方式时,储烟仓的厚度不应小于空间净高的 20%;当采用机械排烟方式时,不应小于空间净高的 10%,且不应小于 500mm。同时,储烟仓底部距地面的高度应大于安全疏散所需的最小清晰高度,最小清晰高度应按式(7-8)计算确定。

(3)除中庭外,一个防烟分区的排烟量可根据场所内的热释放速率以及按本节相关规定的计算确定,但下列场所一个防烟分区的排烟量应按下列规定确定,且单台风机的排烟量不小于 7200m^3/h:

① 建筑空间净高小于等于 6m 的场所,其排烟量不应小于 60m^3/(h · m^2),或设置有效面积不小于该房间建筑面积 2%的自然排烟窗(口)。

② 公共建筑、工业建筑中空间净高大于 6m 的场所,其排烟量不应小于表 7-10 中的数值,或设置自然排烟窗(口),其所需有效排烟面积应根据表 7-10 及自然排烟窗(口)处风速计算。

③ 当公共建筑仅需在走道或回廊设置排烟时,机械排烟量不应小于 13000m^3/h,或在走道两端(侧)均设置面积不小于 2m^2 的自然排烟窗(口)且两侧自然排烟窗(口)的距离不应小于走道长度的 2/3。

表 7-10　公共建筑、工业建筑中空间净高大于 6m 场所的计算排烟量及自然排烟的高(口)部风速

空间净高/m	办公、学校($\times 10^4 m^3/h$)		商店、展览($\times 10^4 m^3/h$)		厂房、其他公共建筑($\times 10^4 m^3/h$)		仓库($\times 10^4 m^3/h$)	
	无喷淋	有喷淋	无喷淋	有喷淋	无喷淋	有喷淋	无喷淋	有喷淋
6.0	12.2	5.2	17.6	7.8	15.0	7.0	30.1	9.3
7.0	13.9	6.3	19.6	9.1	16.8	8.2	32.8	10.8
8.0	15.8	7.4	21.8	10.6	18.9	9.6	35.4	12.4
9.0	17.8	8.7	24.2	12.2	21.1	11.1	38.5	14.2
自然排烟侧窗口部风速/(m/s)	0.94	0.64	1.06	0.78	1.01	0.74	1.26	0.84

注:1. 建筑空间净高大于 9.0m 的,按 9.0m 取值;建筑空间净高位于表中两个高度之间的,按线性插值法取值;表中建筑空间净高为 6m 处的各排烟量值为线性插值法的计算基准值。

2. 当采用自然排烟方式时,储烟仓厚度应大于房间净高的 20%;自然排烟窗(口)面积＝计算排烟量/自然排烟窗(口)处风速;当采用顶开窗排烟时,其自然排烟窗(口)的风速可按侧窗口部风速的 1.4 倍计。

④ 公共建筑室内与走道或回廊均需设置排烟时,其走道或回廊的机械排烟量可按 $60m^3/(h \cdot m^2)$计算或设置有效面积不小于走道、回廊建筑面积 2%的自然排烟窗(口)。

⑤ 汽车库的排烟量不应小于 $30000m^3/h$ 且不应小于表 7-11 中的数值,或设置不小于室内面积 2%的排烟窗。

表 7-11　汽车库的排烟量

车库的净高/m	车库的排烟量/(m^3/h)	车库的净高/m	车库的排烟量/(m^3/h)
3.0 及以下	30000	7.0	36000
4.0	31500	8.0	37500
5.0	33000	9.0	39000
6.0	34500	9.0 以上	40500

⑥ 对于人防工程,当担负一个或两个防烟分区排烟时,应按该部分总面积每平方米不小于 $60m^3/h$ 计算,但排烟风机的最小排烟风量不应小于 $7200m^3/h$;担负三个及以上防烟分区排烟时,应按其中最大防烟分区面积每平方米不小于 $120m^3/h$ 计算。

(4)当一个排烟系统担负多个防烟分区排烟时,排烟量的计算应符合下列规定:

① 当系统负担具有相同净高场所时,对于建筑空间净高大于 6m 的场所,应按排烟量最大的一个防烟分区的排烟量计算;对于建筑空间净高为 6m 及以下的场所,应按同一防火分区中任意两个相邻防烟分区的排烟量之和的最大值计算。

② 当系统负担具有不同净高场所时,应采用上述方法对系统中每个场所所需的排烟量进行计算,并取其中的最大值作为系统排烟量。

(5)中庭排烟量的设计计算应符合下列规定:

① 中庭周围场所设有排烟系统,若中庭采用机械排烟系统时,中庭排烟量应按周围场所防烟分区中最大排烟量的 2 倍数值计算,且不应小于 $107000m^3/h$;若中庭采用自然排烟系统时,应按上述排烟量和自然排烟窗(口)的风速不大于 0.5m/s 计算有效开窗面积。

② 当中庭周围场所不需设置排烟系统,仅在回廊设置排烟系统时,回廊的排烟量不应小于公共建筑回廊设置排烟的排烟量规定,中庭的排烟量不应小于 $40000mm^3/h$;中庭采用自然

排烟系统时，应按上述排烟量和自然排烟窗（口）的风速不大于 0.4m/s 计算有效开窗面积。

（四）排烟风速

排烟口的风速不宜大于 10m/s。当排烟管道内壁为金属时，管道设计风速不应大于 20m/s；当排烟管道内壁为非金属时，管道设计风速不应大于 15m/s。

五、机械排烟系统的组件与设置要求

（一）排烟风机

（1）排烟风机宜设置在排烟系统的最高处，烟气出口宜朝上，并应高于加压送风机和补风机的进风口，送风机的进风口不应与排烟风机的出风口设在同一面上。当确有困难时，送风机的进风口与排烟风机的出风口应分开布置，且竖向布置时，送风机的进风口应设置在排烟出口的下方，其两者边缘最小垂直距离不应小于 6.0m；水平布置时，两者边缘最小水平距离不应小于 20.0m。

（2）排烟风机应设置在专用机房内，并应符合现行国家标准《建筑设计防火规范》（GB 50016）的规定，且风机两侧应有 600mm 以上的空间。对于排烟系统与通风空气调节系统共用的系统，其排烟风机与排风风机的合用机房，应符合下列规定：

① 机房内应设置自动喷水灭火系统。

② 机房内不得设置用于机械加压送风的风机与管道。

③ 排烟风机与排烟管道的连接部件应能在 280℃时连续 30min 保证其结构完整性。

（3）排烟风机应满足 280℃时连续工作 30min 的要求，排烟风机应与风机入口处的排烟防火阀连锁，当该阀关闭时，排烟风机应能停止运转。

（二）排烟防火阀与排烟阀

排烟防火阀是安装在机械排烟系统的管道上，平时呈开启状态，火灾时当排烟管道内烟气温度达到 280℃时关闭，并在一定时间内能满足漏烟量和耐火完整性要求，起隔烟阻火作用的阀门。其一般由阀体、叶片、执行机构和温感器等部件组成。

排烟防火阀应设置在垂直风管与每层水平风管交接处的水平管段上，以及一个排烟系统负担的多个防烟分区的排烟支管上及排烟风机入口处。

排烟阀是安装在机械排烟系统各支管端部（烟气吸入口）处，平时呈关闭状态并满足漏风量要求，火灾时可手动和电动启闭，起排烟作用的阀门。其一般由阀体、叶片、执行机构等部件组成。

（三）排烟口

排烟口是指机械排烟系统中烟气的入口。排烟口的设置应按排烟量经计算确定，且防烟分区内任一点与最近的排烟口之间的水平距离不应大于 30m。除排烟口设在吊顶内且通过吊顶上部空间进行排烟以外，排烟口的设置尚应符合下列要求：

① 排烟口宜设置在顶棚或靠近顶棚的墙面上。

② 排烟口应设在储烟仓内，但走道、室内空间净高不大于 3m 的区域，其排烟口可设置在其净空高度的 1/2 以上；当设置在侧墙时，吊顶与其最近的边缘的距离不应大于 0.5m。

③ 对于需要设置机械排烟系统的房间，当其建筑面积小于 $50m^2$ 时，可通过走道排烟，排烟口可设置在疏散走道，其机械排烟量可按 $60m^3/(h \cdot m^2)$ 计算。

④ 火灾时由火灾自动报警系统联动开启排烟区域的排烟阀或排烟口，应在现场设置手

动开启装置。

⑤ 排烟口的设置宜使烟流方向与人员疏散方向相反，排烟口与附近安全出口相邻边缘之间的水平距离不应小于1.5m。

⑥ 每个排烟口的排烟量不应大于最大允许排烟量，最大允许排烟量应按式(7-20)计算确定。

⑦ 排烟口的风速不宜大于10m/s。

当排烟口设在吊顶内且通过吊顶上部空间进行排烟时，应符合下列规定：

① 吊顶应采用不燃材料，且吊顶内不应有可燃物。

② 封闭式吊顶上设置的烟气流入口的颈部烟气速度不宜大于1.5m/s。

③ 非封闭式吊顶的开孔率不应小于吊顶净面积的25%，且排烟口应均匀布置。

(四)排烟管道

机械排烟系统应采用管道排烟，且不应采用土建风道。排烟管道应采用不燃材料制作且内壁应光滑。当排烟管道内壁为金属时，管道设计风速不应大于20m/s；当排烟管道内壁为非金属时，管道设计风速不应大于15m/s；排烟管道的厚度应按现行国家标准《通风与空调工程施工质量验收规范》(GB 50243)的有关规定执行。

竖向设置的排烟管道应设置在独立的管道井内，排烟管道的耐火极限不应低于0.5h。水平设置的排烟管道应设置在吊顶内，排烟管道的耐火极限不应低于0.5h；当确有困难时，可直接设置在室内，但管道的耐火极限不应小于1.0h。

设置在走道部位吊顶内的排烟管道，以及穿越防火分区的排烟管道，其管道的耐火极限不应小于1.0h，但设备用房和汽车库的排烟管道耐火极限可不低于0.5h。

当吊顶内有可燃物时，吊顶内的排烟管道应采用不燃材料进行隔热，并应与可燃物保持不小于150mm的距离。

(五)固定窗

1. 设置固定窗的建筑或部位

当设置机械排烟系统时，下列地上建筑或部位应在外墙或屋顶设置固定窗：

(1)任一层建筑面积大于2500m^{2}的丙类厂房(仓库)。

(2)任一层建筑面积大于3000m^{2}的商店建筑、展览建筑及类似功能的公共建筑。

(3)总建筑面积大于1000m^{2}的歌舞娱乐放映游艺场所。

(4)商店建筑、展览建筑及类似功能的公共建筑中长度大于60m的走道。

(5)靠外墙或贯通至建筑屋顶的中庭。

2. 固定窗的设置要求

固定窗宜按每个防烟分区在屋顶或建筑外墙上均匀布置且不应跨越防火分区。非顶层区域的固定窗应布置在每层的外墙上；顶层区域的固定窗应布置在屋顶或顶层的外墙上，但未设置自动喷水灭火系统的以及采用钢结构屋顶或预应力钢筋混凝土屋面板的建筑应布置在屋顶上。

固定窗的设置和有效面积应符合下列要求：

(1)设置在顶层区域的固定窗，其总面积不应小于楼地面面积的2%。

(2)设置在靠外墙且不位于顶层区域的固定窗，单个固定窗的面积不应小于1m^2，且间距不宜大于20m，其下沿距室内地面的高度不宜小于层高的1/2。供消防救援人员进入的窗口面积不计入固定窗面积，但可组合布置。

(3)设置在中庭区域的固定窗，其总面积不应低于中庭楼地面面积的5%。

(4)固定玻璃窗应按可破拆的玻璃面积计算；带有温控功能的可开启设施应按开启时的水平投影面积计算。

除洁净厂房外，设置机械排烟系统的任一层建筑面积大于2000m^{2}的制鞋、制衣、玩具、塑料、木器加工储存等丙类工业建筑，可采用可熔性采光带(窗)可替代固定窗，其面积应符合下列要求：

(1)未设置自动喷水灭火系统的或采用钢结构屋顶或预应力钢筋混凝土屋面板的建筑，不应小于楼地面面积的10%。

(2)其他建筑不应小于楼地面面积的5%。

(3)可熔性采光带(窗)的有效面积应按其实际面积计算。

五、补风

(一)补风原理

根据空气流动的原理，在排出某一区域空气的同时，需要有另一部分的空气与之补充。当排烟系统排烟时，补风的主要目的是为了形成理想的气流组织，迅速排除烟气，有利于人员的安全疏散和消防救援。

(二)补风系统的选择

地上建筑的走道或建筑面积小于500m^{2}的房间，由于这些场所的面积较小，排烟量也较小，因此可以利用建筑的各种缝隙，满足排烟系统所需的补风，为了简便系统管理和减少工程投入，可以不专门为这些场所设置补风系统。除这些场所以外的排烟系统均应设置补风系统。

(三)补风的方式

补风系统应直接从室外引入空气，可采用疏散外门、手动或自动可开启外窗等自然进风方式以及机械送风方式。

1. 自然补风

在同一个防火分区内，补风系统可以采用疏散外门、手动或自动可开启外窗进行排烟补风，并保证补风气流不受阻隔，但防火门、窗不得用作补风设施。

2. 机械补风

(1)机械排烟与机械补风组合方式。利用排烟机通过排烟口将着火房间的烟气排到室外，同时对走廊、楼梯间前室和楼梯间等利用送风机进行机械送风，使疏散通道的空气压力高于着火房间的压力，从而防止烟气从着火房间渗漏到走廊，确保疏散通道的安全。这种方式也称为全面通风排烟方式。该方式防烟、排烟效果好，不受室外气象条件影响，但系统较复杂，设备投资较高，耗电量较大。要维持着火房间的负压差，需要设置良好的调节装置，控制进风和排烟的平衡。

(2)自然排烟与机械补风组合方式。这种方式采用机械送风系统向走廊、前室和楼梯间送风，使这些区域的空气压力高于着火房间，防止烟气窜入疏散通道；着火房间的烟气通过外窗或专用排烟口以自然排烟的方式排至室外。这种方式需要控制加压区域的空气压力，避免与着火房间压力相差过大，导致渗入着火房间的新鲜空气过多，助长火灾的发展。

（四）补风的主要设计参数

1. 补风量

（1）补风系统应直接从室外引入空气，且补风量不应小于排烟量的50%。

（2）汽车库内无直接通向室外的汽车疏散出口的防火分区，当设置机械排烟系统时，应同时设置补风系统，且补风量不应小于排烟量的50%。

（3）在人防工程中，当补风通路的空气阻力不大于50Pa时，可自然补风；当补风通路的空气阻力大于50Pa时，应设置火灾时可转换成补风的机械送风系统或单独的机械补风系统，补风量不应小于排烟量的50%。

2. 补风风速

机械补风口的风速不宜大于10m/s，人员密集场所补风口的风速不宜大于5m/s；自然补风口的风速不宜大于3m/s。

（五）补风系统组件与设置

1. 补风口

补风口与排烟口设置在同一空间内相邻的防烟分区时，补风口位置不限；当补风口与排烟口设置在同一防烟分区时，补风口应设在储烟仓下沿以下；补风口与排烟口水平距离不应少于5m。机械送风口或自然补风口设于储烟仓以下，才能形成理想的气流组织。补风口如果设置位置不当，则会造成对流动烟气的搅动，严重影响烟气导出的有效组织，或由于补风受阻，使排烟气流无法稳定导出，因此必须对补风口的设置做严格要求。

2. 补风机

补风机的设置与机械加压送风机的要求相同。补风系统应与排烟系统联动开启或关闭。补风风机应设置在专用机房内。

3. 补风管道

补风管道耐火极限不应低于0.5h，当补风管道跨越防火分区时，管道的耐火极限不应小于1.5h。

思考题

1. 哪些建筑可以采用自然通风方式进行防烟？

2. 自然通风设施的设置有哪些要求？

3. 民用建筑自然排烟可开启外窗的有效排烟面积该如何计算？

4. 试述机械加压送风系统的工作原理。

5. 建筑的哪些部位需要设置机械加压送风系统？

6. 机械加压送风系统对余压有什么要求？

7. 试述机械排烟系统的工作原理。

8. 试述机械补风的工作原理。

9. 试述机械加压送风机的设置和联动要求。

10. 试述排烟系统的联动要求。

11. 试述对排烟风管的材质和风速的要求。

参考文献

[1] GB/T 5907.1—2014 消防词汇第1部分:通用术语[S].北京:中国标准出版社,2014.

[2] 陈伟明,杨建民.消防安全技术实务[M].北京:机械工业出版社,2016.

[3] 中华人民共和国公安部消防局.中国消防手册[M].上海:上海科学技术出版社,2010.

[4] 中华人民共和国公安部消防局.消防安全技术实务[M].北京:机械工业出版社,2016.

[5] GB/T 4968—2008 火灾分类[S].北京:中国标准出版社,2009.

[6] GA/T 536.1—2013 易燃易爆危险品 火灾危险性分级及试验方法 第1部分:火灾危险性分级[S].北京:中国标准出版社,2013.

[7] GB 6944—2012 危险货物分类和品名编号[S].北京:中国标准出版社,2012.

[8] GA/T 536.7—2013 易燃易爆危险品 火灾危险性分级及试验方法 第7部分:易燃气雾剂分级试验方法[S].北京:中国标准出版社,2013.

[9] GB 50016—2014 建筑设计防火规范[S].北京:中国计划出版社,2015.

[10] 中国建筑标准设计研究院.建筑设计防火规范图示 13J811-1改(2015年修改版)[M].北京:中国计划出版社,2015.

[11] GB 8624—2012 建筑材料及制品燃烧性能分级[S].北京:中国标准出版社,2013.

[12] GB 50098—2009 人民防空工程设计防火规范[S].北京:中国计划出版社,2012.

[13] GB 13495.1—2015 消防安全标志[S].北京:中国标准出版社,2015.

[14] GB 17945—2010 消防应急照明和疏散指示系统[S].北京:中国标准出版社,2014.

[15] GB 50067—2014 汽车库、修车库、停车场设计防火规范[S].北京:中国计划出版社,2015.

[16] GB 12955—2008 防火门[S].北京:中国标准出版社,2008.

[17] GB 16809—2008 防火窗[S].北京:中国标准出版社,2008.

[18] GB 14102—2005 防火卷帘[S].北京:中国标准出版社,2013.

[19] GB/T 31593.9—2015 消防安全工程 第9部分:人员疏散评估指南[S].北京:中国标准出版社,2015.

[20] GA 533—2012 挡烟垂壁[S].北京:中国标准出版社,2012.

[21] 徐志胜,姜学鹏.防排烟工程[M].北京:机械工业出版社,2011.

[22] GB 51251—2017 建筑防烟排烟系统技术标准[S].北京:中国计划出版社,2018.

[23] GB 55037—2022 建筑防火通用规范[S].北京:中国计划出版社,2023.